高等学校教材

航空材料与制造工艺

吴向清　主编

西北工业大学出版社
西安

图书在版编目(CIP)数据

航空材料与制造工艺 / 吴向清主编. -- 西安:西北工业大学出版社,2024.8. -- ISBN 978-7-5612-9417-8

Ⅰ.V25;V26

中国国家版本馆 CIP 数据核字第 2024P94R35 号

HANGKONG CAILIAO YU ZHIZAO GONGYI
航 空 材 料 与 制 造 工 艺
吴向清　主编

责任编辑:胡莉巾		策划编辑:李阿盟	
责任校对:曹　江		装帧设计:高永斌　李　飞	
出版发行:西北工业大学出版社			
通信地址:西安市友谊西路 127 号		邮编:710072	
电　　话:(029)88493844,88491757			
网　　址:www.nwpup.com			
印 刷 者:西安五星印刷有限公司			
开　　本:787 mm×1 092 mm		1/16	
印　　张:19			
字　　数:474 千字			
版　　次:2024 年 8 月第 1 版		2024 年 8 月第 1 次印刷	
书　　号:ISBN 978-7-5612-9417-8			
定　　价:78.00 元			

如有印装问题请与出版社联系调换

前　言

现代科学技术和航空工业生产的迅速发展，对航空工程技术人员了解和掌握航空材料领域的知识提出了更高的要求。《航空材料与制造工艺》是在"航空材料学基础"讲义的基础上修订而成的，是一本面向航空航天大类专业的本科生教材。本书重点介绍航空材料成分、组织与性能，以及材料制备与加工工艺等方面的知识，帮助学生认识和掌握航空材料的设计、制造、维护、检修和失效分析等工程所必需的材料科学与工程学科的基础理论与知识，并且了解和认识材料科学与工程学科在航空工业及其发展中的重要作用。

本书内容简明扼要，由浅入深，突出实用性和综合性。全书（除绪论外）分为航空材料基础[材料的性能（第1章）、金属材料的晶体结构与结晶（第2章）、塑性变形与金属的组织和性能（第3章）、合金的相结构及相图（第4章）、航空用金属材料（第5章）、复合材料（第6章）]和制造工艺[钢的热处理工艺（第7章）、成形工艺（第8章）、增材制造（第9章）]两大部分共9章内容。每章后都附有习题和拓展阅读，以引导学生积极思考，巩固所学的基础理论知识，培养学生分析和解决与材料科学与工程学科相关的航空设计、制造、维护和维修等工程技术问题的能力，使学生了解材料科学与制造工艺在航空工程领域的发展与研究前沿，以期达到"知识传授、能力培养和价值塑造"三位一体的课程教学目标。

本书由吴向清任主编。具体编写分工如下：吴向清编写第1～5章和第7章，谢发勤编写绪论和第8章，叶信立编写第6章和第9章。全书由谢发勤审稿和校稿。

马宗耀高级工程师参与了本书前期的编写准备工作，博士研究生赫家禹和硕士研究生贺栋栋协助进行了书稿文字整理和制图工作，在此向他们表示感谢！在编写本书的过程中，笔者参考了相关教材和学术文献，在此向相关作者深表谢意。

本书力求实现基础知识与工程应用的有机统一，并能反映航空材料与制造工艺领域的最新研究成果，但限于能力和水平，书中难免存在不足之处，敬请广大读者批评指正。

编 者

2024 年 1 月

目 录

绪论 ·· 1
　习题 ·· 7

上篇　航空材料基础

第1章　材料的性能 ·· 13
　1.1　材料的理化性能 ·· 13
　1.2　材料的力学性能 ·· 14
　1.3　材料的工艺性能 ·· 26
　习题 ·· 27

第2章　金属材料的晶体结构与结晶 ·· 29
　2.1　金属的晶体结构 ·· 29
　2.2　实际金属的晶格结构 ·· 35
　2.3　纯金属的结晶 ··· 39
　2.4　金属的结晶 ·· 42
　2.5　陶瓷、聚合物的凝固与结晶 ··· 49
　习题 ·· 52

第3章　塑性变形与金属的组织和性能 ··· 55
　3.1　金属的塑性变形 ·· 55
　3.2　温度对变形金属结构与性能的影响 ··· 63

3.3 超塑性变形 ··· 66
3.4 金属的热加工 ··· 67
习题 ··· 69

第 4 章 合金的相结构及相图 ··· 73

4.1 合金的相结构 ··· 73
4.2 二元合金相图 ··· 77
4.3 铁碳合金相图 ··· 92
习题 ··· 108

第 5 章 航空用金属材料 ·· 111

5.1 合金钢 ··· 111
5.2 铝和铝合金 ·· 130
5.3 镁及镁合金 ·· 141
5.4 钛及钛合金 ·· 146
5.5 高温合金 ·· 152
习题 ··· 156

第 6 章 复合材料 ··· 160

6.1 概述 ··· 160
6.2 复合材料制造工艺 ··· 176
6.3 复合材料在航空领域的应用进展 ····································· 185
习题 ··· 187

下篇 制造工艺

第 7 章 钢的热处理工艺 ·· 193

7.1 热处理原理 ·· 193
7.2 钢的常规热处理工艺 ·· 204
7.3 钢的表面处理强化 ··· 215
习题 ··· 226

第8章 成形工艺 ································· 231
8.1 铸造(液态成形) ····························· 231
8.2 锻压加工(塑性成形) ······················· 242
8.3 焊接(连接成形) ···························· 251
习题 ··· 261

第9章 增材制造 ································· 264
9.1 增材制造技术的发展历程及技术特点 ······ 265
9.2 增材制造技术的分类与原理 ················ 269
9.3 增材制造技术的应用 ························ 285
习题 ··· 291

参考文献 ··· 294

绪　论

材料是人类生存与发展的物质基础,被广泛用于物品、器件、构件、机器以及其他产品的制造。然而,并非所有物质都可视为材料,例如燃料、化学原料、工业化学品、食物和药物等并不属于材料。对于某些特定物质,如炸药、固体火箭推进剂,通常称其为"含能材料",因为它们构成了火炮或火箭的重要组成部分。在 20 世纪 70 年代,信息、材料和能源被誉为当代文明的三大支柱;而在 80 年代,以高技术群为代表的新技术革命,则将新材料、信息技术和生物技术视为其重要标志。这是因为材料与国民经济建设、国防建设以及人民生活息息相关。历史证明了材料作为社会进步的物质基础和先导的重要地位,每一次材料的飞跃都是标志着人类发展的重要里程碑。

1. 材料的起源及演变

回顾历史可以看出,人类的历史就是材料不断进步和发展的历史。在历史的演变过程中,随着人类知识和经验的不断增长,材料的应用与利用也得到了相应的发展。而对于材料的认识与利用,则直接决定了社会形态和人类的生活水平。在丹麦学者汤姆森(C. T. Thomsen)划分出石器、铜器和铁器三个时代之后,英国学者卢伯克(John Lubbock)又以制作技术及其结果为标准划分出旧石器时代和新石器时代。

旧石器时代(205 万年前到 1 万多年前):人类祖先为了生存学会了使用天然材料——木棒、石块、骨头等;后来学会了人工打制石器——石锤、石砧、石片等,如图 0-1 所示。打制石器的岩石种类多种多样,首选岩石一般具备质地均一、莫氏硬度为 7 左右、容易产生贝壳状断口等特点,如燧石(火石)、石英岩、黑曜石等。燧石的出现,让人类结束了茹毛饮血的生活,熟食的出现提高了人类的生活水平。

图 0-1　打制石器

新石器时代(1 万多年前):人类普遍使用磨制的石器,如石锥、石锛、石刀、石凿等石器(见图 0-2),光滑锋利,人类还把骨、角制成针、锥、鱼钩、鱼叉和弓箭。岩石、兽骨成为他们熟悉的材料,说明人类已经懂得对石器进行选择、加工(切割、钻孔、磨制、雕刻等)。同时还出现了制陶、纺织等原始手工业。

石锥　　　　　　石铲　　　　　　石刀　　　　　　石凿

图 0-2　磨制的石器

人们在 6 000 多年前的西安半坡遗址中发现了烧制陶器的横穴窑和竖穴窑(见图 0-3),还有烧制的汲水陶罐、鱼纹彩瓷盆等制品。人们在 5 000 多年前的仰韶文化遗物中发现了陶纺轮(见图 0-4)和骨针(图 0-5),说明新石器时代的人类已经懂得纺织。

图 0-3　半坡遗址的横穴窑和竖穴窑　　　图 0-4　陶纺轮　　　　　图 0-5　骨针

青铜器时代(公元前 4000 年左右):以使用青铜器为标志的人类文化发展的阶段。青铜是纯铜与铅或锡的合金,其铜锈为青灰色,因此称之为青铜。由于其优越的性能,青铜器的生产规模不断扩大,这推动了农业和手工业生产力水平的提升,进而使人们的物质生活逐渐丰富。青铜器的涌现在很大程度上标志着社会生产力的划时代进步。

铁器时代:以人类能够冶铁和制造铁器为标志。人类历史上最早被应用的铁材料为陨铁,可以追溯到距今约 4 500 年(约公元前 2500 年),世界上出土的最古老冶炼铁器是土耳其(安纳托利亚)北部赫梯先民墓葬中出现的铜柄铁刃匕首。这一发现为人类早期利用铁材料的历程提供了重要的考古证据。该文物经检测认定为冶炼所得。目前,我国发现的最古老冶炼铁器来自甘肃省临潭县磨沟寺洼文化墓葬中出土的两块铁条,经清华大学及牛津仪器公司检测,铁条由"块炼渗碳钢"锻打而成,是冶炼金属。通过对墓主人骸骨及墓葬其他文物进行碳 14 检测,研究人员确认该墓葬及其中铁条的年代为距今约 3 510 年前到 3 310 年前之间(约公元前 1510 年—公元前 1310 年)。这一时期的考古数据为我们了解当时冶铁技术及社会历史提供了重要的时间参考。

高分子时代:在 20 世纪初,随着物理学、化学等科学的进展以及各种检测技术的涌现,人类开始从化学和物理学角度研究材料的化学组成、化学键、物性以及合成方法。材料发展进入人工合成材料的新阶段。合成高分子材料的问世是这一阶段的开端,并一直延续至今。合成高分子材料包括塑料、纤维和橡胶等,与金属材料和陶瓷材料(无机非金属材料)一起构成了现代材料的三大支柱。人类还合成了许多合金材料和无机非金属材料。此外,超导材料、半导体材料、光纤等材料也陆续问世。

复合材料时代:20世纪40年代,人们针对单一材料的缺点,将不同种类的材料复合,制备出能克服单一材料缺点且能发挥单一材料特长的复合材料,即扬长补短。如:将金属与陶瓷复合,希望得到既能导电又能耐高温、延展性好的复合材料,后续出现了玻璃钢、铝塑薄膜、梯度功能材料等。在应用方面,复合材料占据着重要的地位。

智能材料时代:20世纪90年代,根据自然界生物自然生长的规律,人们开发了一系列智能材料,这些材料能够根据环境的改变而自适应,例如形状记忆合金、光致变色玻璃等。虽然近十年来智能材料的研究取得了重大进展,但距离实现理想智能材料的目标仍然存在一定的差距。

2. 材料的分类

材料的分类是多种多样的,可以根据不同的标准进行分类,具体如下。

(1)按照组成、结构特点进行分类,材料可分为金属材料、无机非金属材料、有机高分子材料和复合材料,如图0-6所示。

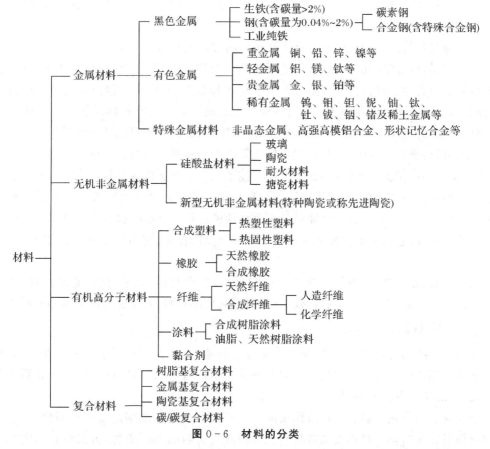

图0-6 材料的分类

金属材料:金属材料是指由金属元素或以金属元素为主要成分,并具备一般金属特性的材料。按照习惯,金属材料可以分为以下三类:黑色金属材料、有色金属材料和特殊金属材料。金属材料具有良好的力学性能、物理性能、化学性能及加工工艺性能,能满足机器零件的使用要求。金属材料还可以通过热处理改变其组织和性能,进一步扩大使用范围。

无机非金属材料：无机非金属材料可分为硅酸盐材料和新型无机非金属材料（特种陶瓷或称先进陶瓷）两类，其中陶瓷是应用历史最悠久、应用最广泛的非金属材料。无机非金属材料具有硬度高、熔点高、耐高温、绝缘性和耐蚀性好等优点，但其塑性和韧度远小于金属材料，这严重影响了其使用范围。

有机高分子材料：有机高分子材料是有机合成材料，主要包括合成塑料、橡胶、纤维、涂料、黏合剂等，也称聚合物。它具有较高的强度、良好的塑性、较强的耐蚀性能、良好的绝缘性等，且质量轻。但有机高分子材料的力学性能不如金属材料的力学性能，强度有一定局限，易出现应力松弛和蠕变，并且有机高分子材料的耐老化性能、耐高温性能也较差。

复合材料：复合材料是由两种或两种以上不同原材料组成的材料，它不仅能充分发挥各种原材料的性能，还能通过复合获得单一材料所不具备的性能。根据基体的不同，复合材料可分为树脂基复合材料、金属基复合材料、陶瓷基复合材料和碳/碳复合材料等。另外，根据增强体的不同，复合材料又可以分为颗粒增强复合材料和纤维增强复合材料等。复合材料具有比强度和比模量高、抗疲劳性能和抗断裂性能好、高温性能好、耐磨减震性能优良等优点，已经得到了越来越广泛的应用。

（2）按照使用性能分类，材料可分为结构材料和功能材料。

结构材料：以力学性能为基础，用于制造受力构件的材料。这些构件包括飞机的机体、航天器的承力筒、发动机壳体等，主要用于承受各种载荷，其中包括静态载荷——由自重引起的载荷，以及在飞行过程中所产生的各种动态载荷。新一代高性能结构材料的研制与开发主要关注具有高比强度、高比刚度、耐高温、耐磨损、耐腐蚀等卓越性能的材料。

功能材料：通过光、电、磁、热、化学、生化等作用后具有特定功能的材料。在航空航天领域，功能材料的应用十分广泛，如在飞行器测控系统中的电子信息材料（包括用于微电子、光电子和传感器件的功能材料，现代飞行器隐身技术所使用的透波和吸波材料），以及航天飞机表面的热防护材料等。这些功能材料主要包括磁性材料、电学材料、光学材料、声学材料、化学功能材料等，它们在航空航天应用中发挥着重要的作用，为实现各种特定功能提供了有力支持。

（3）按照用途分类，材料可分为航天航空材料、信息材料、电子材料、能源材料、生物材料、建筑材料、包装材料、电工电器材料、机械材料、农用材料、日用品及办公用品材料等。

3. 航空材料的地位和作用

在航空工业迅猛发展的今天，飞机正朝着超高速、巨型、隐身、智能的方向发展，对材料提出了越来越高的要求。同时材料也随着科学技术的进步而逐渐发展，新材料和新工艺不断涌现，为航空工业的发展提供了物质保障。

航空材料是指用于制造军用或民用航空飞行器的材料。根据用途和应用位置的不同，航空材料可分为机体材料和发动机材料。追溯航空材料的发展历程，可以将其归纳为五个阶段，目前处于第五阶段。

第一阶段（1903—1919年）：木、布结构。

1903年，莱特兄弟驾驶"飞行者一号"试飞成功，其复制品如图0-7所示。飞机最初用木条、三夹板做大梁和机身骨架，用亚麻布做机翼的翼面，即所谓的木-布结构。在第二次世界大战(简称"二战")时期,尽管现代航空材料如铝合金和钢已经得到应用,但木头仍然被用于部分战机的制造。其中英国的德·哈维兰蚊式战斗轰炸机是一款典型代表。这款战机以其身轻如燕、性能优良而著称,赢得了"木头奇迹"的美誉。

图 0-7 "飞行者一号"复制品

第二阶段(1920—1949年):钢、铝结构。

随着飞机性能不断提升,木-布结构飞机的强度不足,易燃、易腐蚀的缺点被无限放大,机体中金属部件使用比例迅速提高。二战爆发后,全金属飞机代系迅猛发展,铝合金广泛用于飞机的机身蒙皮,而高强度的钢应用于主承力的机身框架结构。以钢、铝材料制作的飞机机身在强度、结构刚度以及抗弹能力等方面较木-布结构有了质的飞跃。在二战中,主力战机机型如美军的 F6F 地狱猫、P51 野马、英国的喷火式战斗机以及德国的梅塞施密特 Bf-109 战斗机,无一例外地都采用了钢-铝结构。这些改进使得飞机在战斗中具备更好的性能、可靠性和战斗力。

第三阶段(1950—1960年):铝、钢、钛结构。

由于作战迫切需要提高飞机的飞行速度,所以在耐热合金出现以后,成功制造出了喷气式发动机。喷气式发动机完成了航空技术的一次飞跃——突破了"声障"。但随即又出现了"热障"问题。"热障"是当飞机超声速飞行时,飞机蒙皮表面附面层空气因摩擦而生成大量的热,使飞机蒙皮的温度急剧升高。铝合金耐高温性能差,在 200 ℃时强度已下降到常温值的 1/2 左右。直到 20 世纪 50 年代,新型高强度耐热材料——钛合金和不锈钢才被成功研制并应用,这两种合金对克服热障问题起到了重要作用。在耐高温方面,美国和苏联选择了两种完全不同的发展路线。美国采取了"高端路线",主要使用钛合金。钛合金密度低,以此制成的飞机结构相对较轻,因此美国设计了高空高速侦察机 SR-71 黑鸟,其飞行速度可达 $Ma=3.35$。然而,钛合金的原材料价格较高,加工也相对困难。与此不同,苏联选择了"平民路线",主要采用不锈钢。不锈钢原材料易得且易于加工,成本较低。苏制的米格-25 就是典型代表,其机身 80% 的结构采用不锈钢制造,最大飞行速度达到 $Ma=2.8$。米格-25 最初设计用于拦截 SR-71 黑鸟,但由于其笨重的不锈钢机身,历史上 SR-71 黑鸟曾多次侵入苏联领空,却从未被成功拦截。

第四阶段(1970年—21世纪初):铝、钛、钢、复合材料结构(以铝为主)。

随着材料科学的不断发展,人们已经不能在已知的单质材料中找到密度低于铝合金、耐热温度接近钛合金且强度高于不锈钢水平的材料了。正是在这样的背景下,新一代的航空材料——复合材料应运而生。复合材料具有优异的性能、可被设计定制和易于成型等特点,在同等结构强度下,采用复合材料制作的机身可使飞机在维持原强度的前提下大幅减重。

第五阶段(21世纪初至今):复合材料、铝、钛、钢结构(以复合材料为主)。

如今,复合材料技术飞速发展,其应用水平大幅提高。例如,美国的第四代战斗机F-22、F-35,其复合材料用量分别高达24%和30%。同时,俄罗斯最新的五代机也采用了大量的复合材料,其用量达到了15%。复合材料在先进战斗机上的广泛应用标志着现代战斗机从过去的"以铝为主,钛、钢结构并存"的时代迈向"以复合材料为主,铝、钛、钢结构共存"的新时代。此外,传统的金属材料仍是制造飞机的骨干材料,经过不断发展,涌现出了一批新材料品种。

航空工业的进步与发展,对航空材料的更新起着积极的推动作用。与此同时,新材料的出现、制造工艺与理化测试技术的进步,又为航空产品的设计与制造提供了重要的物质与技术基础,从而推动航空工业不断发展。

4. 现代航空材料的发展趋势

随着航空技术的革新,航空产品不断发展,人们对航空材料的要求越来越高,且更加严格。与复合材料技术的飞速发展并行,传统的航空材料也在不断改进和革新。通过持续的研究和创新,传统航空材料的性能得到了提升,以满足不断升级的航空需求。

(1)跨入先进复合材料时代。2003年,波音787飞机的推出运营标志着航空材料的发展进入了一个新的时代,即"全复合材料"飞机时代。这一时刻的到来对航空事业的发展具有极其重要的意义,堪比20世纪"铝合金"时代的革新程度。尽管目前生产"全复合材料"飞机仍具有一定的难度,但复合材料的广泛应用已经极大地改变了飞机工业的生产模式。如今,复合材料已成为飞机选材的主流,其在飞机结构中的应用从20世纪的约40%提升到了50%以上。有些机型甚至已达到80%~90%的复合材料使用比例。这些数据显示了复合材料在航空工业中的重要地位和广泛应用。复合材料在飞机上的使用量也成为飞机先进性的重要特征之一。

(2)久经考验且在不断改进的传统金属材料仍然是首选。尽管复合材料已成为未来航空材料的主流,但目前情况显示,久经考验且在不断改进的传统金属材料仍然是首选。在传统金属材料中,铝、钛、钢及高温合金等材料依然占据着主导地位。铝材料在飞机总质量中占比为20%~60%,钛材料占比为10%~40%,钢材料在先进航空器制造中广泛应用,而高温合金则是航空动力装置的主要制造材料,具有不可替代的地位。近年来,铝合金发展呈现出新品种不断涌现的趋势,例如第三代铝锂合金的投入使用就是典型代表。实践证明,在许多情况下,采用铝合金比采用复合材料更为有利。钛合金因其比强度高和耐腐蚀性优良等特点,在军用和民用飞机上的用量不断增加,已经成为航空领域不可或缺的重要材料。目前,传统金属材料的研发重点主要在于不断改进品种,提高材料的力学性能、抗环境性能,降低成本,以谋求长期发展。

(3)功能材料的作用日益显著。随着复合材料的不断发展,功能材料的作用日益显著。功能材料的优势在于其品种多样、批量小、技术水平高、更新换代迅速、知识技术密集等。自进入21世纪以来,功能材料作为最活跃的材料领域之一,不断有新的材料推出。对航空发展影响较为重大的首先是雷达用电子/信息功能材料。其中,有源相控阵雷达装备美国的F-22A、F-15C及日本的F-2等,正在成为新型战斗机、轰炸机和预警机的首选。半导体材料技术的进步促成了雷达技术的变革,新一代氮化镓取代了砷化镓,从而显著提升了雷达性能。

此外,隐身材料也在不断推陈出新,其频带不断拓宽。发达国家积极投入新型隐身材料的研发,其中,纳米材料成为研究的热点之一。除了纳米材料,新型隐身材料的研究也更加注重维修性能,加速开发出了具有加垫功能的隐身材料。F-35战机采用了纤维垫隐身材料,这种材料是由无定向纤维织物制成的,在热压罐中与飞机复合材料蒙皮一起固化,合为一体。该材料的厚度可根据构件的承载需求进行调整,并具备满足隐身特征所需的起伏不平状态。纤维垫的开发满足了隐身材料的研发需求,是新兴隐身材料的又一代表。

未来,航空材料的技术发展可概括为"六化",即信息化、复合化、多功能化、高性能化、低维化和智能化。航空材料将持续全面推进计算机辅助设计技术,复合材料仍然拥有广阔的发展前景,结构材料则朝着多功能化方向发展,不断研发发动机材料将制备出超高温结构材料,而低维化是未来航空材料的必然趋势,当材料在某一维度的尺寸足够小,达到一个分子乃至一个原子的尺度范围时,就会展现出不同于日常材料的特性,在力学、光学、磁学等领域具备神奇的性能,变身为传说中的"智能材料"。这将使智能材料的开发和应用越加广泛,而隐身材料则朝着多功能化方向发展,与此同时,电子信息功能材料也在不断创新。

航空发展史表明,每一次航空材料的重大突破都将推动航空工业实现飞跃式进步。航空材料不仅构成了航空工业发展的物质基础,同时也是其技术支撑。航空材料及其制备技术作为航空三大关键技术之一,在材料科学领域扮演着创造性和开拓性的角色,成为航空现代化和高科技发展的物质基石。航空材料的发展水平是评估国家国防科技和经济实力的重要标志之一,对社会文明进步产生着至关重要的影响。因此,加强先进航空工程材料的设计、制造、性能评价以及应用研究具有极其重要的现实意义。

习 题

1. 什么是材料?按照材料组成及结构可以分为哪些类型?各具有什么特点?
2. 根据用途和应用位置,航空材料可分为哪两种?
3. 简述航空材料的发展历程。

▶拓展阅读◀

追求高性能、低污染、低成本 材料科技发展新趋势

中国科学院院士 卢 柯

材料是人类生存和社会发展的物质基础,它既包括日常广泛使用的水泥、陶瓷、玻璃、金属、木材和高分子材料,也包括那些通过创新工艺制造出的具有特殊性能和功能的材料,如纳米材料、光电子材料、量子材料、超材料等。材料是一个既古老又充满活力的科技领域。从历史上看,人类从使用天然材料的石器时代开始,材料科技的进步推动着人类文明不断走向铜器时代、铁器时代和硅时代(电子时代)。现在,钢铁和水泥的制造与使用仍被看作是一个国家工业发展水平的重要指标;碳纤维、高温合金、隐身材料、激光晶体等先进材料发展水平则被视为一个国家国防技术水平的标志。而未来,正如汤森路透所言:"材料研究中的革命性发现会使21世纪人类社会和人们生活方式产生深远的变化。"

材料科技是一个多学科交叉融合的领域,它的发展既依赖于数学、物理、化学、生物学等基础学科的发展,同时也与机械工程、信息工程、装备与制造技术、航空航天、汽车、核电等工业技术紧密相连。因此,材料科技一直是近一个世纪以来世界上几个最重要的科技领域之一。各发达国家无不把材料科技放在至关重要的位置进行规划和部署,涌现出一批像美国的橡树岭国家实验室和洛斯阿拉莫斯国家实验室、日本国立材料科学研究所、德国马普学会钢铁研究所等世界知名的材料研究机构。世界上绝大多数研究型大学均设立了材料院系,以满足工业发展对大量材料领域人才的需求。近年来,基于再工业化以及巩固科技领先优势的需要,美欧日等多国加大了对材料研发的顶层设计和规划,相继发布了"材料基因组计划""材料发展路线图""冶金欧洲"等发展规划,并投入巨资推动材料科技的加速发展。

传统意义上材料科技的主要任务是研究材料成分、制备与加工、组织结构、性能和使役行为等要素以及它们之间的相互关系,以发现新的材料或对现有材料进行性能和功能提升。随着经济社会发展对材料需求的不断变化和相关学科领域的发展,近年来材料研究呈现出一些新的发展趋势。

材料技术与纳米技术、信息技术的深度融合使人们对材料结构性能的认识更加深入,对材料制备过程和功能调控更加精准。随着计算技术和各种分析测试技术的发展,人们已经可以观察和测试材料中单个原子的行为,可以进一步理解材料性能与成分、组织结构之间的关系,并通过跨尺度构筑与组织结构调控提高材料的综合性能或者获得特殊性能材料。纳米技术实现了材料在纳米尺度上的制备、测试、结构调控、性能表征。以碳纳米材料(如石墨烯、纳米碳管等)为代表的大量纳米材料,由于结构尺寸接近电子的相干长度而表现出奇特的电、热、光、磁性能。金属材料的结构纳米化可使其强度提高10倍以上,大大拓宽了金属材料的性能和用途。信息技术与材料制备技术的融合,使材料微观结构的定量调控能力不断提高,从而实现各类性能和可靠性的定量可控。

降低材料制备与使用各环节的能耗物耗及环境污染,降低材料全寿命成本,满足可持续发展需求。人类社会由于工业快速发展需要使用大量的材料,带来原材料短缺尤其是稀贵元素匮乏、能源大量消耗和温室气体排放等一系列问题。如何实现材料的可持续发展已成为材料科学家们关注的焦点。降低材料及器件制备与使用各环节的能耗、物耗,重视回收与再利用,发展替代稀贵和有毒元素的方法,成为材料科技的前沿方向。在中国科学院2009年发布的《中国至2050年先进材料科技发展路线图》中提出,应对材料从原料、部件、系统再到废料回收利用全寿命周期的能耗、物耗及对环境的影响进行综合评估,以降低材料的全寿命成本。2012年英国剑桥大学一些学者通过对以钢和铝为代表的金属材料从矿石的开采、冶炼、加工、有效使用和循环等各个环节的能耗、物耗、气体排放进行全周期分析,提出了类似的概念和观点,推动材料可持续发展。

探索新材料原理,发展新制备技术,减少材料对稀贵元素的依赖。能源、军工、航空航天、电子等诸多领域所需的高性能材料往往需要消耗大量的稀贵元素。例如,计算机、高性能显示屏、移动电话、电力马达、锂离子电池、光电催化等所用的功能材料,主要靠稀土或稀贵金属元素实现性能的提升。但地球上稀贵元素储量有限,其战略重要性与日俱增。有数据显示,全世界稀贵金属已探明的静态可采储量可开采年限分别是:钒233年、铀110年、钛95年、钨64年、钼42年、锗40年、锑24年、金18年、银16年、铟10年。同时,开采和提纯这些稀贵金属也加重了对环境的破坏。此外,一些现有材料通过添加有毒元素以达到性能目标,给环境和人类健康带来不利影响。在加紧储存稀贵元素的同时,世界各国也在发展替代稀贵元素和有毒元素的材料技术。例如,日本2007年启动的"元素战略计划",就是为推动研制稀贵元素替代物的一种尝试。

来源:《人民日报》2015-08-02。

上篇　航空材料基础

第1章 材料的性能

工程材料由于来源丰富,具有优良的性能,在航空航天、机械、交通和石油化工等多个领域获得广泛应用。工程材料的性能通常可分为使用性能和工艺性能。其中物理性能、化学性能以及力学性能为材料的使用性能,能够确保材料制成构件后正常地工作并具备一定的服役寿命。而工艺性能则涉及材料的加工特性,如金属材料的铸造性能、锻压性能、焊接性能、切削加工性能和热处理性能等。这些性能的综合表现对于材料的应用和加工具有重要意义。

1.1 材料的理化性能

1.1.1 材料的物理性能

1.1.1.1 密度

密度是指单位体积的物质质量,用 ρ (g/cm^3) 表示。一般地,金属材料具有较高的密度,陶瓷材料次之,高分子材料最低。材料的密度关系到它们制造的构件或零件的自重。金属材料中密度小于 5 g/cm^3 的称为轻金属,如铝、镁、钛及其合金,多用于航空航天器及车船等交通运输工具。

1.1.1.2 熔点

材料由固态变为液态时的温度称为熔点。通常晶体材料(如金属、陶瓷)具有确定的熔点,非晶体材料(如高分子材料、玻璃)没有固定熔点。材料的熔点对其零件的耐热性影响较大,高熔点的陶瓷材料可制造耐高温零件,而高分子材料熔点低、耐热性差,一般不能作耐热构件。

1.1.1.3 导热性

热能由高温区向低温区传递的现象称为热传导或导热。导热性用热导率 $\lambda[W/(m \cdot K)]$ 表示。一般地,金属材料的导热性较好(其中银的导热性最好,铜、铝次之),而陶瓷材料及高分子材料导热性较差。导热性好的材料可制造散热器、热交换器、活塞等。

1.1.1.4 热膨胀性

工程材料表现出的体积或长度随温度升高而增大、冷却时则收缩减小的特性称为热膨胀性。热膨胀性常用线膨胀系数（α）来表示。材料的线膨胀系数越大，热膨胀性越好。工业上常利用材料的热膨胀性使组合件配合紧密，如热压铜套筒就是利用加热时孔径扩大压入衬套，待冷却后孔径收缩，可使衬套在孔中紧固不动。对于精密仪器和零件，线膨胀系数是非常重要的指标。由于切削热、摩擦热等会改变零件的形状和尺寸，造成测量误差，因此，精密仪器或精密机床通常需要在标准温度（20 ℃）或规定温度下进行加工或测量。

1.1.1.5 导电性

工程材料传导电流的能力称为导电性，采用电阻率 ρ（Ω·m）表示。电阻率越小，导电性越好。金属材料通常具有良好的导电性，其中银的导电性表现最为出色，其次为铜和铝。而陶瓷及高分子材料是电的绝缘体。电阻率小的金属（纯铜、纯铝）可用作导电容件和电线电缆，电阻率大的金属或合金（钨、钼、铁、铬等）适合用作电热元件。

1.1.1.6 磁性

工程材料表现出被磁场磁化或吸引的能力称为磁性。

根据性质，磁性材料可分为软磁性材料和硬磁性材料两类。软磁性材料（如电工用纯铁、硅钢片等）易被磁化，具有良好的导磁性能，但一旦外加磁场去除，其磁性基本消失。相比之下，硬磁性材料（如淬火的钴钢、稀土钴等）在去磁后仍能保持磁场，磁性不易消失。

金属材料中，铁、钴和镍的磁性最强，因此常被用于制造变压器、电动机、测量仪器等，而其他金属材料如铜、铝、铅等则不具备磁性。非金属材料一般无磁性。值得注意的是，材料的磁性不仅与其自身的特性有关，也与材料的晶体结构密切相关。例如，铁在铁素体状态时表现出较高的磁性，而在奥氏体状态下则失去了磁性。

1.1.2 材料的化学性能

1.1.2.1 耐蚀性

材料在常温条件下抵抗环境介质腐蚀和破坏的能力称为耐蚀性。耐蚀性好的材料可用于制造食品、化工、制药等领域设备的零件。

1.1.2.2 抗氧化性

材料在较高温度环境中抵抗氧化作用的能力称为抗氧化性。在金属材料中添加铬、硅等元素可提升其抗氧化性，而陶瓷材料则具有优异的抗高温氧化性。抗氧化性好的材料可用于制造高温结构件，如陶瓷可用于制造高温发动机零件，抗氧化性好的耐热钢可用于制造内燃机排气阀、加热炉底板等零件。

1.2 材料的力学性能

材料的力学性能指材料在不同形式的外力作用下抵抗变形和断裂的能力。按照相应标准，通过不同的实验方法，测定材料在一定的受力条件下一些力学参量的临界值或规定值，作为力学性能指标或称为机械性能指标,如屈服强度、弹性模量、延伸率、断面收缩率、韧性、断裂强度等,是设计、计算、材料选用、工艺评定及材料检验的重要依据,对实际工程应用具有重要的意义。

强度、塑性和韧性是描述材料力学性能的主要指标。其中,强度衡量了材料在破坏前所承受应力的大小,塑性则反映了材料在破坏前所发生的永久性应变,而韧性则表示材料在破坏时所吸收能量的数值。设计师们根据特定需求,针对这些力学性能制定了不同规范。举例而言,对于一种钢管,人们通常要求其具备较高的强度,但同时也希望它有较高的塑性,以增强韧性。由于强度和塑性之间常常存在矛盾,工程师们在确定最佳设计时需要权衡二者的相对重要性。此外,在实际工程应用中,材料的破坏判据则取决于具体的工程设计需求。例如钢棒的弯曲情况,是在发生断裂时算作破坏,还是在开始弯曲变形时算作破坏,需要根据设计要求而定。因此,至少有两种强度判据:一种是开始屈服,另一种是材料断裂前所能承受的最大载荷。这表明描述材料强度的指标至少有两个。一般而言,描述材料力学性能的指标包括以下几项。

1.2.1 弹性和刚度

根据标准《金属材料 拉伸试验 第 1 部分:室温试验方法》(GB/T 228.1—2021)制作拉伸试验件,并进行拉伸试验。试验时,将拉伸试样装夹在拉伸试验机上(见图 1-1),对试样施加拉力,在拉力不断增大的过程中可以观察到试样的变化(见图 1-2),直至把试样拉断。

图 1-1 液压式拉伸试验机

拉伸试样的截面形状一般有圆形和矩形两类,常用的试样截面为圆形。在图 1-2(a)中,d 代表试样的直径(单位:m),l_0 表示标距长度(单位:mm)。根据试样的标距长度与直径之间的关系,可分为短试样($l_0=5d$)和长试样($l_0=10d$)两种类型。在试验过程中,将试样的相应变形量与外加载荷的变化绘制在以变形量 ε 为横坐标、载荷 σ 为纵坐标的图形上,就得到该试样的应力-应变关系曲线,也称为拉伸曲线。图 1-3 为材料的应力-应变(σ-ε)曲线。

图 1-2 圆形拉伸试样

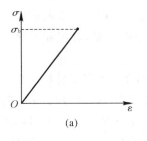 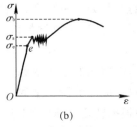 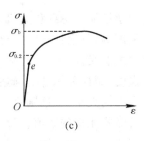

图 1-3 应力-应变(σ-ε)曲线
(a)无塑性变形的脆性材料(例如铸铁);(b)有明显屈服点的塑性材料(例如低碳钢);
(c)没有明显屈服点的塑性材料(例如纯铝)

在 σ-ε 曲线上,Oe 段代表弹性阶段。这个阶段,如果卸去外加载荷,试样的伸长量会完全消失,试样恢复到原始状态。材料表现出的这种不产生永久残余变形的能力称为弹性。e 点对应的应力值为弹性极限,用符号 σ_e 表示。弹性极限是材料在弹性阶段所能承受的最大应力值,超过这个值,材料将进入塑性阶段,形成永久性变形。

在材料的弹性范围内,应力与应变成正比,其比值称为弹性模量 E($E=\sigma/\varepsilon$),单位为兆帕(MPa)。弹性模量 E 反映了材料抵抗弹性变形的能力,用以表征材料的刚度。E 值的大小主要取决于材料的固有特性,且一些处理方法(例如冷、热加工,热处理,合金化等)对其影响较小,但可以通过增加横截面积或改变截面形状来提高零件的刚度。此外,温度对 E 值也会产生影响,随着温度升高,金属的 E 值会逐渐降低。

1.2.2 强度

强度是指材料在外力作用下抵抗变形和破坏的能力。根据外力的作用方式,强度指标可以分为抗拉强度、抗弯强度、抗剪强度等。当材料承受拉力时,强度性能指标主要涉及屈服强度和抗拉强度。

1.2.2.1 屈服强度(σ_s、$\sigma_{0.2}$)

由图 1-3(b)曲线可见,当曲线经过 e 点,试样卸除外加载荷后,将产生永久性的变形(或称残余变形),这种永久性的变形不会随载荷卸载而消失,这种现象称为塑性变形。同时到达 e 点后,曲线呈现出水平线段,表明外加载荷虽未增加,但试样的变形量仍持续增大,此现象称为屈服。屈服时的应力称为屈服强度(σ_s)。在曲线超过 e 点前,试样处于弹性阶段,在此阶段,外力消失后试样可以完全恢复至原始状态,不会留下残余变形。然而,一旦曲线超过屈服点 e,材料就进入了塑性阶段,会产生永久性塑性变形。

一些塑性材料在拉伸过程中没有明显的屈服现象[见图 1-3(c)]。针对这种情况,可以用试样在拉伸时产生 0.2% 塑性变形时的应力值作为该材料的屈服强度,用 $\sigma_{0.2}$ 来表示。

在机械零件的使用过程中,通常不允许发生塑性变形,所以多数机械零件在设计时都将屈服强度作为选材的主要依据,同时其也是评定金属材料承载能力的重要力学性能指标。材料屈服强度越高,允许的工作应力就越大,这意味着零件所需的截面尺寸和自身重量可以相对减小。

1.2.2.2 抗拉强度 σ_b

在材料发生屈服后[见图 1-3(b)],外力继续增大,应力达到最大值 σ_b 后,试样产生缩颈而快速伸长,应力明显下降,最终导致断裂。最大应力 σ_b 称为抗拉强度,也是设计零件和评定材料的重要强度指标。抗拉强度 σ_b 的数值易于测量,如果仅从确保零件不发生断裂的安全角度出发,可以用作设计依据。然而,在考虑安全性的情况下,应选取较大的安全系数,以确保零件在实际使用中具备足够的强度和可靠性。

屈强比是指屈服强度与抗拉强度的比值,用符号 σ_s/σ_b 表示。当屈强比较小时,工程构件的可靠性高,表明即使外部载荷或某些意外因素导致金属发生塑性变形,材料也不会立即断裂。在这样的情况下,零件在受力时会表现出一定的延性,能够承受一定程度的塑性变形。然而,屈强比过小则意味着材料强度的有效利用率较低。

1.2.3 塑性

材料在外力作用下,产生永久性变形而不发生断裂的特性,称为塑性。塑性特性也可以通过拉伸试验来进行评估。材料的塑性指标常用延伸率和断面收缩率来表征。

1.2.3.1 延伸率 δ

延伸率是指试样在拉断后的相对伸长量,通常用符号 δ 来表示。如图 1-4 所示,即

$$\delta = \frac{L_1 - L_0}{L_0} \times 100\% \tag{1-1}$$

式中:L_0——试样原始标距长度,mm;

L_1——试样拉断后的标距长度,mm。

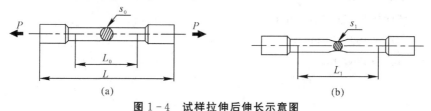

图 1-4 试样拉伸后伸长示意图

1.2.3.2 断面收缩率 Ψ

试样被拉断后横截面积的相对收缩量称为断面收缩率,用符号 Ψ 表示,即

$$\Psi = \frac{s_0 - s_1}{s_0} \times 100\% \tag{1-2}$$

式中:s_0——试样原始的横截面积,mm^2;

s_1——试样拉断处的横截面积,mm^2。

延伸率和断面收缩率的数值越大,表明材料的塑性越好。优良的塑性对于材料进行冷塑性变形具有重要意义。此外,当工件发生偶然过载时,塑性变形能够防止突然断裂;在工件的应力集中区域,塑性变形可以使应力松弛,从而防止工件过早断裂。这些是大多数机械零件在设计中除了要求一定的强度指标外,还要求一定的塑性指标的原因。塑性性能较高可以使材料能够更好地适应实际工程中的各种应力条件,从而提高零件的可靠性和耐久性。因此,在机械零件的材料选择和设计过程中,强度指标和塑性指标是同等重要的考虑因素。

材料的延伸率(δ)和断面收缩率(Ψ)越大,塑性越好。实际应用表明,用断面收缩率(Ψ)来表示塑性更接近材料的真实应变情况。

1.2.4 硬度

硬度是材料抵抗局部变形的能力,特别是抵抗塑性变形、压痕或划痕的能力。一般来说,材料的强度越高,其硬度也会越高。在硬度测试中,应用广泛的是压入法,即在一定的载荷下,用比被测工件更硬的压头缓慢压入被测工件的表面,从而使材料产生局部塑性变形并形成压痕,然后根据压痕的面积或深度来确定硬度值。因此,硬度反映了材料抵抗外力压入的能力。如果压头和载荷相同,压痕越大或越深,则表明被测材料的硬度越小。工程上常用的硬度指标包括布氏硬度、洛氏硬度、维氏硬度等。这些硬度测试方法可以根据不同的材料和应用需求,对材料的硬度作出定量评估,为工程设计和材料选择提供重要依据。

1.2.4.1 布氏硬度 HBS(W)

根据标准《金属材料 布氏硬度试验 第1部分:试验方法》(GB/T 231.1—2018),材料的布氏硬度试验是通过施加一定的载荷 F,将直径为 D 的球体(通常是淬火钢球或硬质合金球)压入被测材料表面,保持一定的时间,然后卸去载荷,将被测材料表面压出一个球形小坑。根据压痕的面积 S 来确定硬度大小。具体测试方法如图 1-5 所示。布氏硬度 HB 为单位面积所受载荷,用于表征材料的硬度水平。用 HBW 表示,即

$$\mathrm{HBW} = \frac{F}{S} = 0.102 \times \frac{2F}{\pi D(D - \sqrt{D^2 - d^2})} \tag{1-3}$$

式中: F——试验力,N;
S——球面压痕表面积,mm^2;
d——压痕平均直径,mm;
D——压头直径,mm。

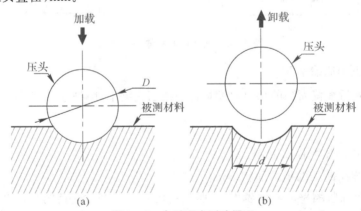

图 1-5 布氏硬度测试原理

布氏硬度试验所用的测试压头材料较软,因此不能测试过硬的材料。当使用淬火钢球作为测试压头时,可测试布氏硬度小于 450 的材料,用 HBS 表示;而当测试压头为硬质合金时,可测试布氏硬度为 450~650 的材料,用 HBW 表示。一般情况下,钢球压头只适用于测定退火、正火、调质钢、铸铁及有色金属的硬度。

在实际应用中,材料的抗拉强度 σ_b 与布氏硬度 HBS(W) 之间存在以下近似经验关系:
对于低碳钢: $\sigma_b \approx 0.36\ \mathrm{HBS(W)}$。

对于高碳钢：$\sigma_b \approx 0.34\ \mathrm{HBS(W)}$。

对于灰铸铁：$\sigma_b \approx 0.10\ \mathrm{HBS(W)}$。

1.2.4.2 洛氏硬度 HR

洛氏硬度试验采用锥角为120°、顶部曲率半径为0.2 mm的金刚石圆锥体或直径为1.588 mm的硬质合金球作为压头，施加一定的载荷压入材料表面，根据压痕深度来确定材料的硬度。试验时如图1-6所示，先加预载荷，压入深度为h_0；然后施加主载荷，压入深度为h_1，保持主载荷一定时间后，卸除主载荷，在保留初始载荷的情况下，测量其残余压入深度h。洛氏硬度值用h_1与h_0之差h来计算。h越大，表示材料硬度越低，反之则越高。实际测量时硬度可直接从洛氏硬度计表盘上读取。

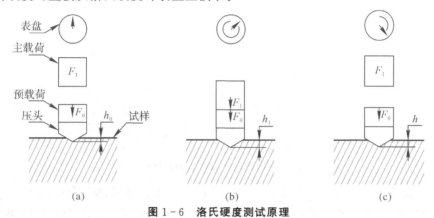

图1-6 洛氏硬度测试原理

主载荷引起的塑性变形使压头压入深度$h = h_1 - h_0$，洛氏硬度值采用一个常数k减去h来计算，并以每0.002 mm的压痕深度为一个硬度单位，有

$$\mathrm{HR} = \frac{k - h}{0.002} \tag{1-4}$$

式中：k——常数（用金刚石圆锥体作压头时$k = 0.2$ mm，用淬火钢球作压头时$k = 0.26$ mm）；

h——压入金属表面产生塑性变形的深度，mm。

为了方便测定不同金属材料的各种硬度值，常采用不同的压头和总载荷组合来构成洛氏硬度标尺，以适应不同硬度范围的金属材料。在洛氏硬度测试中，常用的洛氏硬度标尺有HRA、HRB、HRC三种。表1-1列出了这三种洛氏硬度测试规范及其适用范围。

表1-1 洛氏硬度测试规范及使用范围

硬度标尺	压头类型	主载荷/N	硬度值有效范围	测试范围
HRA	120°金刚石圆锥体	588.4	60～85HRA	硬度极高材料，如硬质合金、表面淬火层或渗碳层等
HRB	ϕ1.58 mm淬火钢球	980.7	25～100HRB	硬度较低材料，如有色金属和退火钢、正火钢等
HRC	120°金刚石圆锥体	1471.1	20～67HRC	硬度较高材料，如调质钢、淬火钢等

洛氏硬度测试操作简便、迅速,适用范围广泛,所产生的压痕较小,硬度值可直接从表盘上读出,因此在各个领域都得到了广泛应用。

1.2.4.3 维氏硬度 HV

维氏硬度试验法能够解决因载荷大、压痕深而无法测量很薄工件的问题。它的试验原理与布氏硬度试验法相同,但使用的压头为对面夹角为136°的金刚石四方棱锥体,施加的载荷较小,一般在 5~120 kgf(49.03~1 176.80 N)之间。试验中,金刚石压头在施加载荷的作用下压入金属表面,保持一定时间后卸除载荷。然后,测量、计算压痕投影的两对角线的平均长度 d,并通过计算压痕的表面积 S 来求得压痕表面积上的平均压力,该平均压力即为被测试金属的维氏硬度值,用符号 HV 表示。维氏硬度测试原理及压痕形貌如图 1-7 所示。

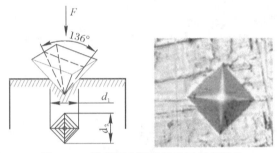

图 1-7 维氏硬度测试原理及压痕形貌

当施加的载荷 F 确定后,维氏硬度 HV 值仅与压痕投影的两对角线的平均长度 d 有关。压痕投影的对角线平均长度 d 越小,维氏硬度 HV 值越大,反之,HV 值越小。在实际测试中,维氏硬度值和布氏硬度值一样,可以根据 d 的大小查表得到。相较于布氏硬度和洛氏硬度试验,维氏硬度试验的精确度更高,且压入深度较浅,特别适用于测定经过表面处理后零件的表面层硬度。通过改变施加的载荷值,维氏硬度试验可以测定从极软到极硬的各种材料的硬度。

1.2.5 韧性

工程材料在加工和使用过程中受到的外力可以根据其性质分为静载荷和动载荷。静载荷是指大小保持不变或变化非常缓慢的载荷。本节前面提及的各项性能指标,均属于材料在静载荷作用下的性能指标。动载荷主要包括冲击载荷和交变载荷。冲击载荷是指在短时间内突然施加在材料上的载荷,具有突发性和瞬时性的特点。许多机器零件在应用中常常受到瞬时冲击载荷的作用而发生变形和破坏。由于冲击载荷作用时间短,破坏能力比静载荷要大很多。对于一些工程应用,如空气锤的锤杆、锻压机的冲头以及飞机着陆时的起落架等,这些部件在使用过程中会承受巨大的冲击载荷。由于冲击载荷的特殊性,需要特别考虑金属材料抵抗冲击载荷的能力。

1.2.5.1 冲击韧性 a_k

在冲击载荷作用下,材料抵抗破坏的能力称为冲击韧性。韧性是材料断裂时所需能量的度量,韧性好的金属材料在断裂时吸收较多的能量,因此不容易发生脆性断裂。通常,使用冲击吸收功和冲击韧性指标(a_k)来衡量材料的韧性。测定金属材料冲击韧性的常用测试设备是摆锤冲击弯曲试验机,如图1-8所示。

把待测材料制成标准缺口试样,再将试样放置在试验机支座上,将具有一定重量的摆锤自一定高度 H_1 自由下落,冲断试样,摆锤凭借剩余的能量又上升到高度 H_2。

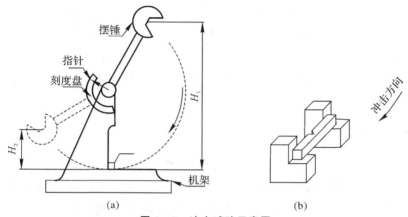

图1-8 冲击试验示意图

冲击试验是基于能量守恒原理进行的,试样在冲断过程中所吸收的能量等于摆锤在冲击试样前后的势能差。试样在冲断过程中所吸收的能量称为冲击吸收功,即摆锤冲击试样所做的功,用符号 A_k 表示,其单位为焦(J)。而冲击韧性是指单位横截面积上所消耗的冲击吸收功,用符号 a_k 表示,其单位为焦/厘米^2(J/cm^2)。A_k 或 a_k 的值越大,说明材料的冲击韧性越好。有

$$a_k = \frac{A_k}{s_0} \tag{1-5}$$

式中:a_k——冲击韧性,J/cm^2;

A_k——冲击吸收功,J;

s_0——试样缺口处横截面积,cm^2。

标准冲击试样分为 U 型缺口试样和 V 型缺口试样两种。相同条件下同一材料制作的两种试样,U 型缺口试样的 a_k 值明显高于 V 型缺口试样的 a_k 值,因此不可将两者 a_k 值进行直接比较。对于在使用中需要承受较大冲击载荷的构件,材料的冲击韧性是一个重要的性能指标。冲击韧性 a_k 值越大,意味着在冲击载荷作用下,材料抵抗损坏的能力越强。如飞机结构中的起落架会承受巨大的冲击载荷,因此需要采用强度高、韧性优异的合金钢材料制造。

脆性材料的冲击韧性较低,在断裂前没有明显的塑性变形。相比之下,塑性材料具有较高的冲击韧性,在断裂前呈现明显的塑性变形,从而展现出更强的抵抗冲击载荷的能力。有一些材料的冲击韧性会随着温度的降低而减弱,在特定温度范围内冲击韧性发生急剧下降的现象被称为韧脆转变。此外,冲击韧性还受试样形状、表面粗糙度以及内部组织的影响。

1.2.5.2 小能量多次冲击试验

在工程应用中,承受冲击载荷的工件很少是由一次大能量冲击而造成破坏。相反,绝大

多数情况下是由多次小能量冲击引起的损伤累积,最终产生裂纹并扩展。因此,需要采用小能量多次冲击来评估这些工件抵御冲击的能力。实践证明,在小能量多次冲击的情况下,冲击抗力主要由材料的强度和塑性所决定。

冲击韧性通常仅用作选材的参考指标,因其对组织缺陷十分敏感,在生产过程中,必须严格控制材料的冶金质量以及涉及铸造、锻造、焊接等热加工工艺的质量。此外,在设计工件时,要求其服役温度高于材料的韧脆转变温度,冲击韧性可以评估材料的冷脆倾向(并测定韧脆转变温度)。许多机械零件(例如冲床连杆、冲头、锻模等)在工作中需承受冲击载荷的作用。若仅以强度进行计算,则难以确保这些零件在工作时的安全可靠性,因此要考虑韧性问题。

1.2.6 疲劳强度

许多机械零件工作时要承受交变载荷的作用,例如曲轴、弹簧、活塞连杆等。在交变载荷的反复作用下,材料常常在远低于其屈服强度的应力下发生断裂,这种现象被称为"疲劳"。在疲劳破坏之前,材料不会发生明显的塑性变形,而是突然发生断裂,因此疲劳破坏具有极高的危险性。根据统计,疲劳破坏是导致机械零件失效的主要原因之一,大约有80%以上的机械零件失效是由疲劳破坏引起的。材料在规定次数的交变载荷作用下,不会发生断裂的最大应力称为疲劳强度。光滑试样的弯曲疲劳强度用 σ_{-1} 来表示。一般来说,钢铁材料的 σ_{-1} 值约为其屈服强度 σ_b 的一半,而非金属材料的疲劳强度通常远低于金属材料。

1.2.6.1 疲劳断裂的产生原因

疲劳断裂的产生主要归因于材料表面和内部的缺陷,如夹杂、划痕和尖角等,这些缺陷导致局部应力集中,形成微小裂纹。随着应力循环次数的增加,这些微小裂纹逐渐扩展,导致零件的有效承载面积逐渐减小,最终零件无法承受所受载荷而发生突然断裂。

为了提高材料的疲劳强度,可以采取合理选材、改善材料的结构形状、避免应力集中、减少材料和零件的缺陷、降低零件表面粗糙度以及对表面进行强化等措施。

1.2.6.2 疲劳断裂的一般特征

相比于静载荷或一次性冲击加载所导致的断裂,疲劳断裂具有以下特征:

(1)疲劳断裂表现为突发性的脆性断裂,容易引发严重事故。

(2)疲劳断裂属于延性断裂,具有寿命周期。其断裂应力通常低于材料的抗拉强度甚至屈服强度,断裂寿命会因应力水平不同而变化,高应力下寿命较短,低应力下寿命较长。

(3)疲劳断裂对缺口、裂纹和内部组织缺陷非常敏感。通常,疲劳破坏从局部区域开始,缺口和裂纹导致应力集中,加速疲劳裂纹的形成和扩展,直至剩余截面无法再承担负荷而迅速断裂。

(4)疲劳断裂过程涉及裂纹的萌生和扩展,疲劳断口上显示出明显的疲劳源和疲劳扩展区,最终的瞬时断裂区则是裂纹失稳扩展时形成的。

综上所述,无论是脆性材料还是韧性材料,疲劳破坏都不会在事前表现出明显的塑性变形,而是突然发生,因此具有巨大的危险性。

疲劳断口依据形貌可分为疲劳裂纹策源区、疲劳裂纹扩展区和瞬断区三个区域,如图1-9所示。

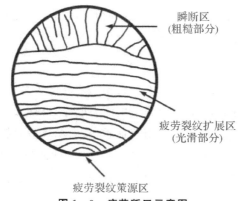

图1-9 疲劳断口示意图

1.2.6.3 疲劳曲线和疲劳极限

1. 变动载荷

所谓的变动载荷是指大小和方向随时间的变化而产生周期性变化或是无规则变化的载荷,前者称为循环载荷(循环应力),后者称为随机变动载荷(变动应力)。一般机件承受的应力属于变动应力。为了简化问题和便于研究,本书主要讨论循环应力。

循环应力的波形有正弦波、矩形波和三角波等,通常表现为正弦波,如图1-10(a)～(c)所示。

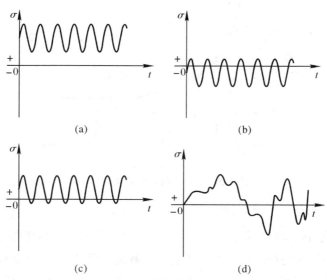

图1-10 变动载荷示意图
(a)载荷大小变化;(b)(c)载荷大小及方向都变化;(d)载荷大小及方向无规则变化

表示循环应力的参量如下:

(1)最大应力 σ_{max} 和最小应力 σ_{min}。

(2)平均应力 σ_m 和应力半幅 σ_a。其中 $\sigma_m = (\sigma_{max} - \sigma_{min})/2$,$\sigma_a = (\sigma_{max} + \sigma_{min})/2$。

(3)应力循环对称系数(应力比)r,$r = \sigma_{max}/\sigma_{min}$。

常见的循环应力有对称交变应力、脉动应力(齿轮根部的循环弯曲应力属于这种情况)、波动应力(发动机缸盖螺栓的循环应力属于这种情况)、不对称交变应力(发动机连杆曲轴的循环应力属于这种情况)等。

2. 疲劳曲线

疲劳曲线是由试验测定的疲劳应力与疲劳寿命之间的关系曲线,也称为 S-N 曲线,如图 1-11 所示。其中,S 表示应力,可以是最大应力或应力幅值。

由图 1-11 可见,循环应力越大,疲劳寿命越短;而循环应力越小,疲劳寿命越长。当循环应力小到某一临界值 σ_{-1} 时,曲线成为水平线段,表示此时试样经过无限次循环也不发生疲劳断裂;当循环应力大于 σ_{-1} 时,试样经有限次循环即发生疲劳断裂,故将 σ_{-1} 作为疲劳极限。

一般材料的疲劳曲线可分为两种类型:一种是带有水平线段的疲劳曲线,如结构钢和球墨铸铁的疲劳曲线,它们可标定无限寿命的疲劳极限;另一种是无水平线段的疲劳曲线,如不锈钢、高强度钢和有色合金的疲劳曲线,它们不能标定无限寿命的疲劳极限,只能根据材料的使用要求测定有限疲劳寿命(一般钢铁材料取 10^7 次,有色金属及其合金取 10^8 次)对应的条件疲劳极限。

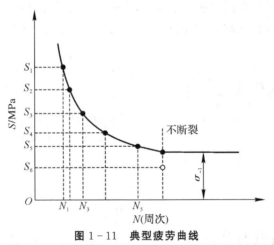

图 1-11 典型疲劳曲线

3. 疲劳极限

材料的疲劳抗力包含疲劳极限、过载持久值以及疲劳缺口敏感度等性能指标。疲劳极限是指材料在无限次应力循环条件下不发生疲劳断裂的强度指标,而条件疲劳极限则是材料在规定循环周次内不发生疲劳断裂的强度指标。这两者统称为疲劳强度,对于确保机件的疲劳寿命至关重要。应力比对疲劳极限有较大影响,因此当测定和应用疲劳极限时,需要基于实际循环应力来进行评定。

同一材料在不同应力状态下的疲劳极限是不同的。在弯曲疲劳情况下,试样截面上的应力分布不均匀,导致试样表面容易产生疲劳损伤;而在拉压疲劳情况下,试样截面的应力分布相对均匀,整个试样产生疲劳损伤的可能性较大。一般而言,材料的抗拉强度越大,其疲劳极限也越大。

4. 过载持久值

当材料在高于疲劳极限的应力下工作时,发生疲劳断裂的应力循环次数称为材料的过载持久值,也称为有限疲劳寿命,用以表征材料对过载负荷的抵抗能力。过载持久值可以通过疲劳曲线倾斜部分来确定。曲线倾斜部分越陡,持久值越高,这意味着材料在相同的过载负荷下所能经受的应力循环次数越多,即材料对过载负荷的抗力越强。

1.2.7 高温力学性能

很多机件如航空发动机、高压蒸汽锅炉等在高温条件下工作。随着温度的升高,原子的扩散加快,金属材料的强度和弹性模量会发生明显改变。因此对于高温材料的力学性能必须考虑温度与时间两个因素。

1.2.7.1 蠕变极限

在高温下,材料的力学行为有一个重要特点,即蠕变现象的产生。蠕变是指在长时间的恒温和恒载荷作用下,材料缓慢地发生塑性变形的现象。尽管在较低温度下也可能发生蠕变,但只有当温度高于 $0.3T_m$(以绝对温度表示熔点)时,蠕变现象才显著。蠕变引起的断裂称为蠕变断裂。不同材料的蠕变温度各不相同,高分子材料通常在室温下就产生蠕变现象,而金属材料则需要更高的温度才会产生蠕变。

材料的蠕变过程可以用蠕变曲线来表示,典型的蠕变曲线如图 1-12 所示。

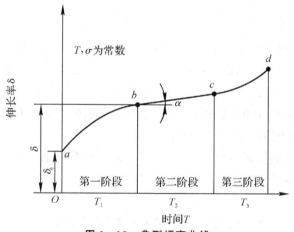

图 1-12 典型蠕变曲线

在图 1-12 中,Oa 段代表试样在温度 T 下承受恒定拉应力 σ 时产生的起始延伸率 δ_q。如果应力超过材料在该温度下的屈服强度,δ_q 则包括弹性延伸率和塑性延伸率两部分。这一应变并非蠕变,而是由外部载荷引起的一般变形过程。从点 a 开始,随着时间的延长,产生的应变属于蠕变过程。

蠕变曲线上任意点的斜率表示该点的蠕变速率。根据蠕变速率的变化,蠕变过程可分为三个阶段：

(1) 减速蠕变阶段，又称过渡蠕变阶段(图 1-12 中的 ab 段)。此阶段一开始蠕变速率较大，随时间推移逐渐减小，至点 b 时达到最小值。

(2) 恒速蠕变阶段，又称稳态蠕变阶段(图 1-12 中的 bc 段)。在此阶段，蠕变速率几乎保持不变。通常所说的材料的蠕变速率即用这一阶段的蠕变速率表示。

(3) 加速蠕变阶段，图 1-12 中的 cd 段即为加速蠕变阶段。随着时间的延长，蠕变速率逐渐增大，直至点 d 处产生蠕变断裂。

同一种材料的蠕变曲线随应力大小和温度高低而变化。在恒定应力下改变温度，或在恒定温度下改变应力，蠕变曲线都会表现出变化。

在高温长期负荷作用下，材料抵抗塑性变形的能力称为蠕变极限，一般有以下两种表示方法：

(1) 在给定温度下，使试样产生规定蠕变速率时的应力为蠕变极限，以 σ_μ^T 表示，单位为 MPa。其中 T 为温度(℃)，μ 为恒定变速率，也是蠕变速度最小的阶段，即稳态蠕变阶段的蠕变速率(%/h)。如 $\sigma_{1\times10^{-5}}^{600}=500$ MPa，表示结构件在 600 ℃ 条件下，恒定蠕变速率为 1×10^{-5} %/h 时的蠕变极限为 500 MPa。这种蠕变极限一般用于受蠕变变形控制的运行时间较长的构件设计。

(2) 在给定温度和规定时间内达到规定的变形量的蠕变极限，以 $\sigma_{s/t}^T$ 表示，单位为 MPa。其中 T 为温度(℃)，s 为变形量(%)，t 为持续时间(h)。如 $\sigma_{0.2/500}^{800}=200$ MPa，表示结构件在 800 ℃、500 h 内，引起 0.2% 变形量的应力为 200 MPa。这种蠕变极限的表示方法一般用于需要提供总蠕变变形量的构件设计。

1.2.7.2 持久强度

材料在高温长时载荷作用下抵抗断裂的能力称为持久强度，可以用在给定温度下材料经过规定时间发生断裂的应力值 σ_t^T 来表示。这里所指规定时间是以结构件的设计寿命为依据的，如航空喷气发动机的寿命为上千或几百小时。例如某材料在 800 ℃ 条件下承受 120 MPa 的应力作用，经 100 h 后断裂，则称这种材料在 800 ℃ 下工作 100 h 的持久强度为 120 MPa，上述结果可记为 $\sigma_{100}^{800}=120$ MPa。

对于一些零件，在高温运转过程中，如果只考虑在承受给定应力下的使用寿命，而不考虑变形量，金属材料的持久强度就是极其重要的性能指标。

1.3 材料的工艺性能

一般而言，材料的工艺性能包括铸造性能、锻造性能、冲压性能、焊接性能、热处理性能以及切削加工性能等，其表示材料的加工难易程度。几乎所有工程材料都需要经过人为加工才能使用。材料的工艺性能对于工程应用至关重要，即使材料的力学性能和耐蚀性能都很出色，如果其工艺性能较差，人们仍无法正常使用。鉴于本书在后面有关章节将对这些性能(切削加工性能除外)进行详细介绍，此处不赘述。

习　题

1. 什么是材料的性能？有哪些具体性能指标？
2. 画出低碳钢应力-应变(σ-ε)曲线并解释低碳钢应力-应变曲线上的几个变形阶段。
3. ψ与δ这两个塑性指标，哪个能更准确地表达材料的塑性？塑性指标在工程上有哪些实际意义？
4. 某低碳钢拉伸试样，标距长度为 50 mm，直径为 10 mm，屈服时拉力为 18 740 N，断裂前的最大拉力为 35 220 N，拉断后将试样接起来，标距之间的长度为 70 mm，断口处截面直径为 6.9 mm。该低碳钢的σ_s、σ_b、δ与ψ各是多少？
5. 什么是硬度？常用的硬度测量方法有哪几种？其应用范围如何？
6. 实际工程中冲击韧性是否可以作为选择材料的依据？为什么？
7. 什么是材料的疲劳？为什么σ_{-1}远低于σ_s？
8. 疲劳破坏是怎样形成的？提高零件疲劳寿命的方法有哪些？
9. 何谓蠕变？在什么情况下需要考虑材料的蠕变极限和持久强度？
10. 试分析下列几种说法是否正确，为什么？
(1) 材料的E值越大，塑性越差。
(2) 脆性材料拉伸时不产生缩颈现象。
(3) 布氏硬度试验法适合于测试成品材料的硬度，维氏硬度试验法可用于测试整体材料的硬度。
(4) 弹塑性材料零件可用屈服强度作为设计指标，脆性材料应用抗拉强度作为设计指标。

▶拓展阅读◀

镍钛合金为何具有神奇的形状记忆效应

上海大学教授　朱佩成

类似阿基米德在洗澡时悟到了称皇冠重量的方法一样，在科学史上经常会遇到偶然发现的尤里卡时刻，让人有"梦里寻他千百度，得来全不费工夫"之感，由此取得的成就往往是原创性的，甚至会产生深远影响。

在材料科学中，也有这样愉快的意外发现，如形状记忆合金中用途最广的镍钛合金的发现，就有着很大的偶然性。一个可多次弯曲变形的镍钛诺样品，在受热后又恢复了原来的形状。

形状记忆合金，是一种具有形状记忆效应的新型特殊材料，是智能材料领域的新成员。当加热到一定的转变温度以上时，它们能"记住"自己的形状。与大多数金属不同的是，如果合金低于转变温度，它可以被拉伸和转变而不会造成永久性损伤；合金经过整形或拉伸后，如果加热到转变温度以上，合金则恢复并回到未拉伸时的状态。这样的合金通过训练可以提高它的记性，直至几乎百分百记住它原来的形状。形状记忆合金的形状可以设置和重置多次。

形状记忆效应可以分为单程记忆效应、双程记忆效应、全程记忆效应三种。若形状记忆合金在较低温度下产生变形，加热后能够恢复变形前的形状，这类只有在加热过程中存在的形状记忆，称为单程记忆效应；一些金属合金在加热时可以恢复到高温相形状，而当其冷却时，又能恢复低温相形状，此类现象称为双程记忆效应；当加热时可以恢复高温相形状，而冷却时能变为形状相同，但是取向相反的低温相形状，这种记忆效应称为全程记忆效应。

随着理论研究的深入，形状记忆合金的应用研究也取得了很大进步，其应用范围也越来越广，涉及机械工业、电子产业、化学工业、航空航天、卫星、新能源和医疗等领域。

在工业应用领域，具有单程形状记忆效应的合金，随着温度升降做反复动作，应用于制造热敏元件、机器人的人工肌肉丝等；利用双程记忆效应，当温度升降时做反复动作，应用于热机等。

在医学应用领域，由于镍钛合金的生物相容性很好，又具有形状记忆效应和超弹性，因此在医学上的应用实例已经有很多，譬如牙齿矫形丝、胃支架、动脉瘤夹、血栓过滤器件、脊柱用矫形棒、髓内针、人造关节、心脏修补元件、人工肾脏用微型泵等。

形状记忆合金分为镍钛基形状记忆合金、铜基形状记忆合金、铁基形状记忆合金等。除了这三大类金属合金外，形状记忆聚合物也被开发出来，并在20世纪90年代末开始商业化。比如铁基形状记忆合金，跟镍钛合金等靠温度恢复形状不一样，它是靠加磁场来复原的，其优点是成本低，缺点是"记忆"不太好。

科学家相信，在未来10~20年里，完全可以把这类合金的记性提高到镍钛合金的水平。假如那一天真的到来，我们可以用它制造汽车，这种汽车即便被撞坏，仅用磁场就能让其恢复原来的形状，汽车维修工估计到时也得改行了！

来源：《科普时报》2021-06-26，有改动。

第 2 章　金属材料的晶体结构与结晶

不同成分的材料具有不同的性能,但是材料的性能不仅取决于它的成分,还取决于组成材料的这些原子(或离子,或分子)的聚集状态,即材料的内部结构。就金属材料而言,它的力学性质主要与金属内部组织——晶体有关。因此,学习材料的晶体结构与结晶,将有助于掌握材料的力学性能。

2.1　金属的晶体结构

2.1.1　晶体结构的基本概念

2.1.1.1　晶体和非晶体

根据固态物质组成粒子(例如原子、离子或分子)的聚集状况,可以将固态物质分为晶体和非晶体两大种类。如图 2-1(a)所示,在晶体中,这些粒子按照特定的几何规律周期性排列,普遍表现出规整的形态,具有明确的熔点,并显示出各向异性。而非晶体的原子(或离子或分子)的排列无规则或为短程有序排列,没有固定的熔点,热导率和热膨胀系数均小,组成的变化范围大,在各个方向上原子的聚集密度大致相同,具有各向同性。

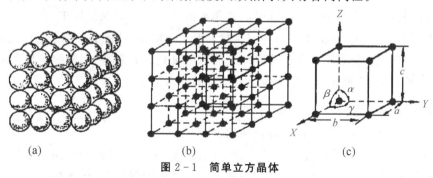

图 2-1　简单立方晶体

2.1.1.2　晶格和晶胞

为了便于分析晶体中原子的排列规律,通常采用几何抽象的方法。

晶体抽象分析的第一步是将构成晶体的原子视为一系列固定的刚性球体,如图 2-1(a)所示。虽然这种图像直观,但对于分析晶体内各原子的空间位置来说不太方便。因此,将各原子的中心进行连接,同时将每个原子视为在连线结点上的一个几何质点,形成一个假设的空间框架,这种以直观方式描述晶体内原子排列的空间框架称为晶格或点阵,如图 2-1(b)所示。

由于晶体内原子的周期性重复排列,可以在晶格中选择一个最小的几何单元来代表原子的排列规律进行分析,从而找出整个晶格的排列规则,这种构成晶格的最基本的几何单元称为晶胞,如图 2-1(c)所示。

描述晶胞特性的参数有 6 个:边长 a、b、c,以及棱边夹角 α、β、γ。通常将晶格边长 a、b、c 称为晶格常数。当晶格常数 $a=b=c$,棱边夹角 $\alpha=\beta=\gamma=90°$ 时,称这种晶胞为简单立方晶胞。

根据晶胞的六个参数可以把晶体分属十四种点阵,归纳为七大晶系,见表 2-1。

表 2-1 晶系及空间点阵

晶系	空间点阵	棱边长度及夹角关系
立方晶系	简单立方 体心立方 面心立方	$a=b=c$ $\alpha=\beta=\gamma=90°$
正方(四角)晶系	简单正方 体心正方	$a=b\neq c$ $\alpha=\beta=\gamma=90°$
菱方(三方)晶系	简单菱方	$a=b=c, \alpha=\beta=\gamma\neq 90°$
六方(六角)晶系	简单正方	$a_1=a_2=a_3\neq c, \alpha=\beta=90°, \gamma=120°$
正交(斜方)晶系	简单正交 底心正交 体心正交 面心正交	$a\neq b\neq c, \alpha=\beta=\gamma=90°$
单斜晶系	简单单斜 底心单斜	$a\neq b\neq c, \alpha=\gamma=90°\neq\beta$
三斜晶系	简单三斜	$a\neq b\neq c, \alpha\neq\beta\neq\gamma\neq 90°$

2.1.1.3 晶面和晶向

原子在晶体中排列的规律可以通过晶面和晶向进行表示。在晶格中,由一系列原子形成的平面被定义为晶面,而晶面也可由一排排的原子列构成;晶格中各原子列的位向称为晶向。为了便于研究和描述不同晶面和晶向上的原子排列状态和特性,需要为各种晶面和晶向设定一定的标记,这种标记分别称为晶面指数和晶向指数。

1. 晶面指数

可以通过以下三个步骤来确定晶面指数。

(1)在晶格中选择一个原子作为原点,从该点开始,平行于晶胞的三条边绘制 OX、OY、OZ 三个坐标轴,使用晶格常数 a、b、c 作为各自坐标轴的度量单位,计算所需确定的晶面在三个坐标轴上的截距。

(2)将得到的三个截距值转换为倒数。

(3)将这三个倒数按比例转换为最小整数,并用圆括号括起来,即得到晶面指数,通常表示为(hkl)。

在图2-2所示的立方晶格中,(100)、(110)、(111)这三类晶面具有至关重要的地位。需要指出的是,某一晶面指数并不指向一个具体的晶面,而是代表一组平行的晶面,即所有平行的晶面都拥有同一晶面指数。另外,在相同的晶格中,部分晶面虽然在空间位向上有所差异,但其原子排列状况完全一致,这些晶面统称为一个晶面族,其晶面指数以$\{hkl\}$来标识。

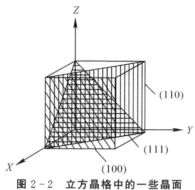

图2-2 立方晶格中的一些晶面

2. 晶向指数

以下是确定晶向指数的三个步骤:

(1)通过坐标原点引出一条直线,使其与需要确定的晶向保持平行;

(2)计算该直线上任意一点的三个坐标值;

(3)将这三个坐标值按比例转换为最小的整数,并用方括号括起来,就是所求的晶向指数,一般形式为$[uvw]$。

在图2-3所示的立方晶格中,[110]、[100]、[111]这三种晶向最为重要。需要强调的是,晶向指数代表的不只是一条直线的方向,而是一组平行线的方向。也就是说,所有相互平行的晶向都拥有相同的晶向指数。此外,所有原子排列一致但空间方向不同的晶向统称为一个晶向族,以$\langle uvw \rangle$表示。

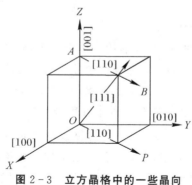

图2-3 立方晶格中的一些晶向

2.1.1.4 配位数和致密度

晶胞中所包含的原子总体积与晶胞体积(V)的比值,称为晶体致密度。若晶胞中原子数为n、原子半径为r,则致密度$K = n \times \dfrac{4}{3}\pi r^3 / V$。

在晶格中,与任一原子最接近且距离相等的原子数量被定义为晶体的配位数。配位数和致密度体现了晶体中原子或离子在空间堆叠的紧密程度,它们的数值越大,意味着晶体中原子的排列越密集。表2-2给出了体心立方晶格中各主要晶面和晶向的原子密度。

表2-2 体心立方晶格中各主要晶面和晶向的原子密度

晶面指数	晶面示意图	晶面密度/(原子数/面积)	晶向指数	晶向密度/(原子数/长度)
{100}		$\dfrac{\frac{1}{4}\times 4}{a^2}=\dfrac{1}{a^2}$	<100>	$\dfrac{\frac{1}{2}\times 2}{a}=\dfrac{1}{a}$
{110}		$\dfrac{\frac{1}{4}\times 4+1}{\sqrt{2}a^2}=\dfrac{1.4}{a^2}$	<110>	$\dfrac{\frac{1}{2}\times 2}{\sqrt{2}a}=\dfrac{0.7}{a}$
{111}		$\dfrac{\frac{1}{6}\times 3}{\frac{\sqrt{3}}{2}a^2}=\dfrac{0.58}{a^2}$	<111>	$\dfrac{\frac{1}{2}\times 2+1}{\sqrt{3}a}=\dfrac{1.16}{a}$

2.1.2 常见金属的晶格类型

在金属中,原子之间通过金属键连接,导致金属原子倾向于紧密排列,形成一些具有高度对称的简单晶体结构。在金属元素中,大约有90%以上的金属晶体结构属于下面三种紧密排列的晶格形式。

2.1.2.1 体心立方晶格(bcc)

图2-4为体心立方晶格的晶胞,其形状为一个立方体,立方体的8个顶角各有一个与邻近晶胞共享的原子,且立方体的中心还有一个原子,位于八个角上的原子与位于体心的原子紧密排列。晶格常数 $a=b=c,\alpha=\beta=\gamma=90°$,因此只用一个参数 a 表示即可。在体心立方晶胞中,原子排列最紧密的方向为体对角线方向,因此,原子半径 r 与晶格常数 a 之间的关系可以表述为 $r=(\sqrt{3}/4)a$。由于立方体顶角上的原子为8个晶胞所共有,因而每个角上的原子仅1/8属于一个晶胞,而立方体中心的原子为该晶胞所独有,因而晶胞原子数为 $8\times(1/8)+1=2$,即2个原子。配位数越大,原子排列的紧密度越大。在体心立方晶胞中,任意一个原子(以立方体中心的原子为例)都与8个原子接触且距离相等,因此,体心立方晶格的配位数为8。

根据致密度公式 $K=n\times\dfrac{4}{3}\pi r^3/V$。体心立方晶格致密度计算如下:

$$K = \frac{2 \times \frac{4}{3}\pi(\frac{\sqrt{3}}{4}a)^3}{a^3} = 0.68 \quad (2-1)$$

式中：r——原子半径；

a——体心立方晶格常数。

金属中，α-Fe、Cr、W、Mo、V、Nb、β-Ti、Ta 等都具有体心立方晶格结构。

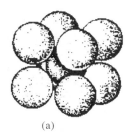 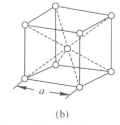 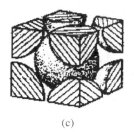

(a) (b) (c)

图 2-4 体心立方晶胞示意图
(a)模型；(b)晶胞；(c)晶胞原子数

2.1.2.2 面心立方晶格(fcc)

图 2-5 所示的面心立方晶格也是立方体形状。在此晶胞结构中，原子分布在立方体的 8 个顶角和 6 个面心位置。晶格常数 $a = b = c, \alpha = \beta = \gamma = 90°$。由于每个面对角线方向上的原子排列最为紧密，因此原子半径为 $r = (\sqrt{2}/4)a$。值得注意的是，由于每个角上的原子共同属于 8 个不同的晶胞，因此实际上单一晶胞只占有每个角上原子的 1/8。每个面心上的原子为两个晶胞所共有，因而每个面心上的原子仅 1/2 属于一个晶胞。这样 $(1/8) \times 8 + (1/2) \times 6 = 4$，即 4 个原子。面心立方晶胞中与任一原子近邻且等距离的原子数 12，如图 2-5 所示。面心立方晶胞的致密度为

$$K = \frac{nv'}{V} = \frac{4 \times \frac{4}{3}\pi\left(\frac{\sqrt{2}}{4}a\right)^3}{a^3} \approx 0.74 \quad (2-2)$$

式中：n——晶胞中的原子数；

v'——一个原子的体积；

V——晶胞体积；

a——面心立方晶格常数。

γ-Fe、Ni、Al、Cu、Pb、Au、Ag 等金属都具有此类晶格类型。

 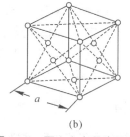 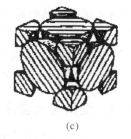

(a) (b) (c)

图 2-5 面心立方晶胞示意图
(a)模型；(b)晶胞；(c)晶胞原子数

2.1.2.3 密排六方晶格(hcp)

密排六方晶格的晶胞形状为一个正六棱柱(见图 2-6)。这种结构特点是在简单六方体结构的顶部和底部的六边形面的中心,各自有一个原子,除此之外,在这两个六边形底面中间,六棱柱体内部还有 3 个原子。晶格常数 $a=b\neq c, c/a=1.633, \alpha=\beta=90°, \gamma=120°$;原子半径 $r=(1/2)a$。

 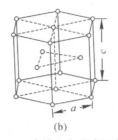 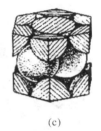

(a) (b) (c)

图 2-6 密排立方晶胞示意图

(a)模型;(b)晶胞;(c)晶胞原子数

密排六方晶格中与每个原子最近邻且等距离的原子数为 12(即配位数为 12)。致密度 K 为

$$K=\frac{nv'}{V}=0.74 \tag{2-3}$$

式中:n——晶胞中的原子数;

v'——一个原子的体积;

V——晶胞体积。

具有此类晶格类型的金属有 Mg、Cd、Zn、Be、α-Ti 等。

对比三种标准晶格类型可以发现,面心立方晶格和密排六方晶格的原子排列密度相同,均为 $K=0.74$,这也是空间中原子能够达到的最密集排列形式。而体心立方晶格的紧密程度略有不足($K=0.68$)。因此,当 γ-Fe(面心立方晶格)转变为 α-Fe(体心立方晶格)时,会伴随着体积扩大。

由于以上这三种晶格的原子排列不同,因此它们的性能也不同。一般来讲,体心立方结构的材料,其强度大而塑性相对差一些;而面心立方结构的材料,其强度低而塑性好;密排六方结构的材料,其强度与塑性均差。

2.1.2.4 晶体的各向异性

金属晶体在各个晶面和方向上的原子密度不同,导致它们之间的结合力也存在差异,从而使得在不同的晶面和方向上的性能有所区别。这一特性称为晶体的各向异性,是晶体与非晶体最显著的区别。晶体的各向异性不只在物理、化学和力学性质上有所体现,还在如酸中的溶解速度等多个方面有所体现。在生产中,应用晶体的各向异性可获得性能优异的产品。

2.1.3 金属与合金中的界面

界面(外表面和内界面)是金属与合金组织中很重要的一个组成部分。由于它具有不同于基体的物理、化学性能,所以在氧化、腐蚀、变形、形核与长大、固态转变、强化与软化等诸过程中都有重要的影响,已成为材料科学中需要研究的重大课题之一。

2.1.3.1 界面的结构

液态金属或合金的外表面因原子间相互作用的不对称性,总是趋于平滑而又弯曲的形态,但其内部原子排列仍处于无序状态,所以不能对其结构特征进行有效描述。

固态金属或合金的表面结构虽然会因生长条件、加工状态、使用环境等因素而变化,但是一般都能保持一定的结晶学关系,这已被近年来普遍采用的场离子显微镜(FIM)和低能电子衍射(LEED)等实验技术所证实。固态金属或合金内的界面(如晶界、孪晶界、相界、有序畴边界等)更被冶金工作者所重视。对于原子在这些边界中的排列已提出过多种模型,被一度认为是无定形结构的晶界结构模型已被晶体学模型所取代。

2.1.3.2 界面的性质

界面上的原子间键合是不平衡的,导致其性质与完整的晶体存在一定的差异。这种差异对金属及合金的力学、物理和化学性能产生了显著的影响。

2.2 实际金属的晶格结构

如前所述,晶体具有各向异性特性,可以看作是晶胞的重复堆砌,这种晶体称为单晶体,如图 2-7(a)所示。所谓单晶体是指晶体中原子(或离子,或分子)排列的位向和方式均相同的晶体。但是工业上实际应用的金属材料通常是多晶体材料,其由若干个小的单晶体组成的,每个小晶体的原子位向各不相同[见图 2-7(b)],外形呈不规则的颗粒状,因此称之为晶粒。位于两个晶粒之间的界面称为晶界。由多个晶粒构成的晶体称为多晶体。

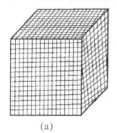
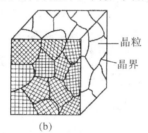

图 2-7 单晶体和多晶体示意图
(a)单晶体;(b)多晶体;(c)晶体形貌

在多晶体中,尽管每个晶粒都具有各向异性特性,但由于这些晶粒的晶格位向是随机的,因此晶体性能会在各个方向上相互平衡。这就导致多晶体呈现出各向同性的特征。如工业中广泛使用的钢铁材料,其晶粒尺寸通常介于 $10^{-1} \sim 10^{-3}$ mm 之间,仅能通过显微镜进行观察。实际的金属结构大多为多晶体,并且其内部还伴有许多原子的不规则排列和不完整性,即存在缺陷。这些缺陷对金属的性能有显著的影响。根据缺陷的几何属性,实际晶体中的缺陷可以分为点缺陷、线缺陷和面缺陷。

2.2.1 点缺陷

点缺陷是指在三维空间内尺度很小,并与几个原子的直径相当的微小缺陷。在实际晶体中,有时某些晶格位置并未被原子填充,这样的位置称为空位。而当一个原子进入晶格的非晶格位置,则被称为间隙原子。除此之外,材料中经常有外部元素的杂质。这些杂质有时作为间隙原子存在,而有时则替代晶格中原有的原子位置,这时被称为置换原子。图 2-8 展示了这三种点缺陷的形式。

空位、间隙原子与外部的杂质原子统称为晶格的点缺陷。由于这些点缺陷的出现,原子的平衡状态被打破,晶格发生扭曲畸变,这种现象称为晶格畸变。这种畸变通常使得材料的硬度和强度提高,塑性和韧性降低。

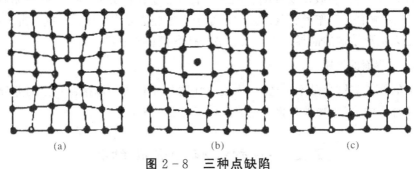

图 2-8 三种点缺陷
(a)空位;(b)间隙原子;(c)置换原子

2.2.2 线缺陷

线缺陷是指在两个维度上尺寸很小,而在第三个维度上尺寸很大的缺陷。在晶体中,最常见的线缺陷是位错,这是由于晶体中某些位置上出现一列或多列原子有序的错排。这种错排通常是由晶体内部的局部滑动造成的。基于滑动的具体方式,位错可以分为刃型位错和螺型位错,具体形态如图 2-9 所示。

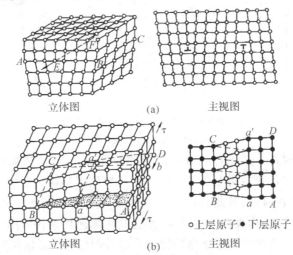

图 2-9 位错形态示意图
(a)刃型位错;(b)螺型位错

2.2.2.1 刃型位错

刃型位错是晶体中的原子面发生了局部的错排。例如在图 2-9(a)中,规则排列的晶体中间错排了半列多余的原子面,像是加进去半个原子面,而且不延伸到原子未错动的下半部晶体中,犹如切入晶体的刀片,刀片的刃口线为位错线,这就是刃型位错。刃型位错线是晶格畸变的中心线,在其周围的原子位置错动很大,即晶格的畸变很大,且距它愈远畸变愈小。刃型位错实际上为几个原子间距宽的长管道。

2.2.2.2 螺型位错

如图2-9(b)所示,右前部晶体的原子逐步地向下移动一个原子间距,并与左部晶体形成几个原子宽的过渡区(图中的暗影区),使它们的正常位置发生错动,具有螺旋形特征,故称为螺型位错。

过渡区顶端在晶体中的连线为位错线。但原子错动最大或晶格畸变最大的地方是过渡区螺旋面的中心线,这才是真正的螺型位错线。所以螺型位错在空间实际上为一个螺旋状的晶格畸变管道,宽仅为几个原子间距,长则可穿透晶体。

晶体中位错线周围造成的晶格畸变,随离位错线距离的增大而逐渐减小,直至为零。严重晶格畸变的范围实际约为几个原子间距。

金属中的位错线数量很多,呈空间曲线分布,有时会连接成网,甚至缠结成团。位错可在金属凝固时形成,更容易在塑性变形中产生。它在温度和外力作用下还能够不断地运动,数量随外界作用情况的不同而发生变化。常用位错密度 ρ(单位:cm/cm^3)评定金属位错数量。金属中位错密度一般为 $10^4 \sim 10^{12}\ cm/cm^3$,在退火时为 $10^6\ cm/cm^3$,在冷变形金属中可达 $10^{12}\ cm/cm^3$。

位错导致晶格发生畸变,对材料的性能产生很大的影响。图2-10为位错密度 ρ 与材料强度之间的关系。理想状态下无缺陷的晶体具有很高的强度,但这样的晶体在实际中很难获得,工业生产中的金属晶体仅是其近似。由于位错的存在,晶体的强度降低。但当位错数量大幅增加时,强度则会有所增加。在实际生产中,通过增加位错数量可以强化金属,但这样的强化过程会使得金属塑性下降。

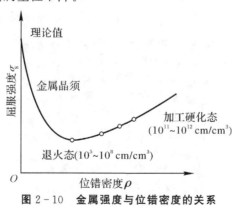

图 2-10 金属强度与位错密度的关系

2.2.3 面缺陷

面缺陷指的是在两个维度上具有较大尺寸,而在第三个维度上尺寸较小的缺陷。在金属晶体中,面缺陷包括晶界和亚晶界。

2.2.3.1 晶界

单晶体指的是其内部所有晶格位向都完全一致的晶体。然而,在实际应用中遇到的金属材料大多为多晶体,它是由多个位向和形状各异的小晶体(即晶粒)构成的。这些晶粒之间的分界面被称为晶界,如图 2-11 所示。

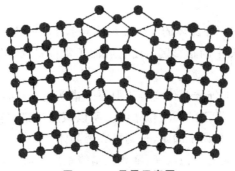

图 2-11 晶界示意图

晶界的宽度约为 5~10 个原子间距,两侧的晶粒位向存在差异。这个区域可视为两晶粒的过渡部位,区域内原子排列较为混乱。晶界在阻碍位错的运动中起到了重要作用,可用于强化金属。

晶粒细小意味着晶界总面积更大,金属强度更高。因此,工业生产中通常追求获得细小晶粒的金属材料。晶界的能量高于晶内,这导致其具有较低的熔点、较差的耐蚀性和较快的原子扩散速率。晶界的缺陷通常比晶内多,所以外来原子更容易在晶界上偏聚,导致原子浓度超过晶内,这种现象称为内吸附。此外,晶界也是固态相变中的优先形核部位。

2.2.3.2 亚晶界

实际上,晶粒不是完整的理想晶体。它是由多个微小的、位向差异很小(通常小于 1°~2°)的小晶块构成的,这些小晶块称为亚晶粒。亚晶粒之间的界面称作亚晶界,亚晶界是一系列垂直排列的刃型位错形成的位错墙,如图 2-12 所示。亚晶界对金属也起到了强化的效果。

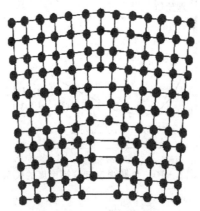

图 2-12 亚晶界示意图

在实际的晶体结构中,上述的晶体缺陷并不是固定不变的。它们会随着温度、加工过程和其他各种条件而不断地变化。这些缺陷可以产生移动和相互作用,并且可以合并或消失。

晶体的这些缺陷对其许多性能有着显著影响,特别是在金属的塑性变形、固态相变以及原子扩散等过程中起着重要作用。

2.3 纯金属的结晶

金属的真实晶体结构与理想晶体结构有着明显的差异。为了了解其中的原因,首先需要研究纯金属的结晶过程。当物质从液态转化为固态时,这一过程称为凝固。凝固的结果可能形成晶体,也可能形成非晶体。当物质从液态转化并形成晶体时,这一过程称为结晶。

2.3.1 结晶的概念

自然界中的物质通常具有三种状态:气态、液态和固态,它们在一定条件下可以相互转换。在固态晶体中,原子按照规律周期性地排列,展现出长程有序性。而在液态中,原子的排列较为随机。然而,这并不意味着液态中的原子完全无序地混乱排列。在液态的某些小范围或短距离内部,原子的排列接近于固态结构的有序性,也就是说存在着短程有序的原子团簇,如图2-13所示。

图2-13 液态金属原子的短程有序团簇示意图

这种原子团簇的存在是瞬态的,只在短暂的时间和空间范围内维持有序的排列,之后就会迅速消失。本质上,结晶过程是从原子的短程有序状态向长程有序状态的转变。更广泛地讲,当物质从一种原子排列模式(无论是晶态还是非晶态)转化为另一种规律性的原子排列模式(晶态)时,这个过程就称作结晶。因此,有时将液态向固态晶体的转变称为一次结晶,而将其固态转向另一种固态晶体的过程称为二次结晶。当液态物质凝固成固态时,其最终的产物可能是晶态,也可能是非晶态。与晶态不同,非晶态是物质的另一种结构形态,它的原子没有像晶态那样规律地排列,而是展现出一种在长距离上是无序的,但在短距离上是有序的混合结构。这种非晶态结构通常被视作"冻结"的液态结构。一个物质在凝固过程中是形成晶态还是非晶态,主要取决于熔融液体的黏度和冷却速度。

黏度是材料内部结合键性质和结构情况的宏观表征,其大小表示了液体中原子发生相对运动的难易程度。凝固时熔体的黏度越大,原子及原子层间的相对运动就越困难,熔体越容易凝固成为非晶态物质。例如,石英熔体、大分子链结构的高聚物熔体的黏度很大,凝固后形成的是非晶态结构;金属熔体的黏度很小,熔点附近原子的扩散能力很强,绝大多数都凝固为晶体。

冷却速度是决定凝固结果的关键外部条件。更快的冷却速度意味着单位时间内散发出去的热量更多,这使得熔融液体的温度下降得更快。熔融液体的温度直接影响着其原子或分子的扩散速率。研究发现,当冷却速度超过 10^7 ℃/s 时,可以有效地限制低黏度金属熔体中原子的扩散,从而得到在常规条件下难以制备的材料,如非晶态合金、具有特殊结构的中间相和过饱和固溶体。从能量的角度看,如果金属熔体在凝固时能完全释放其内部的能量,那么它会形成晶态结构;如果只释放了部分内能,则可能形成非晶态结构。因此,非晶态材料是一种亚稳态的物质。

2.3.2 结晶的条件

在自然界中,所有自发的转变过程都是从一个较高的能量状态转变到一个较低的能量状态的过程,就像水自然流向地势低的地方以减少其势能一样。结晶过程也遵循这一规律。图 2-14 显示了液态和固态物质的能量状态随温度变化的关系曲线,在图中,自由能 E 代表物质中可以自动释放到外部或用来对外做功的多余能量部分。从图 2-14 可以看到,液态的自由能变化曲线比固态更为陡峭。液态和固态自由能的交点对应的温度是 T_m,在这个温度下,液态和固态能量平衡,两者能够长期共存。T_m 称为理论结晶温度或熔点。显而易见,在 T_m 温度以上,物质的稳定状态是液态,而在 T_m 以下,其稳定状态是固态。所以,为了使液态物质结晶,其温度必须低于 T_m,也就是说,它需要冷却到 T_m 以下的某一温度 T_n 才能开始结晶,这种现象称为过冷。理论结晶温度 T_m 与实际结晶温度 T_n 之间的差值称为过冷度,即 $\Delta T = T_m - T_n$。过冷度越大,固态与液态之间的能量差距也越大,这增强了促使液体结晶的驱动力。只有当这种驱动力达到一定水平时,液态金属才会开始结晶。这说明,液态金属结晶的前提条件是具备一定的过冷度。

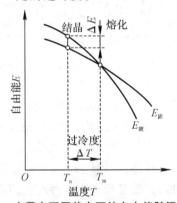

图 2-14 金属在不同状态下的自由能随温度的变化

金属的过冷度并不是一个固定的数值,而是会受到金属中杂质的数量和冷却速率的影响。一般来说,金属纯度越高,其过冷度也越大;同样地,冷却速率越快,过冷度也会增大。更进一步,过冷度越大,结晶时的结晶核数量也会增多,使得结晶后形成的晶粒更为微小,从而提高铸件的机械性能。因此,为了控制铸件的晶粒尺寸,改变过冷度已成为工业生产中的一项有效的工艺手段。

2.3.3 过冷度和冷却曲线

在金属从液态转变至固态的冷却过程中,可以通过测定冷却曲线来确定过冷度。通过图 2-15 所示的热分析装置,先将金属加热至熔化,接着再缓慢地进行冷却。在冷却过程中,每隔一段固定的时间记录下当时的温度。最后通过所有结果绘制出温度随时间变化的关系曲线,即为该金属的冷却曲线,参见图 2-16。实验室中通常采用热分析方法来获取金属的冷却曲线。

根据图 2-16,当液态金属逐渐冷却到其理论结晶温度 T_m(即金属的熔点)时,金属并未立即开始转为固态。只有当温度进一步下降到 T_n 时,金属才开始结晶。此后,温度会快速上升,直至接近熔点,此时温度停止上升,也不再下降,进入一个恒温结晶阶段,这在曲线上形成了一个平台。这一阶段会维持一段时间,直到金属完全结晶为止。结晶结束后,温度会继续平稳下降,直至室温。图中金属的实际结晶温度 T_n 与理论结晶温度 T_m 之间的差值即为过冷度 ΔT,即 $\Delta T = T_m - T_n$。

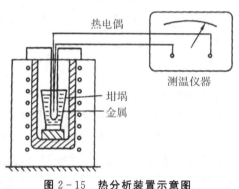

图 2-15 热分析装置示意图

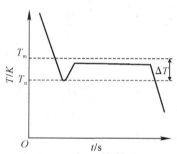

图 2-16 纯金属的冷却曲线

首先,我们来探讨为什么在纯金属的冷却过程中,曲线上会出现一个平台。从物理学角度考察,当液态金属转化为固态时,它会释放结晶潜热。在某一时间段,释放的这部分结晶潜热与金属释放给外部环境的热量平衡,导致在这个阶段内温度保持恒定。如果从热力学角度出发,由相律公式 $f = C - P + 1 = 1 - 2 + 1 = 0$(式中,$f$ 为系统的自由度数,C 为系统的组分数,P 为相数),说明纯金属的结晶过程是在恒温条件下进行的。

其次,我们来讨论平台的温度是否等于熔点。在物理化学领域,金属的熔点实际上就是其理论结晶温度,即液体与固体两相处于平衡状态时的温度。因此,平台温度会略低于熔点。但在非常缓慢的冷却条件下,两者之间的差值非常小,只有 0.01~0.05 ℃。因此,我们通常会忽略这微小的差异,直接将平台温度视为理论结晶温度。

过冷度的大小与两个主要因素相关,即金属的性质及液态金属的冷却速度。当冷却速度较大时,金属开始结晶的温度就会降低,导致过冷度增大,如图 2-17 所示。当液态金属经历

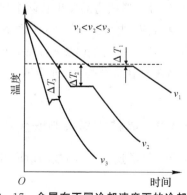

图 2-17 金属在不同冷却速度下的冷却曲线

一个非常缓慢的冷却过程时,金属会在与其理论结晶温度非常接近的地方开始结晶,此时的过冷度几乎为零。考虑到金属的晶体结构相对简单,并且总是伴随着一些杂质存在,实际金属的过冷能力其实并不强。这导致过冷度通常只有几摄氏度,并且极限值不会超过30 ℃。

2.4 金属的结晶

2.4.1 金属的结晶过程

金属铸件的结构通常由很多位向不同的晶粒组成。纯金属的结晶过程可以通过图2-18来解释。

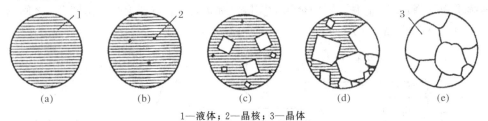

1—液体;2—晶核;3—晶体

图 2-18 纯金属结晶示意图

当液态金属冷却到熔点以下的某个温度时,金属并不会立刻开始结晶,如图 2-18(a)所示。而是在经过一段时间后,一部分大尺寸原子团簇开始变得稳定,逐渐形成被称为晶核的结晶中心[见图 2-18(b)]。结晶核一旦形成,就会吸附附近的原子,并按照自己的方向持续生长,同时新的晶核也在不断形成和长大[见图 2-18(c)]。这样的过程持续进行,晶核不断形成并长大,液态金属越来越少[见图 2-18(d)],直至液态金属逐渐被消耗完。当生长中的晶体遇到其他晶体时,它们的生长就会停止。最终,当所有的晶体都互相接触,液态金属完全消失时,结晶过程就结束了,如图 2-18(e)所示。对于单个晶体的结晶来说,其过程可以分为形核和生长两个阶段。但对于整块金属来说,这两个阶段在结晶期间是同时发生的。

以上对结晶过程的探讨揭示了一个重要规律:金属的结晶过程与其他晶体结晶过程非常相似,包含了形核与晶体生长两个步骤,并且这两个步骤是交替重叠进行的。当结晶过程结束时,我们得到的是一个多晶体结构,其中每一个晶粒都源自一个晶核。由于晶核是随机生成的,所以得到的晶粒的取向在空间方向上是随机分布的。但如果在整个结晶过程中,只有一个晶核并且持续生长,而没有其他晶核生成,那么最后形成的将是一个完整的单晶体金属。

2.4.2 晶核的形成与长大

在金属结晶过程中,晶核的形成有两种方式:自发形核(均质形核)和非自发形核(异质形核)。

2.4.2.1 自发形核(均质形核)

在液态下,金属内部有许多不同大小的原子团簇,这些团簇表现出短程有序性。当温度高于结晶点时,这些团簇是不稳定的。但是,当温度降至结晶点温度以下,并且达到一定的过冷度时,液态金属满足了结晶的必要条件。那些达到或超过特定尺寸(即临界晶核尺寸)的有序原子团簇开始稳定下来,不再消散,它们转变为结晶的核心。这种从液态金属中自然产生结晶核心的形成过程称为自发形核(均质形核),所得到的结晶核心称为自发晶核或均质核心。

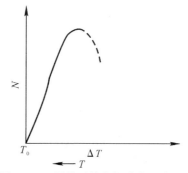

图 2-19 晶体形核率与过冷度的关系

随着温度的降低,或者过冷度的增大,金属从液态向固态转变的驱动力也增强了。这意味着可以稳定存在的较小有序原子团簇会增多,导致自发晶核数量增加。但当过冷度过大或温度过低时,原子扩散形成晶核的过程受到阻碍,导致形核率减慢。形核率 N 与过冷度 ΔT 之间的关系如图 2-19 所示。

2.4.2.2 非自发形核(异质形核)

实际中金属的组织常常并不完全纯净,内部往往含有各种杂质。这些杂质有时会助长晶核在其表面的生成。这种基于杂质表面而形成的晶核称为异质晶核,其生成过程为非自发形核(异质形核)。为使形核时拥有更为有利的能量条件,引发异质形核的杂质需要满足"结构相似、尺寸相当"的准则。只有当杂质的晶体结构和晶格参数与主体金属接近时,它才能作为异质形核的基底,使得晶核容易在其上生长。但某些高熔点的杂质,尽管其晶体结构与金属有很大的差异,但由于其表面的细微凹槽或裂纹中可能保留有未熔化的金属,从而促进了非自发晶核的形成。

虽然均质形核和异质形核都存在,但在实际的金属和合金中,异质形核通常比均质形核更为重要,起着优先和主导作用。

2.4.2.3 晶核的长大

晶核一旦形成,便开始长大。晶核长大初期,可以生长为很小但形状规则的晶体,随着晶核继续长大,优先沿一定方向生长出棱角,如图 2-20 所示,这种棱角形同树干,称为一次晶轴。在一次晶轴增长和变粗的同时,在其侧面生出新的枝芽,枝芽发展成枝干,此为二次晶轴。随着时间的推移,二次晶轴成长的同时又可长出三次晶轴,三次晶轴上再长出四次晶轴,等等,如此不断成长和分枝下去。各次晶轴互相交织,就像密集的树枝,因此称之为树枝状晶体,简称枝晶。在枝晶中多次晶轴的形成过程中,每个晶轴都在不断地延长并变粗,直到它们彼此接触为止。当晶轴之间的液态金属全部消失时,一个完整的晶粒就形成了。

枝晶的各次晶轴的位向是相同的。对于体心立方和面心立方金属,优先长大的各次晶轴彼此垂直,位向均为(100)。因此,在金属完成结晶之后,形成的枝晶都为单晶体。多晶体金属的每个晶粒一般都是由一个晶核采取树枝状长大的方式形成的。在晶粒形成过程中,由于各种偶然因素的作用,各晶轴之间的位向关系可能受到影响,使晶粒内各区域间产生微小的位向差，因而使晶粒内部出现许多亚晶粒。

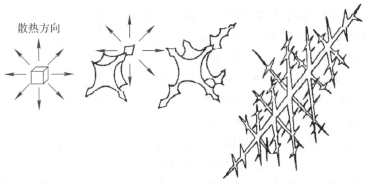

图 2-20　晶体树枝状长大过程示意图

为什么规则的小晶核能够形成树枝状晶体呢？首先，在金属的结晶长大过程中，结晶潜热被释放出来。这些热量主要通过金属液体的对流来传递，部分则通过金属的热传导来散发。很明显，晶体的突出部分（如尖端和棱角）具有更佳的散热条件，因此其生长速度更快，从而形成了伸入液态金属中的晶枝。另外，晶体的尖端和棱角处的缺陷更多，从液态中迁移过来的原子更容易在这些地方固定下来，从而有利于晶体的生长。同时，当晶体采用树枝状结构生长时，其表面积最大，这有助于晶体从周围的液体中吸收用于生长的原子。因此，金属晶体采用树枝状结构生长实际上是受到了多种因素的影响，如冷却速度、散热条件和杂质的存在等。通过控制这些因素，可以调控晶体的生长方式，并最终实现对晶体结构和性能的控制。

实际金属大多数呈现出枝晶结构。在结晶的过程中，若液态金属的供给不足，最后凝固的金属中树枝晶之间的空隙可能未能完全填补。这样，晶体的树枝状结构会被更直观地展现。例如，在许多金属的铸锭表面上经常可以直接观察到树枝状的浮雕纹理。对于那些界面较为粗糙的金属，其树枝状生长模式尤为明显。而对于那些界面光滑的晶体，尽管它们也有树枝状生长的趋势，但一般来说并不十分显眼。例如，在图 2-21 中，纯锑显示了较大的带有小平面树枝状生长的特征。

图 2-21　锑锭表面的树枝状生长特征

2.4.2.4　过冷度对形核和长大速率的影响

在液态金属结晶的过程中，单位时间、单位体积中形成的晶核数目称为形核率，用 N 表示。单位时间内晶体长大的线长度称为生长速率，用 G 表示。可以明确地看到，金属凝固后单位体积中的晶粒数目 Z 与形核率 N 成正比，与生长速率 G 成反比。图 2-22 显示了形核率 N 和生长速率 G 与过冷度 ΔT 之间的关系曲线。从图中可以看出，在通常的过冷度范围（实线部分）内，随着过冷度的增大，形核率和生长速率均有所增加。但形核率的增长速度高于生长速率，因此，增大过冷度会导致 N/G 值上升，导致单位体积内的晶粒数增多，从而使晶粒尺寸减小。在过冷度较小的情况下，形核速度低于生长速度，因此会形成较大的晶粒。图 2-22 中的虚线部分说明，在非常大的过冷度下，随着过冷度增加，形核率 N 和生长速率 G 都会减小。这是因为当过冷度过高时，液体的温度已经相对较低，导致原子扩散变得困难，从而减小了形核率和生长速率。在实际生产中，液态

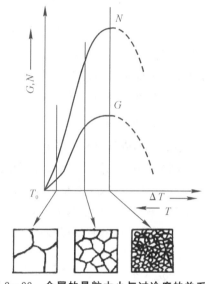

图 2-22　金属的晶粒大小与过冷度的关系

金属很少能达到这样高的过冷度。通常，金属在达到这一过冷度之前已经完成结晶。但对于金属的固态相变，确实可能达到较高的过冷度，且这种现象与上述规律一致。

2.4.3　铸件的凝固组织

2.4.3.1　铸锭结构的形成

生产中，常常将熔融金属注入铸模中浇注成铸锭，后续的加工环节再把铸锭通过压力加工制成各种型材或将铸锭重熔后浇注成铸件。金属铸锭在凝固过程中，其表面与中心的结晶条件存在差异，导致铸锭内部结构出现不均匀性。从宏观角度看，这种铸锭的组织结构可以分为三个部分。图 2-23 为铸锭截面的典型组织示意图，从图中可以明显看到不同组织特征的三种晶粒状态区域。

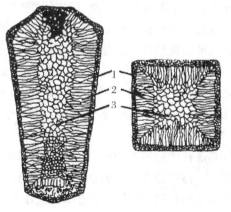

1—细晶区；2—柱状晶区；3—等轴晶区

图 2-23　铸锭截面典型组织示意图

1. 表面细晶区

铸锭的最外层是一层由细小等轴晶粒组成的薄层,这些晶粒呈随机取向分布。当金属液流入锭模内时,受到锭模较低的温度影响,热量迅速传导,使得外层金属迅速冷却,产生大的过冷度并催生大量晶核。此外,锭模壁也能够促成非自发形核。因此,最终在铸锭的表面形成了一个不太厚但晶粒非常细小的细晶区域。

2. 中间柱状晶区

细晶区的内部是柱状晶区,它由粗大的、沿着与锭模壁垂直方向生长的柱状晶粒组成。形成这种结构的原因是:当细晶区形成时,锭模的温度逐渐上升,使得液态金属的冷却速率减慢,导致过冷度减小及形核率下降。但在这个阶段,晶粒的生长速度变化不大。因此,结晶主要是由那些优先生长方向(即一次晶轴方向)与最快散热方向(通常为垂直锭模壁向内的方向)的反方向一致的晶核决定的。这些晶核在液态金属中沿着平行方向生长,从而形成了柱状晶区。

3. 中心等轴晶区

铸锭的中心部分主要由随机取向的较大等轴晶粒构成。当结晶进行到铸锭的中心时,液体的内部和外部温度差异减少,而锭模此时已经变成了一个热的外壳,释放的潜热,使得液态金属的冷却速度迅速减小,从而使过冷度大大降低,再加上金属在结晶时,剩下的液态金属的温度开始趋于一致,几乎同时进入过冷状态。在这个中心区域,因为过冷度相对较低,所以形核率也相对较低。于是,被液体流动冲击而碎裂的来自于柱状晶体多级晶轴的小晶块或一些未完全熔化的杂质被流动的金属液带到中心区,它们作为晶核开始生长。这样,最终在铸锭的中心部分形成了较大的等轴晶粒。

铸锭作为一种形状简单的大铸件,具有上述最典型的铸态晶粒结构。事实上,所有铸件的凝固都或多或少存在上述的晶粒大小分布特征。

2.4.3.2 铸锭结构的特性

柱状晶粒是从外向内进行结晶生长的,其结构较为致密。由于柱状晶粒具有显著的方向性特征,所以其沿晶轴方向的强度通常更高。对于主要承受单向载荷的机械部件,如燃气轮机的叶片等,柱状晶粒结构是理想结构。但是,柱状晶粒的接触界面上常常夹杂着非金属或低熔点的杂质,这些界面很可能在热轧或锻造过程中成为弱点并产生裂纹。因此,对于熔点高且含有大量杂质的金属,如铁、镍及其合金,一般不希望形成柱状晶粒结构。而对于熔点低、不含易熔杂质且具有良好塑性的金属,如铝、铜及其合金,即便整体结构是柱状晶粒,也能顺利地进行热轧和热锻。因此,对于这些非铁金属及其合金,出于性能优化的考虑,通常希望铸锭能够形成柱状晶粒结构。

等轴晶粒的结构稳定,其晶枝之间相互交错,结合紧密,因而它具有均一的性能,且无明显的方向性。在大多数情况下,特别是在钢和铁的铸造中,这种结构是非常理想的结构。

当金属的温度较高、冷却速率较快、铸造温度较高或浇注速度较快时,铸锭或铸件的截面上会产生较大的温度梯度,这有助于形成大量柱状晶粒结构。而当铸造温度较低、冷却速度较慢时,铸件的横截面温度变得更为均匀,这种条件更有利于等轴晶粒的形成。

2.4.3.3 铸锭的缺陷

铸锭结构中的缺陷主要有以下几种。

1. 缩孔与缩松

在金属从液态转化为固态的过程中，其体积通常会出现收缩。由于铸锭是按照一定的顺序逐渐结晶的，最后结晶的区域在发生收缩时，如果没有足够的液体金属来补充，就会导致缩孔的生成。这种缩孔为集中的缩孔，其周围的杂质较为丰富，因此在后续加工中通常需要将其切除。

缩松又称为分散性缩孔，是在树枝状晶体结构中液体补充不足所造成的，这会导致在枝晶间与枝晶内形成众多的微小缩孔。在铸件中，中央的等轴晶区是最容易出现这种微小缩孔的区域。为了减少缩松的形成，可以采取如提高铸造时的液面、增加静水压的措施，改善液态金属的流动和填充能力。值得注意的是，这些微小的缩孔在后续的热轧过程中有可能被焊合起来。

2. 气孔

金属在熔融状态下对气体的溶解量要大于在固态下的。因此，当金属开始凝固时，溶解在其中的气体会开始析出。此外，铸型中的水分、锭模表面的锈迹以及其他杂质在与金属液接触时都可能释放气体；同时，浇铸过程中的液体金属流动也可能夹带气体进入。若这些气体在金属凝固时未能及时排放出去，它们就会在金属内部留下，形成气泡。特别是当金属的表面凝固速度较快时，气体会滞留在表面下方，而形成的缺陷被称为皮下气孔。值得一提的是，在随后的热轧制过程中，大部分气孔可以被焊合，但那些孔壁已经氧化的气孔，特别是皮下气孔，则可能导致细微的裂缝或者表面皱褶，从而大大降低金属材料的性能和质量。因此，在冶炼和铸造的过程中，应当严格控制任何可能产生气体的因素，确保产品质量。

2.4.4 细晶强化与铸件组织的控制

2.4.4.1 晶粒形状和大小对性能的影响——细晶强化

当金属完成结晶过程，就形成了由大量晶粒组成的多晶体结构。这些晶粒的尺寸与外形是判定金属组织特征的关键指标，并直接决定了金属的性能。如前所述，铸锭组织是不均匀的，一般情况下，不希望铸件得到柱状组织。因为相互平行的柱状晶的接触面及相邻垂直的柱状晶区的交接面较脆弱，常聚集着易熔杂质和非金属夹杂物，当铸锭在热压力加工时容易沿此脆弱面开裂。但是，在某些特殊情况下，要求零件沿一个方向性能优越时，如涡轮发动机叶片，则希望获得单一方向的柱状晶组织。这通常采用定向凝固方法获得。

等轴晶粒组织没有上述脆弱面，相邻晶粒的枝晶彼此咬合，裂纹不易扩展，性能均匀，无方向性，尤其是均匀细小的晶粒，更显出这一优点。一般来说，金属的晶粒越细，其强度硬度越高，塑性韧性也越好。所以，生产实践中，通常采用适当的方法获得细小晶粒来提高金属材料的强度，这种强化金属材料的方法，称为细晶强化。细晶强化是金属材料强化的重要方法之一。表2-3中的数据说明了晶粒大小对力学性能的影响。

表 2-3 晶粒大小对纯铁力学性能的影响

晶粒平均直径/μm	σ_b/(MN·m^{-2})	σ_s/(MN·m^{-2})	δ/(%)
70	184	34	30.6
25	216	45	39.5
2.0	268	58	48.8
1.6	270	66	50.7

应当指出,细晶强化不仅是金属材料强化的重要途径,而且也是陶瓷材料强化的方法之一。陶瓷材料中的晶体相都是由许多不同取向的晶粒集合而成的,这些晶粒的几何形状、粒度大小、取向等对陶瓷材料性能都有重要影响,通常晶粒越细,其强度也越高(见表 2-4)。

表 2-4 刚玉陶瓷晶粒尺寸与力学性能的关系

晶粒平均尺寸/μm	193.7	90.5	54.3	25.1	11.5	9.7	6.7	3.2	2.1	1.8
抗折强度/(MN·m^{-2})	75	140.3	208.8	311.1	431.1	483.6	484.8	552.0	579.0	581.0

2.4.4.2 铸件晶粒大小的控制

通常,在常温环境下使用的铸件,其机械性能将随着晶粒变细而增强。因此,想优化铸件质量,制造出细晶铸件是关键。目前,在实际生产中有以下三种方法可以控制铸件的晶粒尺寸。

1. 增大金属的过冷度

基于上述描述,晶粒大小是由形核率 N 与生长速率 G 之间的比值所决定的。同时,这两个速度的大小及比值是由过冷度所决定,因此,通过调节过冷度可以有效控制晶粒大小。经验数据显示,金属在结晶过程中的过冷度通常有限,往往只能存在于图 2-22 的过冷度关系曲线的初始上升部分。在此情况下,随着过冷度的提高,N 和 G 都会增加,但 N 的增长速度更快,导致 N/G 的比值也随之增大,从而使得晶粒更为细小。

提高过冷度的主要方式是加速液态金属的冷却。在实际的铸造过程中,为加快冷却速度,可以选择使用金属模具而非砂型,增厚金属模具、降低模具的预热温度,或是减小涂层的厚度。另外,为了增强液态金属的过冷效果,可以在浇注时提高金属的熔点,以减少非自发晶核生成;选择较低的浇注温度,使得铸型的升温速率放缓,也有助于获得更大的过冷度;采用慢速浇注:一方面能防止模具温度升高过快;另一方面,由于缓慢地凝固,所以能产生更多的晶核,或因冲击而产生更多的细碎晶核,最终导致更细的晶粒组织。随着超高速($10^5 \sim 10^{11}$ K/s)冷却技术的出现,人们已成功开发了超细晶金属、非晶金属等一系列在力学、物理和化学性能上均具优越性的新型材料。

2. 进行变质处理

在凝固过程中,当金属液态的体积相对较大时,很难实现较大的过冷度。对于形状复杂的铸件,过大的冷却速度往往不是理想选择。因此,为了得到具有细晶组织的铸件,生产过程中通常会采用变质处理技术。变质处理实质上是向液态金属中加入孕育剂或变质剂,以提高异质晶核的数量,进而细化晶体结构和金属组织。有些化合物或其衍生物质能满足作为非自发晶核的要求,将其作为调质剂融入液态金属可以显著提高非自发晶核的数量。例如,将钛、锆加入铅合金中,或在钢中添加铁、钒、铝等,都可以实现晶粒的细化。在铁液中,通过加入硅铁或硅钙合金,可使石墨更加细化。此外,还有一些物质,它们虽然不能为结晶提供核心,但能有效地制止晶粒的生长,它们能附于结晶前缘,大幅度抑制晶粒的生长。比如,在铝硅合金中添加钠盐,其中的钠元素会聚集在硅表面,限制其生长,避免过大的硅晶体的产生,从而细化合金的组织。

3. 附加振动

在金属液体凝固的过程中,可以采用如机械振动、超声波或电磁振动等技术,促使铸型内的液态金属发生流动。这种动作会导致枝晶断裂,而这些断裂的晶片又可以作为新的结晶核心,进而促使晶粒细化。

2.5 陶瓷、聚合物的凝固与结晶

2.5.1 陶瓷和聚合物的结构特点

2.5.1.1 陶瓷的结构特点

现代陶瓷是除金属材料和有机高分子材料以外的所有固体材料,所以陶瓷亦称无机非金属材料。陶瓷的结合键主要是离子键或共价键,它们可以是结晶型的,如 MgO、Al_2O_3、ZrO_2 等,也可以是非晶型的,如玻璃等。有些陶瓷在一定条件下,可由非晶型转变为结晶型,如玻璃陶瓷等。

1. 离子晶体陶瓷

离子晶体陶瓷的种类很多:第一种为图 2-24 所示的 CaF_2 结构,具有这种结构的陶瓷有 ZrO_2、VO_2、ThO_2 等;第二种是图 2-25 所示的刚玉型结构,一般如 Al_2O_3、Cr_2O_3 等具有这类陶瓷结构;第三种是图 2-26 所示的钙钛矿结构,具有这类结构的陶瓷有 $CaTiO_3$、$BaTiO_3$、$PbTiO_3$ 等。

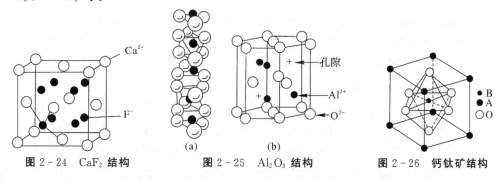

图 2-24 CaF_2 结构   图 2-25 Al_2O_3 结构   图 2-26 钙钛矿结构

2. 共价晶体陶瓷

共价晶体陶瓷多属于图 2-27 所示的金刚石或者由其派生出的结构,如 SiC(见

图 2-28)和 SiO_2 结构(见图 2-29)。

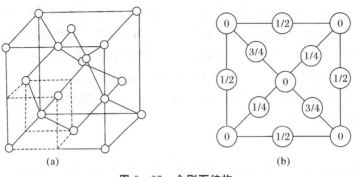

图 2-27 金刚石结构
(a)晶胞;(b)原子在晶胞底面上的投影

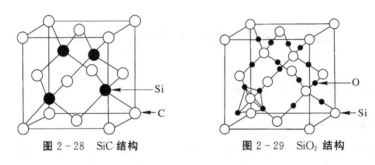

图 2-28 SiC 结构　　图 2-29 SiO_2 结构

2.5.1.2 聚合物的结构特点

聚合物是以碳为主,与 H、O、W、Cl、S、Si 等原子以共价键结合,形成巨大的分子链,大分子之间以分子键结合所形成的一种固态物质。高分子链之间的几何排列和堆砌结构构成了高聚物的聚集态结构,或称为超分子结构。根据分子在空间排列的规整性,可将高聚物分为结晶型(分子链在空间规则排列)、部分结晶型(分子链在空间部分规则排列)和非晶型(分子链在空间无规则排列)三类。

2.5.2 陶瓷和聚合物的凝固

陶瓷和聚合物的凝固过程比金属更为复杂,在此只进行简略的描述。陶瓷虽然在凝固时的机制相较于金属有其复杂性,但其结晶基本原则与金属是一致的。在结晶期间,必须存在一定的过冷度,并且也是一个涉及晶核生成和晶体长大的过程。结晶时的组织变化与合金很相似,也需利用相图来阐明。

聚合物由液态到固态的变化,主要由其长链分子结构所主导。如图 2-30 所示,一个巨型分子并不能像金属原子那样单独移动,因为它涉及数百个原子。此外,分子中的结合键在液态和固态中具有固定性,这使得液态分子难以整合为晶体的结构。在最有利的条件下,熔融物的凝固过程也是缓慢的。仅有结构规则的分子能够形成晶体。那些无序的分子、带有边块的分子(如聚苯乙烯中的苯环)或链分枝的分子[见图 2-31(a)所示的聚乙烯]、具有弧形基体的分子[见图 2-31(b)中的异戊二烯]的结晶概率都相对较低。

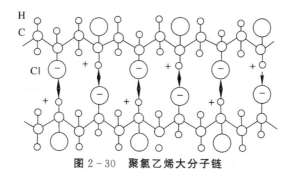

图 2-30 聚氯乙烯大分子链

因此,在受到剪切应力的作用下,液体会产生流动。这种流动在分子之间产生自由空间,从而导致堆积密度减小。随着液体温度的降低,热扰动减弱,原子的自由空间和振动幅度都会减小。这导致液体体积逐渐减少,当温度下降到凝固点以下时,虽然液体进入过冷状态,但其结构仍然保持为液态。在高温下,液体能够自由流动;但随着温度的降低,液体的黏度增加,加上分子间自由空间的减少,流动变得困难。

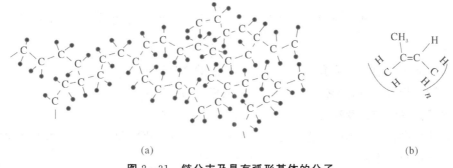

图 2-31 链分支及具有弧形基体的分子
(a)链分支(聚乙烯);(b)聚合的异戊二烯(天然橡胶)

当聚合物经过冷却但未结晶时,它最终将达到 t_g 点,在这一点,聚合物会变得非常硬脆。在体积-温度曲线中(见图 2-32),曲线的斜率会呈现出明显的不连续性。这个斜率变化点 t_g 被称为玻璃化转变温度,它是所有玻璃材料的一个显著特征。当温度低于 t_g 的时候,非晶态聚合物呈现玻璃态,变得异常坚硬。

玻璃转变温度对聚合物的性质有着关键性的影响。例如,聚苯乙烯的 t_g 约为 100 ℃,因此在常温下它是玻璃化的并且非常脆;而橡胶的 t_g 是 -73 ℃,即使在非常寒冷的天气中,它依然能保持柔韧和易于变形。

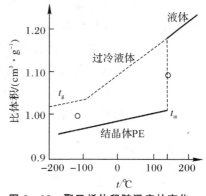

图 2-32 聚乙烯体积随温度的变化

对于完全不具备结晶能力的聚合物,使其从液态冷却到玻璃化转变温度 t_g 后,会变为非晶态的固体。此外,随着冷却速度的增大,玻璃化转变温度会相应下降。

对于那些易于结晶的聚合物,它们可以在从液态冷却到 t_m 与 t_g 之间的任意温度时开始结晶。这种结晶过程也是基于晶核的形成和长大。晶核的形成分为两类:均匀形核和非均匀形核。均匀形核是由于液体中的大分子链段在热运动下产生的有序排列;而非均匀形核则是由外部杂质或容器壁等因素引起的,这些外部因素会吸附大分子链段,使它们有序排列并形成晶核。随着温度的下降,晶核的形成和增长速率都会加快,而在某一特定温度下,这两种速率将达到其最大值。

习 题

1. 实际金属晶体中存在哪些晶体缺陷?它们对金属的性能有什么影响?
2. 实际晶体与理想晶体有何不同?金属晶体常见晶系都有哪些?各具有什么特征?
3. 什么是晶体常数?
4. 画出体心立方、面心立方晶格中原子最密的晶面和晶向,写出它们的晶面指数和晶向指数,并求出其单位面积和单位长度上的原子数。
5. 在立方晶系的晶胞图中画出以下晶面和晶向:(102),$(11\bar{2})$,$(2\bar{1}2)$,$[1\bar{1}0]$,$[\bar{1}1\bar{1}]$ 和 $[1\bar{2}0]$。
6. 纯金属主要的点缺陷有哪些?简述其可能的产生原因。
7. 何谓刃型位错与螺型位错?为什么把它们称为线缺陷?
8. 简述晶界的结构及特性。
9. 过冷度在金属凝固中的作用是什么?说明其与生核速率和晶体生长速度之间的关系是如何影响晶粒大小的。
10. 列举几种提高金属冷却速度的方法,并解释为什么这样可以增大过冷度。
11. 什么是变质处理?它是如何改善金属组织和细化晶粒的?
12. 列出几种能够作为非自发晶核的变质剂,指出它们对金属液体的影响。
13. 什么叫树枝状晶体?为什么在纯度极高的金属试样断面上看不到树枝状晶体?
14. 何谓细晶强化?铸造生产中有哪些措施可细化铸件晶粒。
15. 聚合物从液态到固态的转变中,分子链结构起到了什么关键作用?并解释为什么一些分子不易结晶。
16. 什么是玻璃化转变温度(t_g)?它在聚合物中的意义是什么?

▶拓展阅读◀

晶体学的发展历史

1. 人类认识晶体是从具有规则外形的天然矿物晶体开始的。

1784 年,法国学者 R.J. 阿维提出了有理指数定律,通过阐述晶面与晶棱的关系,为晶体定向和晶面符号的确定提供了理论依据。将有理指数定律与 C.S. 魏斯提出的晶带定律结合,从不同角度阐明了晶面与晶棱间的关系。1830 年,德国学者 J.F.C. 赫塞尔建立了晶体按对称的分类体系。1839 年,英国学者 W.H.米勒创立了用以表示晶面空间方位的米氏符号,并得到了广泛的应用。

2. 在外形几何规律的启示下,人们开始了对晶体内部结构的探索。

1842 年,德国学者 M.L.弗兰肯海姆推出了晶体结构的 15 种空间格子,1848 年,法国学者 A.布拉维修正了这一成果,最终确定了空间格子的 14 种形式(布拉维格子)。俄国结晶学家 E.C.费多罗夫和德国学者 A.M.圣佛利斯各自独立地于 1889 年和 1891 年导出了晶体结构对称的 230 种空间群。至此,一个晶体结构完备的几何理论形成。

3. 晶体化学新学科的建立。

1912 年,德国学者 M.T.F.von 劳厄成功地完成了晶体衍射 X 射线实验,他与英国学者 W.L.布喇格先后提出了晶体结构 X 射线分析的两个基本方程,开创了结晶学微观研究的新阶段。在大量实测晶体结构资料的基础上,逐渐建立起探索晶体成分与结构关系的新学科——晶体化学。1927 年,挪威学者 V.M.戈尔德施密特提出了阐明晶体成分与结构的第一个晶体化学定律——戈尔德施密特定律。1929 年美国学者 N.L.鲍温总结出关于离子晶体结构的五条规则——鲍温法则。

4. 晶体生长理论的提出。

1855 年,布拉维提出了阐明晶面发育顺序的布拉维法则,认为实际晶体被网面密度大的晶面所包围。1927 年,德国学者 W.科塞尔提出了晶体的层生长理论。1949 年,F.C.夫兰克提出螺旋生长理论。1955 年,P.哈特曼和 N.G.佩多克提出周期键链(PBC)理论。晶体发生、成长机理的研究日益深入,同时人们还开展了晶体人工培育的研究。

5. 现代晶体学的新阶段。

20 世纪中叶以来晶体结构测定的速度和精度大大提高——由晶体平均结构的测定到真实的精细结构和晶体缺陷的研究,从间接的结构数据推算到电子显微镜下晶格象的直接观察,把结晶学推进到一个现代结晶学的新阶段。

来源:http://www.ccrs.net.cn/Content/Article/show/id/115.do,有改动。

测定晶体结构的方法

测定晶体结构的方法主要有以下几种:

1. X 射线衍射法:是最常用的方法之一。通过衍射 X 射线来研究晶体中原子之间的排列和晶胞的参数等结构信息。

2. 中子衍射法:类似于 X 射线衍射法,但是使用中子束来探测样品中原子的分布方式,可以获得具有更高分辨率的结构信息。

3. 电子显微镜法:通过高分辨率的透射电镜或扫描电镜等,观察晶体结构的微观形态、晶粒大小和晶型等。

4. 热力学法:包括热力学分析和热重分析。通过测量晶体在不同温度下的热行为,以推断晶体的结构。

5.核磁共振法:通过分析分子内核对应的共振频率和耦合关系,获取分子结构和原子间的距离等信息。

6.拉曼散射法:通过分析分子的拉曼光谱来测定分子中不同原子之间的振动信息,获得分子结构信息。

7.红外光谱法:通过分析分子的红外光谱,获得分子中化学键、键能和键角等信息,从而推断分子结构。

来源:https://jingyan.baidu.com/article/425e69e61bee67ff14fc163a.html,有改动。

第 3 章　塑性变形与金属的组织和性能

铸造后的材料常常存在晶粒粗大、组织不均匀、成分偏析等问题,因此,绝大多数金属经过冶炼和浇注后都要进行各种压力加工(例如轧制、挤压、锻造、拉丝与冲压)才能制得型材及工件。经过压力加工后,金属材料不仅外部形态有所改变,其内部的组织和性能也会产生变化。举例来说,经历冷塑性变形如冷轧和冷拉后,金属的硬度明显增大但塑性降低;而经历热塑性变形如热轧、锻制后,强度变化虽不明显,但其塑性和韧性较铸造状态时得到显著提高。因此,研究金属及合金的塑性变形机制具有重要的理论价值和工程应用价值。这不仅能帮助我们理解金属的强度和塑性本质,寻找强化其性能的策略,还能为解决生产中关于塑性变形的问题、优化加工技术以及提高加工质量提供参考。

然而,塑性变形也会对金属的组织和性能产生某些不利的影响。为此,在压力加工后或在其过程中,金属常进行加热处理,从而实现回复和再结晶,以恢复其原有的性能。

3.1　金属的塑性变形

在外力的作用下,金属材料会发生形态改变(形变)。若外力相对较小,去除之后形变可自行恢复,这种情况称为弹性变形。但若外力超出特定数值,形变则无法完全恢复,留下永久的形态改变,称为塑性变形。

由于金属通常是由许多单个晶粒随机组成的多晶体,因此,我们首先探讨单晶体的塑性变形机理,然后基于此探索多晶体的形变机制。

3.1.1　单晶体的塑性变形

单晶体的塑性变形主要有滑移和孪生两种方式。

3.1.1.1　滑移

滑移描述的是晶体内的两部分沿指定的晶面及晶向进行的相对位移,这种位移的长度是原子间距的整数倍,如图 3-1 所示。很明显,经过滑移后,整个单晶体仍然与其原始晶格位相一致。

图 3-1 展示了金属单晶体在切应力作用下的滑移过程。图 3-1(a)为当无外力作用时,原子处于稳定位置。图 3-1(b)显示出当切应力较小时,晶体结构有所扭曲。如果此时

除去外力,切应力和扭曲都会消失,属于弹性变形。而图 3-1(c)显示了当切应力增大并超过一定阈值(弹性极限)时,两侧晶体的相对滑动不小于一个原子间距。此刻,即便去除了外力作用,虽然弹性扭曲可恢复,但滑移后的原子在新位置保持稳定,无法回归,因此晶体产生了塑性变形,如图 3-1(d)所示。晶体内部多个晶面的滑移相加,就形成了整体的宏观塑性变形。

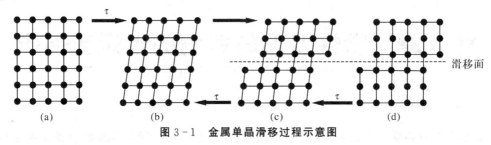

图 3-1　金属单晶滑移过程示意图

对经过抛光的光滑金属单晶体试样进行拉伸试验,出现一定的塑性变形后,样品表面粗糙度增大。在显微镜下可以观察到众多相互平行的线状痕迹,如图 3-2 所示。而在电子显微镜的高倍条件下可看到,每一条线状痕迹实际上是由众多密集、平行的滑移线组成的,因此,这些痕迹被称作滑移带。而滑移线则是由滑移形成的小台阶组合而成的,如图 3-3 所示。整个单晶体的晶格位向仍然保持一致,经过再次抛光,这些台阶痕迹会消失。这是鉴别是否是滑移变形的一种方式。

图 3-2　铜变形后的滑移带(9 800×)

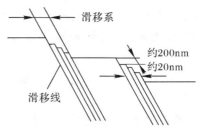

图 3-3　滑移带与滑移线示意图

正如之前提到的,在塑性变形中,滑移是在特定的晶面和晶向进行的,这些特定的晶面和晶向分别称为"滑移面"与"滑移方向"。一个滑移面加上一个滑移方向就构成了滑移系,通常分别记为 $\{hkl\}$ 和 $<uvw>$。由于晶体结构的差异,滑移面、滑移方向以及滑移系的数量都会有所不同。表 3-1 列出了三种常见金属晶体结构的滑移系。

通过比较,面心立方结构金属和体心立方结构金属的滑移系相同,比密排六方结构金属的多,因此,塑性也更好。在滑移系数目相同的情况下,金属塑性还与滑移面原子密排程度和滑移方向的数目有关。

滑移在晶体中主要优先在原子排列最紧密的晶面(即密排面)上发生,而滑移方向几乎总是沿着原子线排列最密集的晶向(即密排方向)。这是由于在密排面上,面间距更大,且在密排方向上,原子间的距离最小,从而使滑移阻力最小。从位错的运动来看也是这样,位错在面间距最大的晶面上沿着原子距离最短的晶向运动的过程中,引起的点阵畸变也应该是最小的,因而所需的能量也最小;但这并不意味着沿其他晶面就不能滑移,而只是概率的大小不同而已。

表 3-1 三种常见金属晶体结构的滑移系

晶体结构	体心立方结构		面心立方结构		密排六方结构	
滑移面	{110}	<110>	{111}	<111>	{0001}	{0001} <1120>
滑移方向	<111>	{111}	<110>	{110}	<1120>	
数目	6×2=12		4×3=12		1×3=3	

早期的理论认为,滑移是晶体的一部分与另一部分之间的整体相对滑动,称为刚性滑移。根据这种观点,当晶体受到切应力作用时,首先会发生弹性变形。只有当切应力增大到一定水平时,滑移面上的所有原子才会同时移到其附近的另一个原子位置,并在表面产生台阶,如图 3-4 所示。然而,从刚性滑移推算出的金属单晶体开始滑移所需的最小切应力值,即临界切应力值,通常是实验值的几百到几千倍。因此,这种观点与实际情况并不相符。

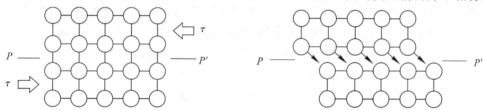

图 3-4 晶体沿滑移面($P—P'$)的整体滑移

大量的研究结果和实验数据表明,金属晶体中存在很多位错,而滑移变形主要是通过位错的移动来完成的。图 3-5 所示为一个刃型位错在切应力作用下引发的滑移变形过程。图中显示了这个多余的半个原子晶面,在切应力影响下,在滑移面上按照滑移方向,以原子间隔为运动单位进行移动的过程。当位错运动到晶体的表面时,产生了一个小台阶,晶体的上下两部分便形成了一个原子间距的相对滑移。这与前面提及的刚性滑移的结果是相同的。但从位错引发的滑移角度来看,每一个滑移步骤只需位错中心附近的少量原子克服原子间键力,移动微小的距离,便可达到新的稳定位置。而刚性滑移则需要克服整个滑移面的原子间作用力进行整体移动。所以,基于位错的滑移机制计算的临界切应力远比刚性滑移时的要小,而与实验值更为接近。

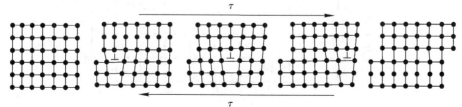

图 3-5 刃型位错移动产生滑移的示意图

3.1.1.2 孪生

除了滑移,金属的塑性变形还有另一种重要形式,即孪生。孪生描述的是在切应力作用下,晶体的一部分沿特定的晶面(即孪生面)和特定的晶向(孪生方向)相对其他部分在一定区域内进行连续切变。这一过程可以参考图 3-6。在切变区域中,与孪生面平行的每层原子移动的距离并不是原子间距的整倍数,而是与离开孪生面的距离成正比。造成的结果是,两侧的晶体方向存在差异,并且以孪生面呈镜像对称。这两部分对称的晶体被称为孪晶,而产生这种现象的过程被称为孪生。

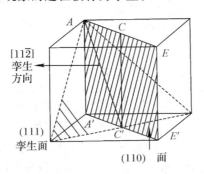 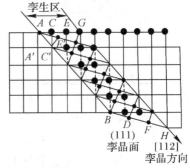

图 3-6 面心立方晶体孪生变形示意图

经孪生变形的晶体,其经过抛光的表面会表现出明显的凸起。这种痕迹是因为孪生中的两部分晶体位向不同,导致在抛光或侵蚀之后,仍能在显微镜下看到明确的差异。而这与滑移变形产生的滑移线有所不同,因为滑移线在经过抛光后会消失。

一般情况下,对称性低、滑移系少的密排六方结构金属比较容易产生孪生变形。体心立方结构金属在室温时只有在冲击载荷下才能产生孪生变形,当滑移面的临界切应力显著提高时,在一般变形速率下也可以引起孪生变形。面心立方结构金属的对称性好,滑移系多,容易滑移,因此孪生一般比较难于发生,但在特殊条件下也可能发生孪生。

3.1.2 多晶体的塑性变形

在多晶体中,每个晶粒的塑性变形方式与单晶体一致,主要通过滑移来实现。但多晶体内多晶粒的位向并不相同,加上各个晶粒之间存在晶界,使得各晶粒的塑性变形受到邻近晶粒的影响和阻碍。这种互相制约的效果导致多晶体在塑性变形时的抗力远超单晶体,这一现象可以通过图 3-7 中关于锌的拉伸曲线来体现。

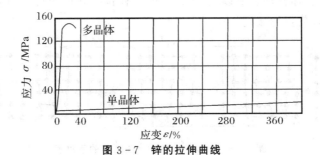

图 3-7 锌的拉伸曲线

3.1.2.1 晶界的影响

图3-8表示只包含两个晶粒的试样经拉伸后的情况,其特点是在远离晶界处试样被拉长变细,而晶界附近的变形则很小,这就产生了所谓的竹节现象。该实验揭示出,相对于晶粒内部,晶界的塑性变形抗力明显更大。这主要是因为晶界区域的原子排列不规则,并且可能集结了一些杂质,这些都会阻碍位错在滑移过程中的移动,从而增强了对塑性变形的阻力(见图3-9)。因此,可以得出一个细晶强化的理论:金属材料的晶粒越细小,晶界的数量就会越多,这意味着位错运动受到的阻碍作用就越大,从而提高了材料的抗塑性变形能力,导致其强度和硬度增大。

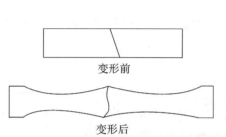

图3-8 由两个晶粒组成的试样在拉伸时的变形

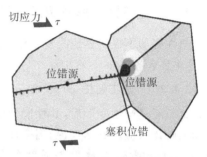

图3-9 位错运动受阻示意图

3.1.2.2 位向差别的影响

多晶体的各个晶粒有不同的位向,当任一个晶粒开始滑移变形时,其会受到相邻具有不同位向晶粒的制约与阻碍,从而导致塑性变形抗力增大。

其原因在于:计算表明,当晶体承受外力时,与外力成45°夹角方向上的分切应力最大,而与外力平行或垂直方向上的分切应力则相对最小。考虑到滑移是在切应力的作用下发生的,那么在多晶体中,那些滑移面和滑移方向与外力成或接近45°夹角的晶粒将是最先发生滑移变形的,常称这些晶粒处于"软位向"。相反,那些滑移面和滑移方向与外力平行或垂直的晶粒,因其所受的切分应力较小,滑移难度较大,故常被称为处于"硬位向"。此处需要指出的是,所提滑移面的方向实际上指的是滑移面的法线方向。

由于在多晶体结构中,各晶粒具有不同的位向,因此,某些晶粒处于软位向,受外力作用容易导致滑移和塑性变形;而处于硬位向的晶粒在受力时则不易滑移。当金属受到应力作用并开始塑性变形时,容易变形的软位向晶粒会率先响应,但其变形过程会受到相邻不同位向晶粒的制约,尤其是那些处于硬位向的晶粒。这种互相制约导致了塑性变形的抗力增大,从而提高了材料的强度和硬度。

从这种位向差异的影响来看,可以得出一个与细晶强化相似的结论:在金属材料中,晶粒尺寸越小,意味着每个晶粒周围会有越多的不同位向晶粒,尤其是硬位向的晶粒。这进一步加大了塑性变形的阻力,从而增强了材料的强度和硬度。

3.1.2.3 晶粒大小对力学性能的影响

金属的晶粒大小在很大程度上影响其力学性能。晶粒越细小意味着晶界总面积越大和不同位向的相邻晶粒越多,这些都增强了材料对塑性变形的阻力,从而提高了材料的硬度和强度。此外,细小的晶粒在单位体积内数量众多,因此,整体的塑性变形能够分布在更多的晶粒之间,实现变形的均匀化。这种均匀化有助于降低由不均匀变形导致的应力集中,使得多晶体金属能够承受更大的塑性变形而不断裂。再者,更细的晶粒形成了更为复杂和曲折的晶界,有效地延缓了裂纹扩展。因此,细晶金属不仅具有更高的强度,其塑性和韧性也更好。

需要强调的是,上述关于晶粒大小对金属性能影响的结论,在高温条件下并不适用。在高温条件下,晶界附近原子间的结合力显著降低,导致塑性变形主要是通过晶界滑动来实现的。因此,当温度升高时,更细的晶粒或更多的晶界会使金属更容易发生晶界滑动的塑性变形,这意味着抵抗塑性变形的能力会降低。

3.1.3 塑性变形对组织与性能的影响

塑性变形不仅明显地改变了金属的外形,还对其内部组织和宏观性能产生了很大的影响,这主要包括以下三个方面。

3.1.3.1 加工硬化

金属经过塑性变形后,其性能发生显著变化,主要体现为加工硬化效应。具体来说,当金属发生塑性变形时,随着冷加工量的增大,其硬度与强度会升高,塑性与韧性会降低,这种情况称为加工硬化。45钢在不同变形度下的强度、硬度、塑性的变化如图3-10所示。

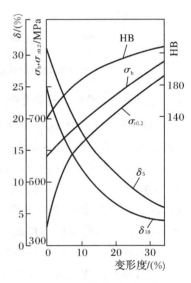

图3-10　45钢的变形程度与力学性能的关系

加工硬化的现象在工程中具有大的实用价值。首先,我们可以通过这种硬化来增强金属的硬度和强度。对于一些不能通过热处理方式强化的金属材料,如某些铜和铝合金,可以通过加工硬化的方式进行强化。但需要注意,这样的增强是牺牲了部分材料的塑性和韧性来获得的。其次,加工硬化有助于金属实现均匀的塑性变形。这是因为已变形部分的金属强度会增强,继续变形更可能发生在尚未或较少变形的部分。这意味着众多金属制品可以通过塑性变形达到所需的形状。例如,在冷拉制钢丝的过程中,加工硬化确保了钢丝的均匀性。最后,加工硬化在一定程度上还增强了金属部件在使用时的可靠性。当金属部件稍微超载并产生轻微变形时,其屈服强度会上升,与超载产生的应力达到平衡,从而停止进一步的变形。

然而,加工硬化并非全然有益。它降低了金属的塑性,增强了变形抗力,这给金属的后续冷加工带来了问题。比如,在冷拉钢丝的过程中,随着拉伸,钢丝会变得越来越硬,可能会在进一步拉伸时断裂。为了解决这个问题,需要安排中间退火环节。通过加热,可以消除之前的加工硬化效果,从而恢复金属的塑性。

3.1.3.2 塑性变形对金属组织的影响

1. 形成纤维组织

随着金属发生塑性变形,除了其宏观外形的明显改变外,其内部结构也有显著变化。即金属内部的晶粒会根据变形方向被拉长或压扁,如图 3-11 所示。

同时,还可以观察到晶粒内部形成了明显的滑移带,且随变形程度的增大,这些滑移带会逐渐增多。在经过大的变形后,各个晶粒之间的晶界变得模糊,而晶粒本身则被拉长形成纤维状结构,如图 3-12 所示。这种特殊的纤维状结构被称作冷加工纤维组织。

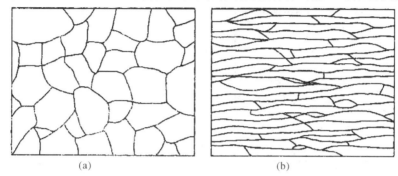

图 3-11　晶体形状在塑性变形前后的变化
(a)变形前;(b)变形后

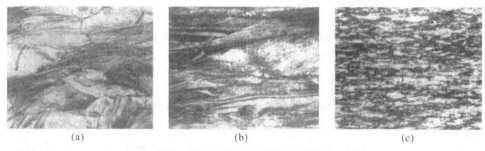

图 3-12　冷轧黄铜(含 32% Zn)的显微组织
(a)变形 39%;(b)变形 56%;(c)变形 83%

2. 形成亚结构

如前所述,冷变形之前,金属的晶粒内部有较大的亚晶,这些由位错形成的结构就构成了位错壁。在金属经过塑性变形后,随着变形量的增加,滑移带的数量也在增多。通过 X 射线衍射分析可以发现,这些晶粒开始分裂碎化为多个位向略有差异的小晶块,即变形亚结构。随着塑性变形的进一步增加,这种变形亚结构会越来越细小和密集。从图 3-13 的变形亚结构示意图中,能观察到变形亚晶粒内部的晶格较为完整,但在亚晶界处却堆积了大量纠缠的位错,造成了严重的晶格畸变。这种亚晶界实际上是由位错形成的厚实的"位错壁",这与之前未变形晶粒中的尺寸较大的亚晶界有明显的区别。

3. 产生织构

金属经过塑性变形,其内部各个晶粒会沿着一定的方向发生转动。当变形量较大(如超过 70%)时,大部分晶粒的某个特定位向(无论是晶面还是晶向)将与外部施加力的方向趋于一致,从而形成形变织构。

一旦金属材料形成织构,其性能将表现出明显的各向异性,即使采用热处理手段也难以完全消除这种特性。在很多情况下,这种织构对于加工成型并不友好。例如使用带有形变织构的轧制金属板拉伸生产筒状件时,会由于材料的各向异性形成变形不均匀,从而出现"制耳"缺陷,如图3-14所示。然而,在特殊情况下,织构实际上也有优势。比如,在生产变压器铁芯的硅钢片时,会刻意让特定的晶面和晶向与磁场线方向平行,这样能够增强变压器铁芯的磁导率,从而减少磁滞损耗,大幅度提高变压器的工作效率。

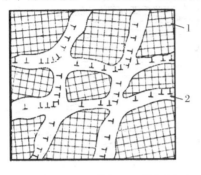
1—晶格较完整的亚晶块;2—严重畸变区
图3-13 变形亚结构示意图

图3-14 冷冲压的制耳现象

3.1.3.3 残余内应力

残余应力指当去除外部作用力后,仍然存在于金属内部的平衡内应力。根据其作用范围的不同,残余应力可以分为以下三类。

1. 宏观残余应力(第一类内应力)

金属材料或结构件发生不均匀的塑性变形,将导致在宏观范围内存在互相平衡的内应力,这种应力称为宏观残余应力,也称为第一类内应力。如图3-15所示,一个弯曲的金属板在其中性层上部区域受到拉伸,而下部受到压缩。在去除作用力后,为了保持金属板的整体性,上部被拉伸的金属会受到下部被压缩金属的约束,造成下部对上部施加的额外压应力。反之,上部金属也对下部施加额外的拉应力。这种平衡的内部应力在金属板的整体范围内分布,因此属于宏观残余应力。

宏观残余应力与外部应力同时作用,常会降低结构件的承载能力,并且,在结构件的制造或使用中,宏观残余应力的变化可能导致其应力状态遭到破坏,从而引发结构件的变形。通常这种宏观残余应力要予以消除。但在实际生产中,有时也会有意保留这种应力,并控制其方向,确保其与工作中的应力方向相反,从而增强结构件的承载能力。例如,通过滚压或喷丸等技术对结构件进行处理,可以在其表面产生有利的残余压应力,这有助于显著提高其抗疲劳性能。

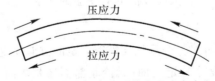
图3-15 金属板弯曲后的宏观残余应力

2. 晶间内应力(第二类内应力)

由多晶金属中各个晶粒或亚晶粒产生的变形程度不均而形成的微观层面的内部应力,

称为晶间内应力,亦称为显微应力或第二类内应力。此类应力可能导致工件内部出现微裂纹,或在极端情况下引起工件的断裂。此外,这种应力也可能加速金属的应力腐蚀过程。

以图 3-16 中表示的两个晶粒 A 和 B 为例解释晶间内应力的形成机理。A 和 B 的晶向不同,当受到外力作用时,B 晶粒的塑性变形超过 A 晶粒。当去除外力后,A 晶粒会抵抗 B 晶粒伸长,并给 B 晶粒施加一个压应力,同时,B 晶粒会对 A 晶粒施加一个拉应力。

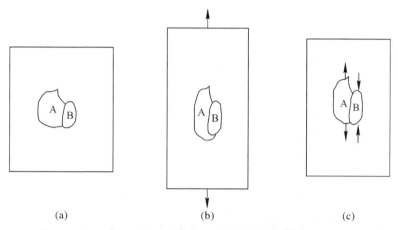

图 3-16 晶间内应力形成过程示意图
(a)试样拉伸前;(b)试样拉伸时;(c)试样拉伸后

3. 晶格畸变应力(第三类内应力)

在金属经过塑性变形后,其内部形成了大量的位错和空位等缺陷,造成部分原子偏离了原始的平衡位置,从而引起晶格畸变。这种由晶格畸变导致的附加内应力称为晶格畸变应力,也被视为第三类内应力。这种应力在金属中的作用范围相对较小,只在数百至数千个原子范围内达到平衡。在金属的塑性变形过程中,外部所施加的应力转化为残留内应力中有 90% 以上为第三类内应力,这显著增加了金属晶体的内部能量,使其处于一种不稳定的状态,具有向低能量状态自发转变的趋势。另外,这也导致金属的耐腐蚀能力减弱,并影响其某些物理和化学性质。

综上所述,金属在塑性变形中形成的位错和其他结构缺陷不仅是形成第三类内应力的主要因素,也是造成加工硬化的根本原因。因此,在变形后的金属中维持第三类内应力等同于保持加工硬化的效果。

3.2 温度对变形金属结构与性能的影响

塑性变形后的金属,其晶体的缺陷密度升高,晶格畸变加剧,内能增大,因此金属有自发恢复至原有组织结构的趋势。但在常温条件下,由于原子的扩散能力差,这种转变难以发生。若将经过冷(塑)性变形的金属加热到一定温度,使其原子的扩散能力增强,就会导致其组织结构和性能发生一系列变化,并转变至稳定状态。依据加热温度由低到高,这些变化可以被分为三个阶段:回复、再结晶,以及再结晶后的晶粒长大,如图 3-17 所示。

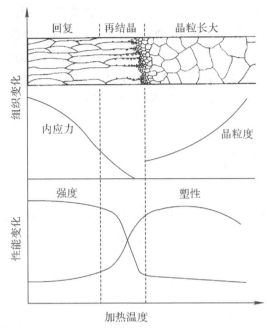

图 3-17 变形金属在不同加热温度下的组织和性能变化示意图

3.2.1 回复

当经过冷加工的金属在低于再结晶温度加热时，其内部组织结构会发生微小变化。在加热过程中，原子进行短距离的移动，这可以让一些晶体缺陷中和抵消，因此缺陷数量减少，进而降低了晶格的畸变程度。例如，点缺陷作短距离的迁移，使晶体内的一些空位和间隙原子合并而互相抵消，减少了点缺陷数量。又例如，两个刃形位错在同一滑移面上，它们多余的半个原子面分别在滑移面两边，通过位错线运动到同一位置而相互抵消，减少了位错数。

随着晶格畸变的降低，第一类和第二类内应力明显减少。这使得某些物理性能（如电导率的增加）和化学性能（如耐腐蚀性的增强）部分地恢复到冷加工之前的状态。此时，显微结构没有显著的变化，仍旧保留着原有特征。特别地，冷加工后亚晶界处聚积的位错仍大量存在，位错密度并未明显下降，加工硬化的主要原因仍然存在，因此力学性能的变化不显著。此时强度略微降低，塑性和韧性有所增加。我们称这个过程为"回复"。

工业生产经常利用回复现象来进行去应力退火。这种退火的目的是维持加工硬化（即保持第三类内应力）的同时减少第一类和第二类内应力，使某些物理和化学性能得到改善。以弹簧钢丝为例，经过冷拉处理后，其加工硬化效果导致弹性极限显著提高。在对冷拉钢丝进行冷卷制成弹簧之后，为了确保弹簧的高弹性极限并保持其加工硬化特性，同时消减由冷加工带来的第一类和第二类内应力、增强其承载及疲劳能力，保证形状及尺寸的稳定性，并避免受应力腐蚀的影响，通常会对其实施一次 230～300 ℃ 的去应力退火处理。

3.2.2 再结晶

当金属加热至较高的温度时，其内部原子的扩散能力增强，导致原本被拉伸成纤维状的晶粒开始经历形核和长大的过程。这些纤维状晶粒最终被新形成的、缺陷较少、晶格类型相同的等轴晶粒替代。这一变化显著减小了位错密度，并彻底消除了由加工引起的硬化效果以及第三类内应力。在这一过程结束后，金属的力学、物理和化学性能都恢复到了冷加工之前的状态。这种现象称为再结晶。

再结晶形核将优先发生在位错密度高且晶格畸变严重的区域。这些区域的晶体内能较高，为原子重新排列成缺陷较少的晶格提供了强大的驱动力，否则形核难以进行。在新晶核形成后，将通过原子扩散逐渐向周围生长，逐步形成新的等轴晶粒。当新形成的等轴晶粒完全替换掉原先的变形晶粒时，再结晶过程结束。

需要强调一点，如果金属的冷变形量较小，其晶体的内能不高。因此加热时它就不能进行再结晶形核，从而不会进入再结晶阶段。要明白，再结晶过程实际上只是组织形貌的变化，并不涉及相变过程。它主要是晶粒形态的变化和塑性变形导致的晶体缺陷的消除。再结晶前后晶粒的晶格类型仍然保持一致。

再结晶温度通常是再结晶出现的最低温度。为了加快再结晶过程，工业上采用的再结晶退火温度常高于再结晶温度约 100～200 ℃。当工件被加热至再结晶（退火）温度并保温一段时间后再慢速冷却，这种处理称为"再结晶退火"。使用再结晶退火的目的是去除材料的加工硬化特性，以便进行后续的加工处理。例如，在冷拉高强钢钢丝的过程中，如果整体的形变量较大，那么在中间阶段就需要多次进行再结晶退火，目的是消除加工硬化，为后续拉拔作准备。

3.2.3 再结晶后晶粒的生长

经过再结晶处理的金属，通常表现为细小且均匀的等轴晶粒结构。但随着温度的进一步升高或保温时间的延长，较大的晶粒会逐步吸收周围的小晶粒并长大，这会导致金属的力学性能降低。

晶粒在再结晶之后的生长可分为两种情况：一种是正常生长的方式，晶粒的生长速度较慢，得到细小且均匀的等轴晶粒；另一种是某些因素导致晶粒异常生长，这种异常长大的过程称作二次再结晶。

在第二种情况下，晶粒长大就会受到变形度的影响，实质上是变形均匀程度的影响。当金属塑性变形度很小时，晶格畸变小，不足以引起再结晶；而当金属材料达到 2％～10％ 的变形量时，再结晶后的晶粒可能会出现异常长大，因此这一范围的变形量称为"临界变形度"（见图 3-18）。造成此现象的原因是，在临界变形度下，金属材料的塑性变形分布不均匀，那些变形量较大的晶粒会发生再结晶，使晶粒细化；而那些只有少量变形的晶粒则不会再结晶，且这些晶粒相对较大。因此，这些大的未经再结晶的晶粒容易吞噬周围的小晶粒，促使它们进一步生长且越来越大。最终，迅速形成粗大的晶粒组织，导致金属的力学性能大幅下降。需要强调的是，所谓的二次再结晶不同于普通的再结晶，它实际上是晶粒的一种异常长大现象。

当超过临界变形度后，随变形度增加，变形愈加均匀，再结晶时形核量大而均匀，使再结晶后晶粒细而均匀,达到一定变形量之后,晶粒度基本不变。对于某些金属,当变形度过大时(>90%),再结晶后晶粒又重新出现粗化现象,一般认为这与形成织构有关。

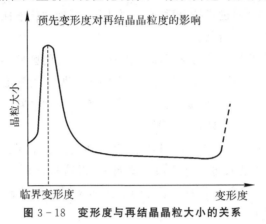

图 3-18 变形度与再结晶晶粒大小的关系

3.3 超塑性变形

3.3.1 超塑性

金属的塑性描述了金属受到外力作用时能稳定地发生永久性变形而不损害其结构完整性的能力。金属塑性的程度可以通过断裂之前的最大变形量来衡量。金属的塑性不只取决于其内部的化学组成和组织结构,还与外部变形条件紧密相关。在特定的环境中进行热变形时,金属可以进行很大的均匀塑性变形而不会出现缩颈,延伸率甚至可以达到 500%~2 000%。金属的这种特性称作超塑性。超塑性最初是在等温拉伸试验中发现的:经过微细晶粒化处理的 Zn-22% Al 合金能够表现出超塑性。在以后的研究中进一步发现,其他合金包括粗晶粒的黑色金属等,在一定条件下,其塑性都可以得到提高。近年来,具备超塑性的合金组织和控制条件正越来越多地被发掘出来。

3.3.2 超塑性形成条件

发生超塑性应具备以下三个条件。

(1)材料具有细小、等轴且稳定的双相组织结构特征。晶粒的大小通常在 0.5~5.0 μm 之间,由两相组成。其中,第二相能够抑制晶粒生长,确保在热加工时保持晶粒的稳定性,不明显长大。这些材料的类型包括共晶合金、共析合金以及析出型合金。

(2)超塑性的加工温度通常为 $(0.5\sim0.65)T_m$,而超塑性的变形与热加工中的动态回复及动态再结晶行为不同。

(3)超塑性变形需要具备低的应变速率及高的材料应变速率敏感系数。通常,应变速率应为 $10^{-2}\sim10^{-4}\ s^{-1}$,而材料的应变速率敏感系数在 0.3~0.9 之间。应变速率敏感系数反映了在特定的应变量和温度下,流变应力随着应变速率变化的关系。大多数金属材料在室温下的应变速率敏感系数范围为 0.01~0.04,而当温度上升时,这个数值可能会增加至 0.1~0.2 或更高。

3.3.3 超塑性的原因

超塑性变形的特性与热加工中的动态回复和动态再结晶不同。当前,对于超塑性变形的机制,大部分理论倾向于其是由晶界的滑动及迁移引起的。实验表明,晶界滑动并不是晶粒之间的相对滑动,而是晶界附近微小区域内发生的变形。这种变形在晶界附近区域造成大的畸变,而在高温环境中,这些畸变先是回复再软化,从而使变形在此区域持续进行,并引起了晶界滑动。

在晶界滑动过程中,晶界也会发生扩散,确保晶粒之间的联系而不断裂。晶界的扩散与空位的运动密切相关。在应力作用下,空位从垂直于应力方向的受拉晶界移至与应力方向平行的受压晶界,与此同时,原子朝反方向移动,导致在拉伸方向产生应变。

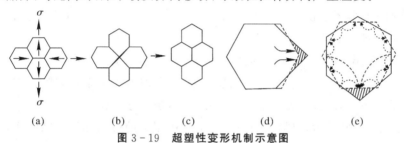

图 3-19 超塑性变形机制示意图

超塑性变形过程中的晶界滑动和扩散迁移如图 3-19 所示。四个六边形等轴晶粒在应力作用下,发生晶界滑动,同时依靠晶粒扩散,保持联结,最后,四个晶粒发生转动,形成新的组态,仍保持等轴晶粒。因此,当进行超塑性变形时,试样宏观形状的变化不是由单个晶粒的变形所导致的。实际上,它是通过晶界的滑动与扩散,引发晶粒的换位来实现的。这种变形过程仅在特定的高温条件下才会发生。

3.4 金属的热加工

3.4.1 热加工与冷加工的区别

在制造领域中,塑性成形被视为金属成形加工的重要工艺。常温下的塑性变形由于制品具有高的表面质量、准确的尺寸精度以及优异的强度特性而在工业中应用很广。然而,对于那些厚度大、变形大以及塑性低的金属制品,则经常要在高温条件下进行塑性加工。这是因为金属在高温环境中能够表现出较低的变形抗力和好的变形能力,从而无需重型设备便能达到塑性加工的目标。因此热塑性成形加工的应用范围更为广泛。

金属塑性成形工艺包括冷加工和热加工两种。在材料科学中,冷加工与热加工不是基于金属在加工时是否被加热,而是根据金属的再结晶温度来划分的。当塑性变形发生在再结晶温度以下时,被视为冷加工;而超过再结晶温度则被认为是热加工。冷加工期间,塑性变形会导致加工硬化;而在热加工中,塑性变形产生的加工硬化会被随后的回复和再结晶的软化过程所抵消,从而让金属保持恒定的塑性。因此,高熔点的金属有更高的再结晶温度和热加工温度。例如钨的再结晶温度下限是 1 200 ℃,它的加工温度必须超过这一界限,否则就被视为冷加工。相对地,像铅和锡这样的低熔点金属,其再结晶温度低于常温,因此其在室温下的变形也属于热加工,这些金属也被称为"非硬化金属"。

必须指出,由于金属的再结晶温度受变形度和杂质元素等因素影响,而加工硬化与变形是同步的,且回复和再结晶属于热扩散过程,这使得金属热加工时,往往会产生变形速度较大而软化过程却来不及消除加工硬化的作用,因此,在实际生产中,为确保热加工充分进行,通常所使用的热加工温度会远高于金属的再结晶温度。

3.4.2 热加工对材料性能的影响

尽管热加工过程不会使金属发生加工硬化,但由于存在回复与再结晶过程,金属的组织及性能也会发生明显变化。

首先,铸态金属中的气孔、疏松部分和微小裂纹在热加工过程中会被焊合,从而增大了金属的致密度。此外,可以减少甚至消除枝晶偏析,同时改善夹杂物和第二相的分布,这对于显著增强金属的机械性能,尤其是其韧性和塑性,是十分有益的。

其次,如图 3-20 所示,热加工能将铸态金属中粗大的枝晶和柱状晶细化,并在结晶中形成等轴细晶粒,显著提高金属的机械性能。但是,这与热加工的变形量以及加工终了温度密切相关。通常,变形量相对较大,而加工终了温度不能过高。

最后,热加工可以使金属中的残留枝晶偏析、可变形的夹杂物以及第二相沿着金属流动方向变形拉长(这种分布特征不会被回复和再结晶所改变),进而形成纤维状组织(或称为流线),这将导致金属的机械性能特别是塑性和韧性表现出明确的方向性,即纵向的性能优于横向的性能。因此,在热加工中,应努力使工件的流线分布达到最优。图 3-21(a)展示了锻造曲轴的优化流线分布,这可确保曲轴在工作时所受的最大拉应力与流线方向一致,而外部的剪切应力或冲击应力则与流线垂直,从而降低曲轴断裂的风险。而图 3-21(b)显示了通过切削加工制得的曲轴,其流线分布并不理想,容易在轴肩位置断裂。

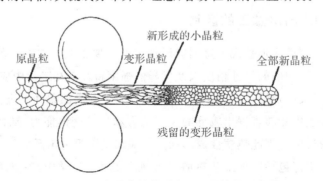

图 3-20 金属在热轧时变形和再结晶示意图

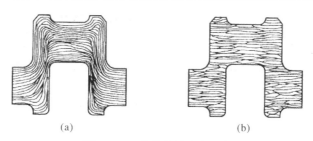

图 3-21 曲轴中的流线分布
(a)锻造曲轴；(b)切削加工曲轴

习　题

1. 何谓塑性变形、滑移线、滑移带？
2. 何谓滑移面和滑移方向？
3. 为什么原子密度大的晶面比原子密度小的晶面更容易滑移？在滑移面上滑移行进的方向是什么？
4. 比较面心立方结构、体心立方结构、密排六方结构三种金属的塑性变形能力强弱，并解释其原因。
5. 多晶体中晶界和晶粒中的不同晶面的位向对塑性变形各起什么作用？为什么晶粒细化的金属在常温下具有更高的屈服强度？
6. 金属在冷态下塑性变形后，金属组织及晶粒内的结构发生了哪些变化？对性能有什么影响？
7. 何谓加工硬化？其产生的原因是什么？在工程上应变硬化会带来哪些好处和坏处？
8. 残余应力有哪几类？通常希望零件表面上是什么残余应力？为什么？
9. 经塑性变形后的金属，随加热温度的不同，可分为哪几个阶段？这几个阶段引起的组织、结构和性能变化是什么？
10. 总结回复、再结晶和晶粒长大三个阶段的实质差别。
11. 何谓临界变形度？它的实际意义何在？
12. 冷轧纯铜薄板，如果要求保持较高强度，应作什么处理？如果要继续冷轧变薄，又该进行何种处理？
13. 超塑性变形的本质是什么？金属要具备哪些基本条件才有超塑性？
14. 热加工和冷加工的本质区别是什么？热加工时，为什么金属的热加工温度通常要高于再结晶温度？
15. 热变形加工对金属制件有哪些有益的作用？什么是纤维组织？其引起的力学性能变化是什么？

16. 请解释为什么热加工能够打碎铸态金属中的粗大枝晶。如何通过热加工来改善金属的韧性和塑性？

17. 用厚钢板割成圆饼再切削加工成齿轮，和由钢棒锻打成圆饼再切削加工成齿轮，哪种更合理？为什么？

▶拓展阅读◀

西工大刘东教授团队突破高端轴承钢"卡脖子"技术

我们身处一个飞速"旋转"的时代。高速公路上，疾驰的汽车车轮快速转动；机械设备内部，运动着的齿轮毫不停歇；……

从汽车、高铁、飞机到仪器仪表、机械装备，你几乎能从所有旋转的机械中寻找到一个共同的核心部件——轴承。而制造轴承所需的材料——轴承钢，则因其直接关乎轴承的寿命和可靠性，被誉为"钢中之王"。

近年，西北工业大学材料学院刘东教授和其团队研发的强力旋轧（PTR）技术（见图1），打破了国外巨头技术垄断，突破了我国轴承钢"卡脖子"技术，破解了行业难题。

直径：$\phi 30 \sim \phi 160$ mm，D/S：$4 \sim 32$，L：$300 \sim 6\,000$ mm

图1 运用 PTR 技术生产的成品

小零件的大难题

轴承的工作环境严峻而复杂，不仅要高速稳定地旋转，而且要承受强力的挤压、摩擦，甚至要经受住超高温的"历练"。因而人们对轴承钢的质量和可靠性提出了更为严苛的要求。

轴承钢属于高碳钢，其含碳量在钢中比较高。如果碳化物分布不均匀且呈大块状，就会严重影响质量。刘东教授对此解释说："就像揉面的时候撒了一把盐，要是面没有揉碎揉匀，那么面里就都是又咸又硬的疙瘩。""让盐更细小均匀地分布在面里"就是刘东教授和其团队追求的目标。

"还是以揉面为例，你揉的变形越大，越能揉得均匀，揉好的关键就在于怎么'揉'。"刘东教授和其团队创新性地提出的"强力旋轧技术"，利用曼内斯曼效应，在径向轧制的同时施加强力旋转，依靠连续局部压扭复合变形，实现轴承管材碳化物均匀细小弥散（见图2）。简而言之，这一技术在揉面的时候让面的3个方向都变形，而且变形的数值非常大，可谓把面揉得又透又劲道。

听起来逻辑很简单,其中蕴含的却是刘东教授和其团队孜孜不倦的追求与艰辛探索。他们十年磨一剑,经过不断的攻关测试,终于突破技术瓶颈,研究出"3 个世界首创",申请到 66 项发明专利[强力旋轧(PTR)技术就是其中一项]。

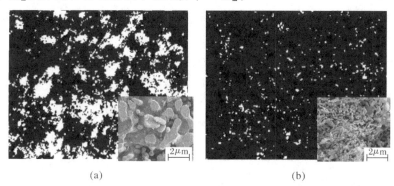

图 2　与传统技术相比,PTR 技术可得到更为细小弥散的碳化物

(a)传统方法(GCr15);(b)PTR 技术(GCr15)

PTR 技术或为汽车制造行业带来新变革

据刘东教授介绍,中国轴承行业已形成近 2 000 亿元的行业销售规模,而且每年以 12%～15%的速度增长,但生产的轴承还是以中低端和中小型为主。其中汽车轴承占 40%左右,轴承钢中的夹杂物与碳化物的质量控制水平低,严重影响了国产汽车用轴承的寿命与可靠性。强力旋轧技术的出现或将有力改变这一现状。

实验室数据显示,运用强力旋轧(PTR)技术,晶粒尺寸由原来的 50 μm 细化至 10 μm,碳化物尺寸仅为原先的 1/10。首次将 100 年来一直徘徊在 600～700 HV 的 GCr15 轴承钢硬度提高至 900 HV 以上(见图 3),达到世界顶尖水平。除此以外,采用 PTR 技术后轴承寿命和可靠性得到大幅度提高,平均寿命达到计算寿命的 26 倍,可靠性达 99.9%。更令人惊喜的是,PTR 技术可以显著提高材料利用率,且生产流程可缩短 2/3,真正在绿色发展上见实效。

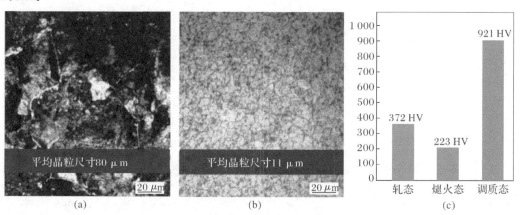

图 3　相较于传统技术,PTR 技术单道次晶粒细化程度高

(a)传统方法(GCr15);(b)PTR 技术(GCr15);(c)维氏硬度

目前,通过PTR技术改性的轴承钢已在多个项目中得到运用,完全满足了高质量要求,将该技术运用到其他材料中,也取得了非常良好的效果,其运用于钛合金和高温合金中属于世界首创。

科技自立自强是促进发展大局的根本支撑,让创新驱动发展,是西工大和西工大科技工作者们长期以来不懈努力的方向。

来源:西工大新闻网(https://news.nwpu.edu.cn/index.htm),2021-4-1,有改动。

第4章 合金的相结构及相图

与纯金属相似,合金的凝固过程同样是在过冷状态下进行的形核及晶核长大。但是由于合金包含有两种或更多的组元,因此除了结晶过程受温度的影响,化学组成及组元间的相互作用也会对其结晶行为产生影响,这使得合金的结晶过程比纯金属更为复杂。为了深入了解和掌握合金在凝固过程中组织的形成和转变规律,探究合金的组织、成分和性能之间的关系,利用好合金相图这一关键工具是至关重要的。

4.1 合金的相结构

合金可定义为由两个或多个元素构成并具有金属性质的材料。这些构成合金的元素可以都是金属,如黄铜(由铜与锌组成),或者是金属与非金属的结合,例如碳钢(由铁和碳组成)。相比纯金属,合金表现出更高的强度、硬度和抗磨损性能,因此成为工程领域中最常用的金属材料。

在合金中最基本的、独立存在的物质称作组元。虽然合金的组元通常是组成合金的各个元素,但某些稳定化合物也可被视为组元。基于合金中组元的数量,将由两种组元形成的合金命名为二元合金,而将含有三种或更多组元的合金被视为多元合金。

合金中的元素相互作用会形成多种不同的相。所谓相,就是在合金中物理和化学性质均匀并与系统的其他部分通过界面分隔的区域。如在液体与固体共存的系统中存在的液相与固相。单一的固态金属通常只包含一个相,但合金中可能存在多个相。由于它们的形成条件各异,这些相会展现出不同的数量、形态和尺寸。在微观条件下观察,能够分辨出具有不同微观形貌的组织。

固态合金中的相主要可以分为两类:一种是其晶体结构与某个组成元素的晶体结构相同,此种固相称为固溶体;而另一种是相的晶体结构与合金中任何元素的晶体结构都不一致,这样的固相称为金属间化合物。

4.1.1 固溶体

当合金的组元通过相互溶解生成具有均匀成分和性质并且其晶体结构与其中一个组元

相同的固相时,称为固溶体。与固溶体晶体结构相同的组元称作溶剂,通常在合金中的含量较多;而其他组元则称为溶质,通常含量较少。固溶体常用符号 α、β、γ 等来表示。

4.1.1.1 固溶体的分类

基于溶质原子在溶剂晶格中所占据的位置,可以将固溶体划分为置换固溶体和间隙固溶体两大类。

1. 置换固溶体

当溶质原子占据溶剂晶格特定的结点位置时,生成的固溶体称作置换固溶体,具体结构如图 4-1(a)所示。一般而言,当溶剂和溶质原子的尺寸相近,直径差异较小时,容易产生置换固溶体。例如,在合金中,元素如 Mn、Cr、Si、Ni、Mo 等都能与 Fe 组成置换固溶体。在这类固溶体中,溶质原子在溶剂晶格中的分布大多是随机的。然而,某些合金在特定情况下(如经过结晶后的缓慢冷却过程),通过原子迁移,溶质原子可能会有序排列,这样的固溶体称为有序固溶体。有序固溶体是固溶体与化合物的中间相,其硬度和脆性较高,而塑性及电阻较低。

基于溶质在溶剂中的溶解度大小,置换固溶体可以进一步分为有限固溶体和无限固溶体。当两种组元的晶格结构相同,原子大小相近,且在周期表中的位置接近时,它们的固溶度更大,甚至可以接近 100%,这种情况就称为无限固溶体。但实际上,绝大多数合金无法达到上述标准。虽然在液态下组元间可以达到无限互溶,但一旦固化,置换固溶体的固溶度往往有限,从而形成有限固溶体。有限固溶体的固溶度不仅与组元的晶体结构、价电层结构、原子大小等相关,还受温度的影响。随着温度的升高,固溶度也将增大。因此,那些在高温下饱和的有限固溶体,在冷却时由于固溶度减小可能导致固溶体分解并析出其他相。

2. 间隙固溶体

当溶质原子位于溶剂晶格的间隙空间时,形成的固溶体称作间隙固溶体。在此,溶质原子并不占据晶格的常规位置,具体结构可参照图 4-1(b)。

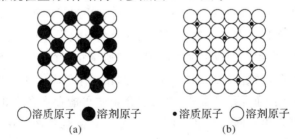

图 4-1 固溶体的晶体结构示意图
(a)置换固溶体的晶体结构示意图;(b)间隙固溶体的晶体结构示意图

当溶质原子和溶剂原子的直径比值小于 0.59 时,才能形成间隙固溶体。通常情况下,这种固溶体由原子尺寸较小的非金属元素(如 C、N、H、B、O 等)溶解到过渡族金属晶格间隙中产生。需要注意的是,所有的间隙固溶体都属于有限固溶体,这是由于溶剂晶格中的间隙数量总是有限的。

4.1.1.2 晶格畸变

在固溶体中,当溶质原子进入溶剂金属晶格时,它会局部干扰溶剂原子的规则排列,从而引起晶格发生一定程度的扭曲或变形,这种现象称为晶格畸变,如图 4-2(a)所示。

在间隙固溶体中,溶质原子溶入溶剂晶格的空隙后,将使溶剂晶格常数增大而发生晶格畸变。固溶度越高,晶格畸变越严重。置换固溶体虽然保持了溶剂的晶体结构,但由于各组元间的原子半径不可能完全相同,从而也会形成晶格畸变,如图 4-2(b)(c)所示。组元间原子半径差别越大,晶格畸变的程度就越大。

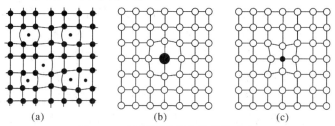

图 4-2 溶质原子引起的晶格畸变

4.1.1.3 固溶体的性能

不管是置换固溶体或间隙固溶体,由于溶质和溶剂原子的尺寸均存在差异,均会导致晶格发生畸变。这种晶格畸变增大了对位错运动的阻碍作用,使滑移变形更为困难,从而导致固溶体的硬度、强度提高,而塑性和韧性降低。这种通过添加特定溶质元素来提升金属硬度和强度的方法称为固溶强化,它是增强金属材料性能的主要手段之一。

经验表明,固溶体的强度、塑性和韧性可以达到一个良好的平衡。通过适当调节固溶体中的溶质含量,可以在显著增强金属材料的强度、硬度的前提下,同时获得优良的塑性和韧性。例如,在低碳合金钢中,通过添加 Mn、Si 等元素增强铁素体的同时,仍能使合金维持出色的塑性和韧性。实际上,大部分应用于实际生产的金属材料既包括单相固溶体合金,也有以固溶体为基体的多相合金。

4.1.2 金属间化合物

金属间化合物产生于合金组元之间的相互作用,其晶体结构和性质与合金中每个组元均不同。它的组成通常可以通过分子式简单地表示。除了离子键和共价键,金属键也在某种程度上存在于金属间化合物中,这使得金属间化合物拥有一些金属特性,如导电能力。

通常,金属间化合物表现出相对较高的熔点、硬度和脆性。当合金中含有金属间化合物时,它的强度、硬度和耐磨性会得到提升。与此同时,塑性和韧性则有所下降。考虑到金属间化合物的形成机制和其独特的结构特征,可以将其分为三种主要类型。

4.1.2.1 正常价化合物

在元素周期表中,位置相隔较远且具有明显不同电化学特性的两种元素,往往易于形成正常价化合物。这类化合物通常遵循常规的原子价规律,并具有确定的成分,这些成分可以通过化学式(如 Mg_2Si、Mg_2Sb_3、Mg_2Sn、Cu_2Se 等)来表示。

正常价化合物通常表现出高硬度和高脆性。当它们在固溶体中弥散分布时,会充当增强相,可以增强合金的强度、硬度及耐磨性,但同时可能导致其塑性和韧性的下降。

4.1.2.2 电子化合物

由第一族或过渡族元素与第二至第四族元素构成的化合物称为电子化合物。这类化合物不遵守常规的原子价规律,而是依据电子浓度规律进行结合。这里的电子浓度指的是合金中化合物的价电子数与原子数的比值。虽然电子化合物也可用化学式表示,但其实际成分可以在一定范围内变化,并能够溶解一定量的固溶体。

电子化合物的结合以金属键为主,表现出明显的金属特性,具有导电能力。这些化合物的熔点和硬度都较高,但塑性并不强。它们通常在合金中,特别是有色金属合金中,作为强化相存在。这种化合物的结构与电子浓度有关。例如,当电子浓度为 3/2 时,电子化合物的晶体结构为体心立方(β 黄铜结构);当电子浓度为 21/13 时,电子化合物的晶体结构为复杂立方结构(γ 黄铜结构);当电子浓度为 7/4 时,晶体结构为密排六方结构(ε 黄铜结构),在相图上是一个区域。电子化合物性能十分硬脆,是合金组织中的一种重要组成相。

4.1.2.3 间隙化合物

间隙化合物是由过渡族金属元素与 C、N、H、B 等原子尺寸较小的非金属元素组成的。在这种化合物中,较大的过渡族元素原子位于晶格格点位置,而较小的非金属原子则有序地存在于晶格的空隙中。根据结构特点,可以将间隙化合物划分为两类:间隙相与复杂结构间隙化合物。

当非金属原子半径与金属原子半径之比小于 0.59 时,会形成具有简单晶格的间隙化合物,称为间隙相。一些常见间隙相及其晶格类型可参考表 4-1。这类间隙相表现出明显的金属性质,并拥有很高的熔点和硬度(见表 4-2),稳定性很好。在间隙相被合理地引入合金后,可以显著提升合金的强度、热强性、红硬性和耐磨损性能,尤其是高合金钢和硬质合金中的重要组成相。

表 4-1 常见间隙相的化学式与晶格类型

间隙相的化学式	钢中可能遇到的间隙相	晶格类型
M_4X	Fe_4N、Nb_4C、Mn_4C	面心立方
M_2X	Fe_2N、Cr_2N、W_2C、Mo_2C	密排六方
MX	TaC、TiC、ZrC、VC	面心立方
	TiN、ZrN、VN	体心立方
	MoN、CrN、WC	简单六方
MX_2	VC_2、CeC_2、ZrH_2、LaC_2	面心立方

当原子半径比值超过 0.59 时,会形成一种结构复杂的间隙化合物。例如,钢中的 Fe_3C、$Cr_{23}C_6$、FeB、Cr_7C_3 和 Fe_2B 等都属于此种化合物。其中,Fe_3C 为铁碳合金的重要组成相,是复杂的斜方晶体结构。Fe_3C 中部分铁原子会被如 Mn、Cr、Mo、W 等金属原子替代,从而生成以间隙化合物为溶剂的固溶体,例如 $(Fe、Mn)_3C$ 和 $(Fe、Cr)_3C$。尽管这些复杂结构间隙化合物同样具有高熔点和高硬度,但其值要略低于间隙相,在合金钢中也能起到强

化作用。

表 4-2 钢中常见碳化物的硬度及熔点

类 型	间隙相							复杂结构间隙化合物	
成 分	TiC	ZrC	VC	NbC	TaC	WC	MoC	$Cr_{23}C_6$	Fe_3C
硬度(HV)	2 850	2 840	2 010	2 050	1 550	1 720	1 480	1 650	约 800
熔点/℃	3 080	3 472±20	2 650	3 608±50	3 983	2 785±5	2 527	1 577	1 227

作为工程材料,尽管化合物具有较高的硬度,但高脆性使其不能单独使用。而完全由单一固溶体组成的合金,其强度往往不能达到工业标准。因此,大多数的工业合金实际上是固溶体与少数化合物组成的多相混合物。通过微调固溶体中的溶质含量和控制化合物的形态、数量、尺寸及分布,合金的机械性能就可以在大范围内调整,从而满足各种工程的实际需求。

4.2 二元合金相图

固态下的金属一般是由固溶体和金属间化合物或是由多种固溶体组成的。为深入探索合金性能与其成分之间的关系,需掌握特定成分的合金在结晶时的组织特性及其变化机制。合金的性能取决于其内部物质的种类及其组合方式;要了解合金的结构与其性能之间的关系,需要明确合金的结晶过程及组成物的形成和演变规律。以上内容便是相图研究的主题。

4.2.1 相图的基本概念

相图描述了温度、组分以及相之间的关系。具体指在一个合金系中,合金成分确定后,从相图中能确定不同温度下相的组成以及这些相之间的平衡关系。而合金系是指由至少两种以上组元按照不同比例组合的一系列不同成分的合金。相图也被称作平衡图或状态图。

平衡(又称相平衡)描述的是合金中参与结晶或相变过程的各相的相对质量和相对浓度保持不变时的状态。

4.2.1.1 二元合金相图的建立

二元合金相图,一般可采用热分析法、热膨胀法、电阻法及 X 射线结构分析法等实验方法进行测绘,其中最常用的方法是热分析法。测定的关键是准确地找到合金的熔点和固态转变温度——临界点或特征点。

以 Cu-Ni 合金为实例阐述利用热分析法构建相图的过程:

(1)配置表 4-3 中的各种成分的 Cu-Ni 合金样本,以供热分析试验使用。

(2)使用热分析仪,测量每一合金样本的冷却过程曲线,并标记出曲线中的关键点(例如转折点或"平台"段)的温度。

(3)构建温度-成分坐标图,在与相应合金成分的垂线上标记临界点的温度。

(4)连接具有相同意义的点,并在各区域标出存在的相,即完成 Cu-Ni 合金相图的绘制工作,如图 4-3 所示。

表 4-3 Cu-Ni 合金成分

编号	1	2	3	4	5	6
w_{Cu}/(%)	100	80	60	40	20	0
w_{Ni}/(%)	0	20	40	60	80	100

这是一种最基本的二元相图。实际绘制相图时,远不止于只配置上述六种合金,而是要熔配出成分相差不大的一系列合金,从而得到一系列冷却曲线,从冷却曲线上得到一系列的相同特征点。相同特征点数量越多,连接这些特征点而形成的相图就越准确。

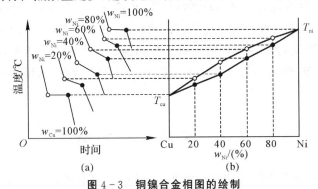

图 4-3 铜镍合金相图的绘制
(a) 不同成分合金冷却曲线;(b) 铜镍合金相图

4.2.1.2 相图的物理意义

相图上每个点、线、区均有一定的物理意义。如图 4-4 所示,横坐标左端为 100% Cu,右端为 100% Ni,从左到右表示 Ni 的质量分数的变化。A、B 点分别为 Cu 和 Ni 的熔点。连接起来的曲线将相图划分成三个相区。AcB 线为液相线,该线以上为液相区,合金为液态。AdB 为固相线,该线以下为固相区,合金为固态。两曲线之间为液、固二相共存区。图中的每一点表示一定成分的合金在一定温度时的稳定状态。举例来说,M 点代表了 Ni 质量分数为 30% 的 Cu-Ni 合金在 1 200 ℃时为液态(L)和固态(α)的双相状态;而 N 点则表示质量分数为 60% Ni 的 Cu-Ni 合金在 1 000 ℃时,是固态(α)的单相状态。两相区的存在说明,Cu-Ni 合金的结晶是在一个温度范围内进行的。

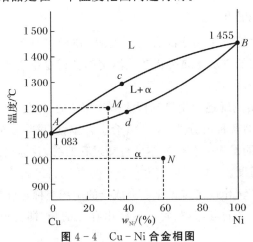

图 4-4 Cu-Ni 合金相图

此外，液相线和固相线还揭示了，在缓慢冷却条件下，当液态与固态共存时，液固相的化学成分是如何随温度变动的。即液相的成分会沿着液相线进行变化，而固相的成分沿固相线进行变化。这在后续的相图解析中会有进一步的讨论。

4.2.2 相图的基本类型

Cu-Ni 合金的相图相对简单，但许多合金的相图要复杂得多。无论其复杂程度如何，都可以是由几种基础相图组合而成的。现在探讨一些基本的二元相图。

4.2.2.1 二元匀晶相图

当从液态直接结晶生成固溶体时，这个过程称为匀晶反应。仅发生匀晶反应的相图称作匀晶相图。在匀晶相图中，两种组元在液态和固态都能无限互溶。具有此类相图的二元合金系包括 Cu-Ni、Cu-Au、Au-Ag 等。接下来以 Cu-Ni 合金为例，探讨匀晶相图及其合金的结晶过程。

1. 相图分析

图 4-4 所示的 Cu-Ni 合金相图为标准的匀晶相图。液相线（AcB 线）与固相线（AdB 线）标明了合金系在平衡冷却过程中的结晶起点和终点，以及在加热过程中的熔化起点和终点。L 代表由 Cu 和 Ni 组成的液相，α 表示由 Cu 和 Ni 组成的无限固溶体。图示中存在两个单相区域：位于液相线上方的 L 相区和位于固相线下方的 α 相区。此外，图中还显示了一个双相区域：位于液相线与固相线之间的 L+α 相区。

2. 合金的结晶过程

以 Ni 质量分数为 w 的 Cu-Ni 合金为例，探讨其结晶过程。此合金的冷却曲线和结晶过程如图 4-5 所示。

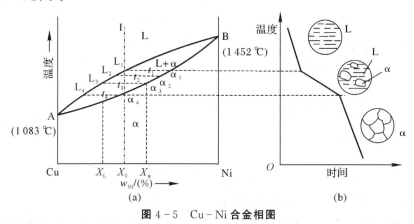

图 4-5 Cu-Ni 合金相图

合金在缓慢冷却过程中到达 L_1 点之前，保持单一的液相，成分保持不变，仅温度在下降。当冷却达到 L_1 点时，液相开始析出 α 固溶体。到 $α_4$ 点时，合金完全变为 α 固溶体。在 L_1 点到 $α_4$ 点的过程中，液相和固相两者共存。如果从 $α_4$ 点继续冷却至常温，合金只有温度下降,其组织结构和成分保持不变,仍为单一的 α 固溶体。

在液相和固相的共存区域内,随着温度下降,液相部分不断减少,固相部分逐渐增多。此外,液相和固相的成分也会因为原子的扩散而发生改变。当合金温度处于 $t_1 \sim t_4$ 区间时,液相的成分由温度水平线与液相线的交点确定,固相的成分则由温度水平线与固相线的交点确定。因此,在两相共存区域,液相的成分沿着液相线变化,固相的成分沿着固相线变化。这种现象对于其他具有相同性质的两相区域也是如此。换句话说,处于平衡状态的两种相的成分,会分别沿着两相区的两条边界线发生变化。

从这里可以看出,合金的凝固过程与纯金属的凝固有所不同,归纳为以下几点:

(1)合金开始凝固的温度与成分有关;

(2)纯金属的结晶过程是一个恒温过程,即有固定熔点,而合金的凝固是在一个温度区间内进行的,是一个变温结晶过程;

(3)α 固溶体从液相中结晶的过程同纯金属一样,也包含形核和长大两个阶段,但其生长方式更倾向于呈现树枝状长大。

在金属液体凝固结晶的过程中,随着凝固结晶的进行,系统将发生相的转变(例如由液态转变为固态),在一定温度下存在的各相有着不同的成分。在平衡转变中,随着温度的降低,各相的成分也在变化。但在整个结晶过程中,系统的平均成分恒为 w。

3. 杠杆定律

如前所述,在合金结晶时,各相的组成和它们的相对含量都在持续地发生变化。在不同条件下,这些相的组成和相对比例可以通过杠杆定律来计算。

设在图 4-6(a)中质量分数为 w,合金的总质量为 m,在温度 T_1 时的液相的质量分数为 w_L,对应的质量为 m_L,固相的质量分数为 w_α,对应的质量为 m_α,则有公式

$$\left.\begin{array}{r} m_L + m_\alpha = m \\ m_L w_L + m_\alpha w_\alpha = mw \end{array}\right\} \quad (4-1)$$

式中: w ——总质量分数;

m ——合金的总质量;

w_L, m_L ——液相的质量分数和对应的质量;

w_α, m_α ——固相的质量分数和对应的质量。

解此方程组,可得

$$\frac{m_L}{m_\alpha} = \frac{w_\alpha - w}{w - w_L} = \frac{\overline{cb}}{\overline{ab}} \quad (4-2)$$

式中: $\overline{cb}, \overline{ab}$ ——图 4-6(b)中的固相和液相的力臂长度。

由此得出结论,某合金两相的质量比等于这两相成分点到合金成分点距离的反比。这与力学中的杠杆原理类似,所以此法则也叫做杠杆定律,如图 4-6(b)所示。杠杆定律仅在相图的双相区域内且为平衡状态时适用。杠杆的两端表示在特定温度下两个相的成分,而中心支点代表合金的成分点。

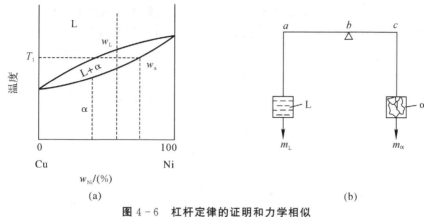

图 4-6 杠杆定律的证明和力学相似

4. 非平衡结晶与枝晶偏析

在固溶体结晶过程中,其成分是在不断发生变化的。在缓慢冷却状态下(平衡结晶态),原子扩散非常充分,从而形成的固溶体具有均匀的成分。

在实际生产过程中,很难实现平衡结晶。由于冷却速度相对较快,即便液态中的原子能够及时扩散,但固相中的原子也很难进行扩散,从而导致先结晶的固溶体中心与后结晶的晶粒边缘具有不同的成分。这种现象称为晶内偏析。再者,由于金属在结晶时主要采用枝晶形式生长,这种偏析多呈现树枝状结构,因此先结晶的枝干与后结晶的枝间存在成分差异,这也称为枝晶偏析。

枝晶偏析会对合金的性能造成不良影响。因此,在生产中,常常将存在晶内偏析的合金加热至高温(比固相线低约 100 ℃),并进行长时间的保温处理。这一处理可以促进原子从浓度较高的区域向浓度较低的区域充分扩散,从而消除枝晶间的偏析现象,最终获得成分均匀的固溶体。这种处理方法通常称为扩散退火或均匀化处理。

4.2.2.2 二元共晶相图

当两组元在液态可以无限互溶,但在固态只能有限互溶或完全不互溶,并且在冷却过程中发生共晶反应时,这种相图称为共晶相图。例如,Pb-Sn、Ag-Cu 和 Al-Si 等合金相图都属于共晶相图。某些陶瓷材料,如 Al_2O_3-ZrO_2 也具有共晶相图的特点。

现在以 Pb-Sn 合金为例,探讨共晶相图及其合金的结晶行为。

1. 相图分析

图 4-7 为 Pb-Sn 合金相图。由图可见 α 固溶体、β 固溶体和 L 液相,α 固溶体由溶剂 Pb 和溶质 Sn 组成;而 β 固溶体则是以溶剂 Sn 和溶质 Pb 组成。

图 4-7 中包含三个单相区:α、β 和 L;三个双相区:L+α、L+β 和 α+β;一条直线(cde)表示 α、β 和 L 三相共存的状态。adb 线为液相线,$acdeb$ 线为固相线。cf 线是 Sn 在 α 相中的固溶度线,eg 线则表示 Pb 在 β 相中的固溶度线。a 和 b 分别对应 Pb 和 Sn 的熔点。

在 cde 水平线所对应的温度下,成分为 $w_{Sn}=61.9\%$ 的 L 相将同时结晶出成分为 $w_{Sn}=19.0\%$ 的 α 相和成分为 $w_{Sn}=97.5\%$ 的 β 相,即:$L_d \xrightarrow{恒温} \alpha_c + \beta_e$,这种转化称为共晶反应。$cde$

线称作共晶线,而 d 点的成分称为共晶成分,d 点的温度称为共晶温度。共晶转变生成的产物称为共晶组织或共晶体,是一种均匀的机械混合物。所谓的机械混合物是指合金组成物在固态下按照特定的质量比混合成的新物质,其中各个成分都保留了其原有的晶格结构和性质。混合物的性质介于其各组成物之间。机械混合物可能是纯金属、固溶体或金属化合物的混合,或是它们之间的组合。这种共晶体实际上是 α 和 β 两种固溶体的均匀机械混合产物。

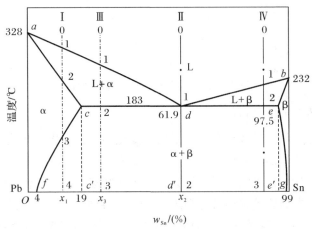

图 4-7　Pb-Sn 合金相图及所讨论的成分

2. 合金的结晶过程

基于 Pb-Sn 合金的组成与结构特性,可以将其合金系划分为固溶体合金、共晶合金、亚共晶合金以及过共晶合金四种类型。接下来探讨 Pb-Sn 合金系各种类合金(见图 4-8)的晶体形成过程与其组织特征。

(1)合金 I 的结晶过程。由图 4-7 可见,这一合金在缓冷到 3 点温度以前,完全是按匀晶相图反应进行的,开始结晶出来的 α 称为一次晶。匀晶反应完成后,在 2、3 点之间,合金为均匀的 α 单相组织。当温度降到 3 点碰到 α 溶解度线 cf 时,α 中固溶的 Sn 量已达饱和。随温度下降,由于 α 的浓度处于过饱和状态,于是便从 α 中不断析出细粒状的 β 相,这称为二次晶 $β_{II}$,其数量随温度下降逐渐增加,这类二次晶由于析出温度较低不易长大,所以一般都十分细小。运用杠杆定律,两相的相对质量为

$$w_\alpha = \frac{x_1 g}{fg} \times 100\% \tag{4-3}$$

$$w_\beta = \frac{f x_1}{fg} \times 100\% \tag{4-4}$$

综合上述分析可知,合金 I 的结晶过程为"匀晶反应 + 二次析出"。常温条件下,该合金的组织为 $α + β_{II}$,但相比于 α 的含量,$β_{II}$ 的量明显较少。其组成相是 f 点成分的 α 相和 g 点成分的 $β_{II}$ 相。图 4-8 是其冷却曲线及组织变化示意图。

(2)合金 II 的结晶过程。合金 II 为含有 61.9% Sn 的共晶成分,称为共晶合金。图 4-9 为其冷却曲线及组织演变过程。当合金 II 从液态逐渐冷却至温度 1 时,发生共晶转变,L 相开始结晶,同时形成 α 固溶体和 β 固溶体的两相机械混合物。这一转变在 1 点温度一直进

行到液相完全消失为止,这时合金全部为共晶组织(α+β)。共晶体中 α、β 固溶体的相对质量可用杠杆定律计算,结果如下:

$$w_\alpha = \frac{de}{ce} \times 100\% \tag{4-5}$$

$$w_\beta = \frac{cd}{ce} \times 100\% \tag{4-6}$$

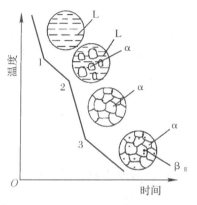 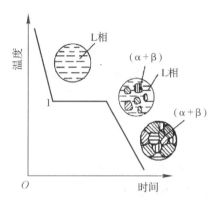

图 4-8　合金Ⅰ的冷却曲线及组织变化示意图　　图 4-9　合金Ⅱ的冷却曲线及组织变化示意图

随着冷却过程的持续,共晶组织中 α 和 β 的成分将按照固溶度曲线 cf 与 eg 进行变化,同时从中分别析出 $α_Ⅱ$ 与 $β_Ⅱ$。考虑到共晶组织是一个微细的混合物,其中的二次晶体析出难以观察,且二次晶体在共晶组织中的析出量相对较少,通常可以忽略不计。

因此,合金Ⅱ的结晶过程为"共晶反应+ 二次析出",它在常温下的平衡组织为(α+β)共晶组织。

(3)合金Ⅲ的结晶过程。合金Ⅲ的成分介于点 $c\sim d$ 之间,称为亚共晶合金。其冷却过程及组织演变如图 4-10 所示。

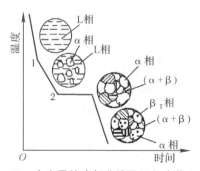

图 4-10　合金Ⅲ的冷却曲线及组织变化示意图

当合金冷却至 1 点温度时,发生匀晶反应形成 α 固溶体,此为初生固溶体。在 1 点温度~2 点温度的冷却过程中,基于杠杆定律,初生 α 固溶体的成分按 ac 线变化,而液相成分则沿 ad 线变化,此过程中初生 α 相越来越多,液相越来越少。刚到达 2 点温度时,合金正好由 c 点的初生 α 相和 d 点的液相组成。随后,d 点的液相迅速在恒温下发生共晶反应,形成(α+β)共晶组织,而初生 α 相保持稳定。共晶反应持续一段时间后结束,合金由初生 α 相与

(α+β)共晶体组成。随着温度继续下降,初生 α 相中开始不断析出 $β_{II}$ 相,其成分从 c 点变化至 f 点。此刻共晶体如前描述,其形状、成分和总量维持稳定。室温下,合金的组成相为 α 及 β,各相的相对质量为

$$w_α = \frac{x_3 g}{fg} \times 100\% \quad (4-7)$$

$$w_β = \frac{f x_3}{fg} \times 100\% \quad (4-8)$$

合金的平衡组织为初生 α + $β_{II}$ +(α+β),利用两次杠杆定律可以计算出它们的相对质量。基于结晶过程分析可知,当合金刚达到 2 点温度且尚未发共晶反应时,合金由 c 点的初生 α 相($α_c$)和 d 点的液相(L_d)组成,这两者的相对质量为

$$w_{α_c} = \frac{2d}{cd} \times 100\% \quad (4-9)$$

$$w_{L_d} = \frac{c2}{cd} \times 100\% \quad (4-10)$$

其中,液相经共晶反应后完全转化为(α+β)共晶体。这部分的液相质量即为室温组织中共晶体(α+β)的质量,为

$$w_{(α+β)} = w_{L_d}\% = \frac{c2}{cd} \times 100\% \quad (4-11)$$

初生 $α_c$ 相在冷却的过程中不断析出 $β_{II}$ 相,冷却至室温后转变为 $α_f$ 与 $β_{II}$。根据杠杆定律,$β_{II}$ 在 $α_f + β_{II}$ 的总质量中的比例为 $\frac{fc'}{fg} \times 100\%$(注意杠杆的支点位于 c');$α_f$ 的质量分数为 $\frac{c'g}{fg} \times 100\%$。考虑到 $α_f + β_{II}$ 的总质量与 $α_c$ 相等,即 $α_f + β_{II}$ 在整个合金中的质量分数为 $\frac{2d}{cd} \times 100\%$,所以在合金室温组织中,$β_{II}$ 和 $α_f$ 分别所占的相对质量分别为

$$w_{β_{II}} = \frac{fc'}{fg} \cdot \frac{2d}{cd} \times 100\%$$

$$w_{α_f} = \frac{c'g}{fg} \cdot \frac{2d}{cd} \times 100\%$$

这样,合金Ⅲ在室温下的三种组织组成物的相对质量为

$$w_α = \frac{c'g}{fg} \cdot \frac{2d}{cd} \times 100\%$$

$$w_{β_{II}} = \frac{fc'}{fg} \cdot \frac{2d}{cd} \times 100\%$$

$$w_{(α+β)} = \frac{c2}{cd} \times 100\%$$

所有成分位于 cd 区间的亚共晶合金,其结晶过程与合金Ⅲ一致,但组织组成和组成相的相对质量有所不同。其结晶过程都是"匀晶反应 + 共晶反应 + 二次结晶"。当合金成分越接近共晶点时,其共晶体含量就越多。

(4)合金Ⅳ的结晶过程。合金Ⅳ的成分多于共晶成分,称为过共晶合金。其冷却曲线及

组织变化如图 4-11 所示。从图中可以观察到,合金Ⅳ的结晶行为与合金Ⅲ(即亚共晶合金)有很多相似之处。其结晶过程同样包括"匀晶反应＋共晶反应＋二次结晶"。它们的区别在于,合金Ⅳ在匀晶反应中,初生相是 β 固溶体;而二次结晶是初生 β 相析出 $α_Ⅱ$ 相。因此,其在室温下的组织为 β、$α_Ⅱ$ 及(α+β)。

综上可知,合金系在液态冷却至室温时,f 点及其以左成分的合金的组织为单相 α,α 相的成分即为母材合金的成分;g 点及其以右成分的合金的组织为单相 β,β 相的成分即为母材合金的成分。f 点至 g 点之间成分的合金组织由 α 和 β 两相组成,α 相的成分为 f 点的成分,β 相的成分为 g 点的成分,α 和 β 两相的算术平均成分等于母材合金的成分;但不同成分的母材合金,依杠杆定律可知组织中的 α 和 β 相的相对数量将是不同的。根据以上分析可知,在相图中室温组织自左至右相继为 α、α+$β_Ⅱ$、α+$β_Ⅱ$+(α+β)、(α+β)、β+$α_Ⅱ$+(α+β)、β+$α_Ⅱ$、β。

合金的组织对其性能有直接影响,所以为了使相图能更清楚地反映其实际意义,往往在相图的各个区域中标注相应的组织组成物,如图 4-12 所示。利用这种相图,可以很容易地知道当成分和温度确定时合金的室温组织,从而估计合金的大致性能。

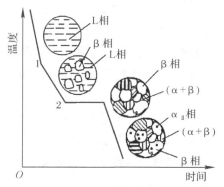

图 4-11 合金Ⅳ的冷却曲线及组织变化示意图

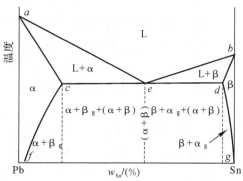

图 4-12 标注组织组成物的示意图

4.2.2.3 二元包晶相图

当某些合金凝固至一定温度时,已形成的一定成分的固相与剩余的液相(成分确定)形成一种新的固相,此现象称为"包晶转变"。液态下两种组元无限互溶,而固态时有限互溶并伴随包晶转变的相图被称为二元包晶图。Cu-Sn、Cu-Zn、Ag-Sn、Fe-C 等合金系常存在这种相图。

下面以 Pt-Ag 系为例进行分析。

1. 相图分析

图 4-13 为 Pt-Ag 合金相图。从图中可以看出,这两种组元在液态中完全互溶,但在固态中仅部分互溶,产生有限的固溶体,并伴有三相平衡的包晶转换。相图中各条相变线的含义与共晶相图中的相变线类似,唯独水平线 ced 有着本质的差异。该水平线温度以上只有一个固相,而在此温度线上,两个固相都可以分别与液相平衡。所以凡位于此线范围内的合金冷却到包晶温度时,都发生二元包晶反应。水平线 ced 称为包晶线,e 点称为包晶点。

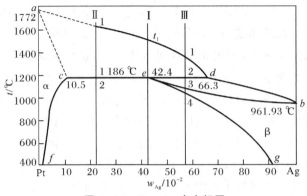

图4-13 Pt-Ag合金相图

包晶线与共晶线的区别如下:共晶线是固相线,在共晶温度下,共晶线上的合金完全凝固后,形成两相混合物。但在包晶线中,只有 ce 段是固相线,ed 段则不是。位于 ce 线之内的合金在经过包晶转变后,其组织同样为两相混合物;而成分位于 ed 线内的合金包晶转变后,还有过剩的液相,它将在继续冷却时凝固成单相 β。知道了这些区别,在学习共晶合金凝固的基础上,就可以借助相图分析包晶合金的平衡凝固和组织了。

2. 包晶合金的平衡凝固和组织

所有位于 c 点以左及 d 点以右的合金都属于固溶体合金,其凝固过程与匀晶相图中合金的凝固一样;包晶反应结束后继续冷却时的相转变与共晶合金类似,故不再赘述,这里着重讨论具有包晶转变合金的凝固特点。

(1) $w_{Ag}=0.424$ 的 Pt-Ag 合金。由图4-13可以看出,该合金 I 自液态冷却到 t_1 温度时,开始从液相中结晶出 α。继续冷却,α 相数量不断增多,液相不断减少。

当温度降至1 186 ℃时,α 相的成分达到 c 点,液相 L 的成分达到 d 点,此时发生包晶转变:

$$L_d + \alpha_c \xrightarrow{\text{恒温}} \beta_e$$

该合金包晶转变结束时,液相和 α 相正好全部转变为固溶体 β。继续冷却时,β 中将会析出 α_{II}。室温下合金的组织为 $\beta+\alpha_{II}$,如图4-14所示。

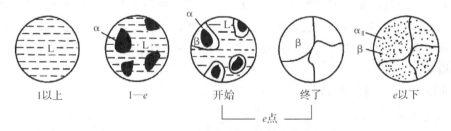

图4-14 合金 I 的平衡凝固示意图

当发生包晶反应时,β 相在 α 相的表层形成晶核,并通过消耗 L 相和 α 相生长。显然,包晶转变也是新相 β 的形核和核长大的过程。当温度略低于包晶温度 cd 时,开始从 L_d 中结晶出 β_e,β 将在 α 的表面形核并长大。当在 α 表面形成一层 β 时,α 的成分为 α_c,β 的成分为 β_e,液相的成分为 L_d。这样,各相界面都存在浓度梯度,促使 Ag 原子从液相经 β 相向 α

中扩散,而 Pt 原子从 α 相经 β 相向液相中扩散。由于扩散,原先的相界平衡被打破。为恢复这一平衡,必须进行相界移动:L/β 界面朝 L 方移动,可以增大液相中的 Ag 浓度;而 β/α 界面朝 α 方向推进,可以增大界面前沿 α 相中的 Pt 浓度。通过这样的相界移动,相界处两相平衡重新恢复。但此平衡又造成相间的原子浓度差,促进了原子扩散。此扩散再次打破相界平衡,需要相界再次移动以达到新的平衡。

因此,β 相的生长实际上是一个相界扩散移动的过程,这正是包晶转变的核心机制。

e 点成分的合金,包晶转变开始前为 L_d 与 $α_c$ 两相平衡,其平衡相的相对含量为

$$w_L = \frac{ce}{cd} \times 100\% = \frac{42.2-10.5}{66.3-10.5} \times 100\% \approx 57.17$$

$$w_α = \frac{ed}{cd} \times 100\% = \frac{66.3-42.4}{66.3-10.5} \times 100\% \approx 42.83$$

两个相的相对量之比为 $w_L/w_α \approx 1.33$。这样的合金包晶反应后全部转变为 β,无 L、α 相剩余。可以推断,包晶转变开始前两个平衡相的相对量之比如果不是 1.33,那么,包晶转变后要么是 L 相剩余,要么是 α 相剩余。

(2) 其他包晶合金的平衡凝固。除 e 点成分的合金外,包晶线上其他合金的凝固可分为两种类型:在图 4-13 中,位于 ce 线内的合金(如Ⅱ合金)及位于 ed 线内的合金(如Ⅲ合金)。它们的凝固过程与 e 点成分的合金相似,其区别在于:ce 线内的合金,包晶转变后有 α 相剩余,室温下合金的组织为 $α + β + α_Ⅱ + β_Ⅱ$(见图 4-15);位于 ed 线内的合金,包晶转变后有液相 L 剩余,此剩余液相随温度降低将直接结晶为 β 相。室温下合金的组织为 $β + α_Ⅱ$(见图 4-16)。

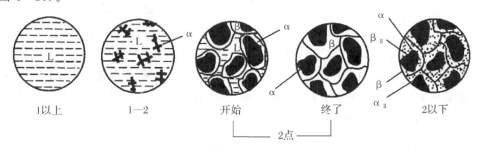

图 4-15 合金Ⅱ的平衡凝固示意图

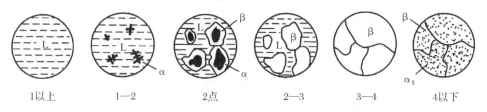

图 4-16 合金Ⅲ的平衡凝固示意图

3. 包晶合金的非平衡凝固和组织

在包晶转变过程中,β 相沿着 α 相的表层生成并迅速将其包裹,导致 α 相与液相隔开。要进一步实现包晶转变,原子必须经过 β 相层扩散,从而使液相与 α 相继续作用生成 β 相。

固相中原子的扩散明显比在液相中困难,因此包晶转变的速度很慢。如果合金的冷却速度很快,这种转变会受到阻碍。当降至包晶温度以下时,剩余的液体会直接结晶成 β 相,而未经转变的 α 相则被留在 β 相中间。

图 4-17(a)所示为富 Sn 端的 Cu-Sn 相图。对于 Cu-Sn 合金($w_{Sn}=0.65$),若平衡凝固,室温下的组织为 $\eta_{初}+(\eta+Sn)$ 共晶。当冷却较快时,将得到图 4-17(b)所示的组织。针对这种组织,可以参考相图 4-17(a)进行解释:当 Cu-Sn 合金($w_{Sn}=0.65$)冷却到液相线温度以下时,首先形成树枝状的 ε 初生晶体。随温度继续下降,ε 初生晶体逐渐增多。当冷至 415 ℃时将发生包晶转变,$L+\varepsilon_{初} \rightarrow \eta$,显然,此反应不能完全进行。当温度降至 415 ℃以下时,将由剩余的液体直接结晶出 η,并依附在由于包晶反应不完全而剩余的 $\varepsilon_{初}$ 上进行长大。当温度降至 227 ℃时,剩余的液相将以共晶反应 $L \rightarrow (\eta+Sn)$ 共晶而告终。综上所述,该合金非平衡凝固后的组织为 $\varepsilon_{初}+\eta+(\eta+Sn)$ 共晶,如图 4-17(b)所示。图中,白色为 ε,白色中间的灰色组织为 $\varepsilon_{初}$,白色外面的基体为 $(\eta+Sn)$ 共晶。

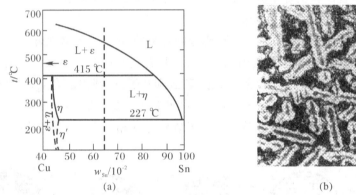

图 4-17 Cu-Sn 相图以及 Cu-Sn 合金($w_{Sn}=0.65$)的非平衡组织

这种因不完全的包晶转变而导致的组织与成分的偏析现象,称作包晶偏析。在一些包晶转变温度较低的合金中,这种现象更为明显。通过扩散退火,可以降低或者消除这种偏析。

4.2.2.4 其他二元相图

1. 共析相图

在二元合金的相图中,常常可以观察到一个特定的反应。在较高的温度下,通过匀晶反应或包晶反应形成的单相固溶体,当冷却到某一温度时,会分解生成与原固溶体成分不同的两个固相(见图 4-18)。在图 4-18 中,c 点表示共析点,dce 线表示共析线。当 c 点成分的 γ 相冷却至共析线的温度时,将会有以下反应发生:

$$\gamma_c \xrightarrow{恒温} \alpha_d + \beta_e$$

此种在固态条件下从一个固相中析出两个新的固相的现象,称为共析反应。其对应的相图称作共析相图。相较于共晶反应,由于其母相是固体,而非液体,所以共析反应

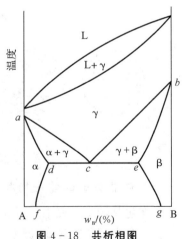

图 4-18 共析相图

有以下特性。

(1) 共析反应在固态条件下发生,同时有大量的原子需要进行扩散。而固态中原子的扩散比在液体中要难得多。因此,相比于共晶反应,共析反应需要更大的过冷倾向。

(2) 由于共析反应易于过冷,因而成核率较高,得到的两相机械混合物(共析体)比共晶体更为细小和弥散,主要有片状和粒状两种形态。

(3) 在共析反应中由于母相与形成的新相具有不同的比容,所以会造成体积的变化而产生大的内应力。这种现象在热处理过程中会更加明显。

2. 含有稳定化合物的相图

某些组元组成的二元合金能够生成一个或多个稳定的化合物。这些化合物有固定的成分和熔点,并在熔化前保持稳定,不会分解或发生其他化学变化。比如,在 Mg-Si 合金中,可以产生稳定的 Mg_2Si 化合物。Mg-Si 合金相图如图 4-19 所示,是一个含有稳定化合物的相图。

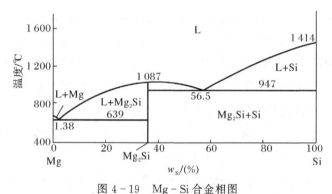

图 4-19 Mg-Si 合金相图

在分析这种相图时,可以将稳定化合物视作一个独立组元,并据此将整个相图拆分为若干简单的相图。因此,可以将 Mg-Si 相图划分为 Mg-Mg_2Si 和 Mg_2Si-Si 两部分进行详细分析。

4.2.3 相图与合金性能的关系

相图描述了各种成分合金的结晶性质和在常温下的平衡组织。合金的使用性能由其成分和组织决定,而部分工艺性能则基于合金的结晶特点。因此,具有平衡组织的合金,其性能与相图有一定的相关性。

4.2.3.1 匀晶相图与性能关系——固溶强化

匀晶相图与合金力学性能和物理性能之间的关系如图 4-20(a)所示。由图可看出,单相固溶体合金,其性能与成分变化呈曲线关系。当 A、B 两组元形成固溶体时,与作为组元的纯金属相比,其强度、硬度升高,电导率降低,并在某种成分时达到最大值或最小值。通过在溶剂内添加某些元素生成固溶体从而增强合金的强度和硬度的过程称为固溶强化。这是强化金属材料的有效途径之一。

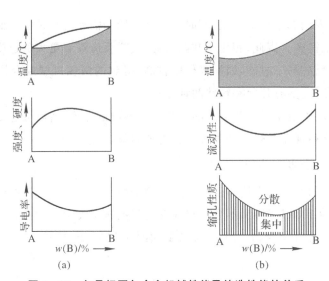

图 4-20　匀晶相图与合金机械性能及铸造性能的关系

(a)相图与合金硬度、强度及电导率的关系；(b)相图与铸造性能的关系

为什么形成固溶体能使合金强化呢？研究表明，固溶强化的效应主要源于溶质原子与位错的相互作用。在溶剂晶格中的溶质原子倾向于在位错周围聚集。对于置换固溶体[见图 4-21(a)(b)]，较大溶质原子常聚集在刃型位错下方受拉部位，较小溶质原子则聚集在刃型位错部位受压部位。对于间隙固溶体，如图 4-21(c)所示，因溶质原子直径很小，故常聚集在刃型位错的下方受拉部位。溶质原子的这种聚集模式降低了位错线附近的晶格畸变，让位错处于一个较为稳定的低能量状态。当发生塑性变形时，要将这个位错迁移至新的位置就会导致晶格扭曲的加剧和畸变能的上升。为了让位错从一个低能量转到高能量状态，需要更大的切应力，从而表现出合金的强度增大。这是固溶强化的根本原因。但是一般情况下，固溶强化效应有限，还不能满足工程结构对材料性能的要求，所以通常情况下，都是以固溶体作为合金的基体相再加上第二相或多相来进一步强化的。

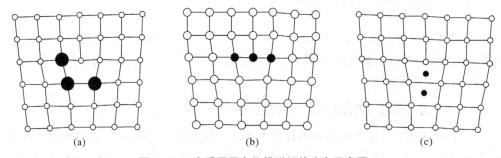

图 4-21　溶质原子在位错附近的分布示意图

(a)溶质原子大于溶剂原子的置换固溶体；(b)溶质原子等于溶剂原子置换固溶体；(c)间隙固溶体

通过相图还可以判断合金的工艺性能。如铸造性，铸造性的主要指标是液态合金的流动性、收缩性和合金的偏析等。流动性是指液态合金充满铸型的能力，流动性越大，铸造性

越好。收缩性是指合金在铸造时产生缩孔和缩松的性能。缩孔是因凝固收缩时得不到液态合金的补充而形成的孔洞。缩松是分散在枝晶间的微小孔洞(也称分散缩孔)。缩松使铸件致密性变差。对于缩孔,可设法让它处于冒口中,最后切除冒口,便可获得致密铸件。图4-20(b)为固溶体合金的铸造性能与合金成分间的关系示意图。由图可见,相图中的液相线与固相线之间的垂直距离和水平距离越大,其流动性越差,分散缩孔量越多,偏析倾向也越大,即合金的铸造性能越差。

单相固溶体合金具有较好的塑性,易于进行压力加工;由于固溶体韧性好,切削加工时不易断屑,加工表面质量不高。因此固溶体合金切削加工性较差。

4.2.3.2 共晶相图与性能的关系——时效强化

图4-22(a)(b)为共晶相图与合金力学性能和物理性能的关系示意图。由图可见,成分处于两相区的合金结晶后,形成两相机械混合物,此时合金的机械性能大致是两相性能的平均值,即性能与成分呈直线关系。对于共晶成分的合金,由于形成了两相交替分布的细小共晶组织,其强度与硬度明显提高,如图中虚线所示,电导率降低。通常两相分布越细密,则合金强度、硬度越高。

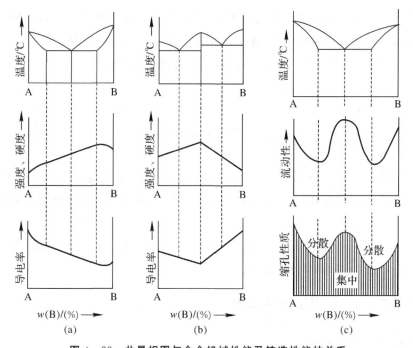

图4-22 共晶相图与合金机械性能及铸造性能的关系

(a)(b)相图与合金硬度、强度及电导率的关系;(c)相图与铸造性能的关系

在基体相为两相混合物的合金中,若两相性能差异很大,如其中基体相为塑性良好的固溶体,第二相为硬而脆的化合物时,则第二相的数量、形状、大小及分布状况对合金性能影响

很大。当第二相（化合物）以连续网状分布在基体相（固溶体）的晶界上时，由于破坏了塑性较好的基体的连续性，则使合金的塑性、韧性及强度明显下降，且脆性相的数量越多，形成的网络越连续完整，则影响越大。当化合物相以层片状分布时，未破坏基体连续性，对塑性的危害比网状分布时显著减小。这是因为片状化合物使位错运动的作用减弱，故强度比网状分布时低，但塑性、韧性较好。

当化合物以弥散质点状分布时，化合物质点之间距离更小，阻碍位错移动的作用更大，故强化效果最好，合金强度显著提高。生产中通常采用不同方法获得弥散状分布的化合物质点。一种方法是，当合金基体有溶解度限制时，可通过适当热处理先形成过饱和固溶体，然后使化合物以弥散质点在固溶体基体上沉淀析出的方法，使合金强化。这种由过饱和固溶体沉淀析出弥散强化相来强化合金的方法叫时效强化或沉淀强化。时效强化是材料强化的重要途径之一。另一种方法是，弥散化合物质点是外来加入的（如由粉末冶金方法加入），这种强化合金的方法称为弥散强化。

利用共晶相图也可判断合金的工艺性。图 4-22(c)为合金的铸造性能与成分关系示意图。图中显示，共晶合金的结晶间距最小，且在恒定温度下结晶，具有最低的熔点，表现出好的流动特性。在结晶过程中，主要出现集中的缩孔，便于制备致密的铸件，所以共晶合金的铸造性能是最佳的。故工业上使用的铸造合金大多是共晶或接近共晶成分的合金。

合金形成两相混合物时（其中一相为硬脆化合物时）塑性较差，其压力加工性不如单相固溶体合金。但是，当组织中硬脆相数量不多时，其切削加工性较好。

4.3 铁碳合金相图

钢铁在当代工业中的使用非常广泛，主要组元为铁和碳。考虑到碳的质量分数超过 6.69% 的铁碳合金脆性会显著提升，导致实用性丧失，因此实际应用中铁碳合金的碳质量分数都不超过 6.69%。

为了改善铁碳合金的性能，还可以在碳钢和铸铁的基础上加入合金元素形成合金钢和合金铸铁，以满足各类机械零件的需要。

4.3.1 Fe-Fe$_3$C 相图及基本相

4.3.1.1 Fe-Fe$_3$C 相图

铁与碳可以组成多种化合物，如 Fe_3C、Fe_2C、FeC 等。Fe_3C 的含碳量为 6.69%。当铁碳合金的含碳量超过 5% 时，其脆性显著增加，不具备实际应用价值。因此，我们关注的铁碳相图实质上是 Fe-Fe$_3$C 相图，如图 4-23 所示。此相图的两个组元是 Fe 与 Fe_3C。

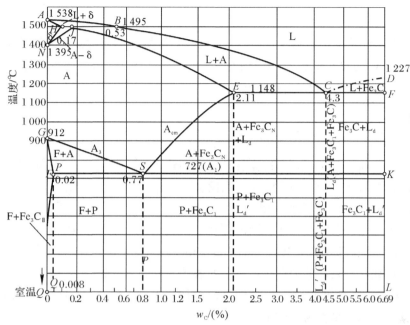

图 4-23 Fe-Fe$_3$C 相图

1. 纯铁

铁属于过渡元素系列,在一标准大气压下 (1 atm=1.01325 kPa)的熔点或凝固温度是 1538 ℃,在 20 ℃时密度为 7.85 g/cm³。纯铁的冷却曲线和晶体结构如图 4-24 所示。在不同的温度范围,铁表现为不同的晶体结构。当金属因温度(或压力)改变而引起晶体结构的变化时,这种现象称为同素异构转变。

铁的同素异构转变表现如下:

$$\delta\text{-Fe(体心立方结构)} \xrightarrow{1394\ ℃} \gamma\text{-Fe(面心立方结构)}$$

$$\xrightarrow{912\ ℃} \alpha\text{-Fe(体心立方结构)}$$

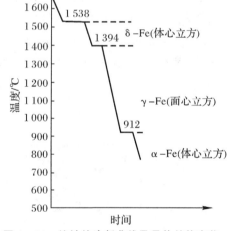

图 4-24 纯铁的冷却曲线及晶体结构变化

同素异构转变,是重新形核和长大的过程,有热效应和体积变化,是一种固态相变。δ-Fe(δ 铁) 和 α-Fe(α 铁)都具有体心立方结构,是同一个相,可以合称 α 铁,但习惯把 1538 ℃~1394 ℃温度范围存在的体心立方结构铁为 δ 铁。Be、Ca、Mn、Ti、Zr 等少数金属也有同素异构转变现象。考虑到杂质含量和晶粒尺寸不同,工业用的纯铁具有以下机械特性:抗拉强度 σ_b 为 180~280 MPa,屈服强度 $\sigma_{0.2}$ 为 100~170 MPa,延伸率 δ 为 40%~50%,而硬度 (HBS)在 50~80 之间。

纯铁强度低、硬度低,具有良好的塑性,它很少被用作结构材料。但因其高的磁导性,它主要用作电工材料,特别是各种铁芯。

2. Fe_3C

Fe_3C 为铁与碳形成的间隙化合物,具有复杂的晶体结构,通常被称为渗碳体,并可以用 C_m 来表示。Fe_3C 的硬度非常高,HV 值在 950~1 050 范围内,但延伸率 δ 接近零。

4.3.1.2 Fe-Fe_3C 相图中的基本相

1. 奥氏体

奥氏体是 C 在 γ-Fe 中的固溶体,用"A"或"γ"表示。C 填塞在面心立方晶格的间隙中,其容纳 C 原子的最大间隙在晶胞中心,各棱上也有同样的空位(见图 4-25)。C 在 γ-Fe 中的溶解度较大,最大可达 2.11%(1 148 ℃)。由于 γ-Fe 仅在 912 ℃ 以上温度范围内存在,所以,高温加热可以获得纯奥氏体结构。奥氏体具有易于滑移的面心立方晶格,因此具有较好的塑性。这也是回答了为什么在锻造钢前都需要将其加热到高温,这样可以确保其为纯奥氏体态,从而更容易进行塑性加工。

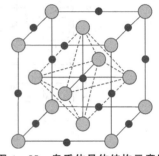

图 4-25 奥氏体晶体结构示意图

2. 铁素体

C 在 α-Fe 中形成的固溶体称为铁素体,用"F"表示。α-Fe 是溶剂,它保持体心立方晶格。C 是溶质,直径小的 C 原子填塞于体心立方晶格的间隙处(见图 4-26)。C 在 α-Fe 中溶解度极小,最多只有 0.02%(727 ℃),这是因为 α-Fe 中容纳 C 原子的间隙半径很小,C 原子不能进入,C 在 α-Fe 中实际上只存在于晶格缺陷处。所以铁素体含 C 很低,其性能和纯铁基本相同,抗拉强度只有 250 MPa,硬度只有 80 HBS,但塑性(延伸率 δ=50%)和冲击韧度好。

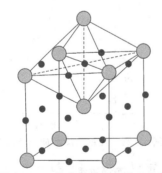

图 4-26 铁素体晶体结构示意图

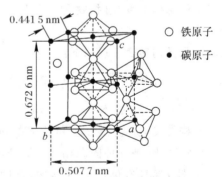

图 4-27 渗碳体晶体结构示意图

3. 渗碳体

渗碳体是 Fe 和 C 的化合物,用 Fe_3C 表示,其 C 的质量分数为 6.69%。由于在 α-Fe 中 C 的溶解度很小,所以在常温下钢中的 C 大都以渗碳体形态存在。渗碳体的结构较复杂,是由 C 原子形成的斜方晶体结构(即晶格常数 $a \neq b \neq c$),每个 C 原子周围均有 6 个 Fe 原子环绕,组成一个八面体结构(见图 4-27)。每个八面体的轴彼此倾斜某一个角度。因

每个八面体都有 6 个 Fe 原子、1 个 C 原子,每个 Fe 原子同时属于 2 个八面体,所以化合物的公式应满足:

$$\frac{n_{Fe}}{n_C} = \frac{1}{2} \times \frac{6}{1} = \frac{3}{1}$$

渗碳体的熔化温度计算值为 1 277 ℃,硬度很高(800 HBS 左右),但非常脆($\alpha_k \approx 0$),几乎没有延展性(δ 或 $\psi \approx 0$)。Fe 和 C 硬度都不高,一旦它们形成化合物就成了与原来元素性质完全不同的物质了。

在固态,渗碳体不发生同素异构转变。但在特定条件下,它可以分解为石墨态的自由 C,也就是 $Fe_3C \rightarrow 3Fe + C$(石墨),这对于铸铁的应用具有重要的意义。

4. 珠光体

铁素体与渗碳体组成的机械混合物称为珠光体,用符号"P"表示。其碳质量分数为 0.77%。它的性能介于铁素体和渗碳体之间,经缓慢冷却处理后,硬度在 180~200 HBS 范围内。

5. 莱氏体

当含有 4.3% 碳的液态合金冷却至 1 148 ℃ 时,会结晶出由奥氏体和渗碳体组成的共晶体,称为高温莱氏体,标记为"L_d"。同时,在 727 ℃ 以下,由珠光体与渗碳体组成的莱氏体称作低温莱氏体,表示为"L'_d"。莱氏体是白口铸铁的基本组织,具有硬而脆的特性。

4.3.2 Fe-Fe₃C 相图分析

图 4-23 中的实线是由一系列不同成分的铁碳合金状态变化的温度(即临界点)连接而成的。线条之间的部分代表状态相同的区域。例如,ABCD 线以上为液体,表示各种不同 C 的质量分数的铁碳合金,只要加热到这条线所表示的温度以上就会呈完全熔化状态。AESG 区域为奥氏体,表示各种不同 C 质量分数的钢只要加热到这个区域都要变成奥氏体。

4.3.2.1 相图中的点

Fe-Fe₃C 相图中各特性点的符号、温度、C 质量分数及物理意义列于表 4-4 中。

表 4-4 Fe-Fe₃C 相图中各主要点的物理意义

点的符号	温度/℃	C 的质量分数/(%)	物理意义
A	1 538	0	纯铁的熔点
B	1 495	0.53	包晶反应时液态合金的浓度
C	1 148	4.30	共晶点,$L_C = A_E + Fe_3C$
D	1 227	6.69	渗碳体熔点
E	1 148	2.11	C 在 γ-Fe 中的最大溶解度
F	1 148	6.67	渗碳体
G	912	0	α-Fe $\rightarrow$ γ-Fe 同素异构转变点

续表

点的符号	温度/℃	C的质量分数/(%)	物理意义
H	1 495	0.09	C在δ-Fe中的最大溶解度
J	1 495	0.17	包晶点,$L_B + \delta_H = A_J$
K	727	6.69	渗碳体
N	1 394	0	γ-Fe$\rightarrow\alpha$-Fe同素异构转变点
P	727	0.021 8	C在α-Fe中的最大溶解度
S	727	0.77	共析点,$A_s \rightarrow F_p + Fe_3C$
Q	室温	0.008	C在α-Fe中的溶解

4.3.2.2 相图中的线

(1)$ABCD$线:代表液相线,此线以上区域为液相区,用"L"表示。合金冷却到此线温度时,开始进行结晶。

(2)$AHJECF$线:代表固相线,此线温度以下的所有合金都是固态。

(3)GS线:又被称作A_3线,对于碳质量分数小于0.77%的碳钢,加热到此线温度时,铁素体完全转变成奥氏体,即奥氏体转变终了温度。反之,为缓慢冷却时,奥氏体析出铁素体的开始温度。

(4)ES线:又名A_{cm}线,代表奥氏体中C的固溶度线。在1 148 ℃,奥氏体的最大固溶度为2.11%。随着温度降低,C含量也逐渐减少;至727 ℃时,C含量也降为0.77%。当C含量超过0.77%的钢降温至ES线表示的温度时,开始析出多余的C,形成渗碳体。此渗碳体在奥氏体的晶界上呈网状分布,称为网状渗碳体。

GS线与ES线的交点S称为共析点,表示C质量分数为0.77%的钢冷却至727 ℃时奥氏体同时析出铁素体与渗碳体的机械混合物。这种转变称为共析转变,因抛光试样浸蚀后能发出珠宝光泽,故称为珠光体。

$$A(0.77\%C) \rightarrow (F + Fe_3C)P$$

通常把C质量分数为0.77%的钢称为共析钢。

在显微镜下,珠光体呈现出铁素体和渗碳体相间排列的层状结构。其硬度范围为190~230 HBS(片状),抗拉强度$\sigma_b = 850$ MPa,延伸率为20%~30%。与铁素体相比,珠光体的强度更高,但脆性低于渗碳体,为钢的基本组织之一。

(5)水平线PSK:又称为A_1线,相当于727 ℃,它表示所有碳钢在缓慢加热时开始转变为奥氏体的温度,或者当缓慢冷却时,奥氏体完全转变为常温组织的温度。因为在这条线上将发生共析转变,即$A(w_C = 0.77\%) \rightarrow (F + Fe_3C)P$,所以又称为共析线。

(6)水平线ECF:相当于1 148 ℃,称为共晶线。在此线上发生共晶反应:

$$L(w_C = 4.3\%) \rightarrow A(w_C = 2.11\%) + Fe_3C$$

即从C质量分数为4.3%的液体中同时结晶出C质量分数为2.11%的奥氏体与C质量分数为6.69%的渗碳体。共晶反应的产物称为莱氏体。

4.3.2.3 相图中的相区

相图中有五个单相区:ABCD 线以上为液相区,AHNA 区为 δ 固溶体相区,NJESGN 区为奥氏体相区,GPQG 区为铁素体相区,DFK 线为 Fe_3C 所处区域。

3 个 3 相共存区:HJB 线为 L、δ、A 三相区,ECF 线为 L、A、Fe_3C 三相区,PSK 线为 A、F、Fe_3C 三相区。

7 个 2 相区:除上述单相区和三相区外,其余 7 个相区均为两相共存区。ABHA 区为 L+δ 相区,JBCEJ 区为 L+A 相区,DCFD 区为 L+Fe_3C 相区,HJNH 区为 δ+A 相区,EFKSE 区为 A+Fe_3C 相区,GSPG 区为 F+A 相区,QPKLQ 区为 F+Fe_3C 相区。

4.3.3 铁碳合金的平衡结晶

铁碳合金可以根据碳的质量分数分为钢和铸铁两类。C 质量分数低于 2.11% 的铁碳合金称为钢;而高于 2.11% 的则称为铸铁。基于其组织特征,钢又可分为共析钢(碳质量分数=0.77%)、亚共析钢(碳质量分数<0.77%)和过共析钢(碳质量分数>0.77%)三种。

铸铁也分为三种类型:当 C 质量分数为 4.3% 时,称为共晶铸铁;小于 4.3% 的称为亚共晶铸铁;而大于 4.3% 的称为过共晶铸铁。但实际应用中,铸铁的含碳量不会大于 5%,否则铸铁就会很脆,失去实用价值。

4.3.3.1 共析钢

C 质量分数为 0.77% 的铁碳合金,即图 4-28 中合金①的转变过程。在高温时,合金①处于液态,当温度冷却到与液相线 BC 相交(1 点)时,液体 L 开始结晶析出奥氏体,此时奥氏体(A)的相对量少,奥氏体(A)中 C 的质量分数小(具体数值可用杠杆定律求出)。

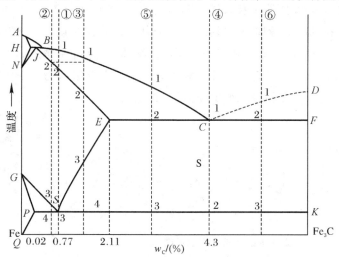

图 4-28 典型铁碳合金结晶过程分析

当温度持续降低时,奥氏体(A)在液体中不断析出。随着时间的推移,奥氏体的成分沿着固相线发生变化,而液相的成分则沿液相线变化。到达 2 点温度时,液相完全转化为奥氏体(A),此时的组织由均匀的奥氏体(A)晶粒构成。继续冷却到 3 点即点 S,发生共析反应 A→(F+Fe_3C)P,得到珠光体。在随后的冷却过程中,铁素体 C 的质量分数沿 PQ 线变化,从珠光体的铁素体相中析出三次渗碳体。

在缓慢冷却条件下,在铁素体与渗碳体的相界上形成三次渗碳体,与共析渗碳体连接在一起,在显微镜下难以分辨,同时其数量也很少,对珠光体的组织和性能没有明显影响。故共析钢的室温组织为珠光体 P。合金①在冷却过程中的组织变化如图 4-29 所示。金相显微组织如图 4-30 所示。

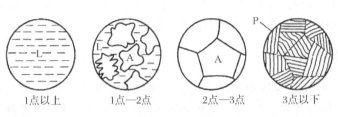

图 4-29 共析钢结晶过程示意图

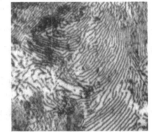

图 4-30 $w_C=0.77\%$ 钢的显微组织(1 000×)

4.3.3.2 亚共析钢

以 C 质量分数为 0.45% 的合金(图 4-28 中的合金②)为例。3 点以上与前述的合金①类似,通过 1 点—2 点阶段后,结晶为奥氏体 A,在 2 点—3 点阶段处于均匀状态。

当冷却到 3 点时,开始析出少量的铁素体 F。随着温度的下降,铁素体 F 越来越多,其成分沿 GP 线不断变化,奥氏体 A 成分沿 GS 线变化,由于铁素体 F 内几乎不能溶 C,故在铁素体 F 不断增多的同时,剩下越来越少的奥氏体 A 中含碳量将不断增多。当温度下降到 4 点时,组织中除铁素体 F 外还有未转变的奥氏体 A,奥氏体 A 的 C 的质量分数已增加到了 0.77%,此时,这部分奥氏体 A 将转变成珠光体 P。故在 3 点—4 点阶段,合金由 A+F 构成,在略低于 4 点温度时,合金由 F+P 构成。继续冷却后,在铁素体 F 中将形成三次渗碳体。由于其数量很少,通常忽略不计。故亚共析钢的室温组织为 F+P,其结晶过程与组织变化如图 4-31 所示,金相显微组织如图 4-32 所示。

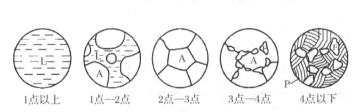

图 4-31 亚共析钢结晶过程示意图

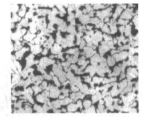

图 4-32 $w_C=20\%$ 钢的显微组织(100×)

4.3.3.3 过共析钢

以 C 质量分数为 1.2% 的合金(图 4-28 中的合金③)为例。这种合金通过 1 点—2 点阶段后,结晶为奥氏体 A,在 2 点—3 点阶段,合金处于均匀奥氏体 A 状态,冷却到 3 点时,从奥氏体 A 中析出渗碳体。析出的渗碳体沿奥氏体 A 晶界分布,呈网状,称为二次渗碳体,

用 Fe_3C_{II} 表示。在继续冷却过程中,Fe_3C_{II} 的数量不断增多,由于 Fe_3C_{II} 中 C 的质量分数大 (6.69%),所以剩下来的奥氏体 A 中的 C 的质量分数将逐渐减小。当温度下降到 4 点 (727℃)时,奥氏体 A 中 C 的质量分数降至 0.77%,A 转变为 P。故在 3 点—4 点阶段,合金由 A+Fe_3C 组成;在略低于 4 点直到室温,其组织为 P+Fe_3C_{II}。这类合金在冷却过程中的组织变化如图 4-33 所示。其金相显微组织如图 4-34 所示。Fe_3C_{II} 一般仍写为 Fe_3C。

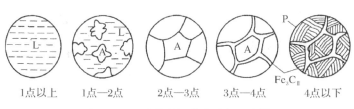

图 4-33 过共析钢结晶过程示意图

图 4-34 w_C=1.2%钢的显微组织(1 000×)

4.3.3.4 共晶白口铸铁

C 质量分数为 4.3%的铁碳合金,如图 4-28 中合金④在高温时处于液态,冷却到 C 点 (1 点)时,将发生共晶转变,从 L 中析出高温莱氏体 L_d(A+Fe_3C)。再继续冷却,莱氏体还要发生一系列变化,即在 1 点—2 点阶段要从莱氏体中的奥氏体 A 内析出 Fe_3C_{II}(与莱氏体中的渗碳体混在一起),继续冷却到 2 点(727 ℃)以下时,剩余的奥氏体 A(C 质量分数达 0.77%)将发生共析转变,转变为 P。合金④在室温时的组织为低温莱氏体 L_d'(P+Fe_3C),在冷却过程中的组织变化如图 4-35 所示,金相显微组织如图 4-36 所示。

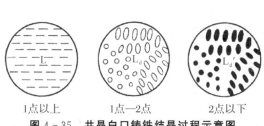
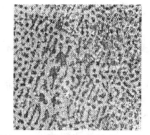

图 4-35 共晶白口铸铁结晶过程示意图

图 4-36 共晶白口铸铁(600×)

4.3.3.5 亚共晶白口铸铁

以 C 质量分数为 3.0%的合金(图 4-28 中的合金⑤)为例。合金液体在 1 点—2 点温度区间内不断结晶析出奥氏体。这时,液相成分按 BC 线进行变化,奥氏体成分沿着 JE 线变化。到达 2 点温度时,剩余的液相到达共晶点,发生共晶反应形成莱氏体。2 点温度以下,先析出的奥氏体和共晶奥氏体都开始析出 Fe_3C_{II}。伴随 Fe_3C_{II} 的析出,奥氏体中的 C 质量分数沿着 ES 线下降。当达到 3 点温度时,所有的奥氏体都发生共析反应转变为珠光体。

亚共晶白口铸铁结晶过程如图 4-37 所示,图 4-38 所示为该合金的室温组织。图中树枝状的大块黑色组成体是由先析出的奥氏体转变来的珠光体,其余部分为莱氏体。由于先析出的奥氏体中析出的二次渗碳体也依附在共晶渗碳体上,因此难以分辨。

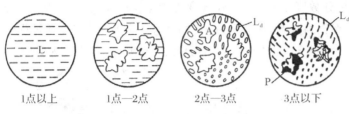
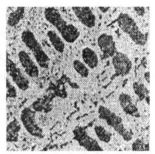

图 4-37 亚共晶白口铸铁结晶过程示意图

图 4-38 亚共晶白口铸铁显微组织(125×)

4.3.3.6 过共晶白口铸铁

过共晶白口铸铁为相图(见图 4-28)中的合金⑥,其结晶过程如图 4-39 所示。首先析出的是粗大的一次渗碳体(Fe_3C_I),其他转变与共晶合金相同。图 4-40 展示了该合金在室温时的组织。

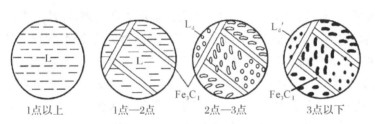
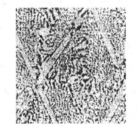

图 4-39 过共晶白口铸铁结晶过程示意图

图 4-40 过共晶白口铸铁显微组织(125×)

4.3.4 含碳量及其杂质对铁碳合金组织、性能的影响

4.3.4.1 含碳量对铁碳合金组织与力学性能的影响

1. 对平衡组织的影响

观察 $Fe-Fe_3C$ 相图可知,铁碳合金在室温下的平衡组织都是由铁素体 F 和 Fe_3C 两相组成的。随含碳量增加,合金中 F 的比例减少,而 Fe_3C 的比例相应增多。含碳量的变化不仅会影响组成相的质量分数,还会引发不同的结晶过程,从而改变组成相的形态和分布,并进一步改变铁碳合金的微观组织。随着含碳量逐渐增多,室温下的微观组织将发生如下变化:

$$F+Fe_3C_{II} \to F+P \to P \to P+Fe_3C_{II} \to P+Fe_3C_{II}+L_d' \to L_d' \to L_d'+Fe_3C_I$$

组成相的相对含量变化和组织形态的改变,都会给铁碳合金的性质带来极大的影响。

2. 对力学性能的影响

珠光体是由铁素体和渗碳体细层交错分布构成的双相组织。渗碳体的细片分布于柔韧的铁素体上,为其提供增强作用,使珠光体表现出良好的综合性能。珠光体的层片越细,强

度越高。平衡结晶条件下共析转变形成的珠光体的力学性能大致为：$\sigma_b=1\,000$ MPa，$\sigma_{0.2}=600$ MPa，HBS=240，$\delta=10\%$。

含碳量与碳（素）钢力学性能之间的关系如图 4-41 所示。对于亚共析钢，随着含碳量增加，珠光体的比例上升，从而导致其强度和硬度提高，但塑性和韧性降低。在过共析钢的含碳量超过 0.9%～1.0% 后，由于晶界处 Fe_3C_{II} 析出量增多并形成连续的网状分布，导致钢明显脆化，塑性大幅度降低，韧性急剧下降，同时抗拉强度也随之降低。

铁碳合金的硬度主要取决于组成相的数量与硬度，所以含碳量增加，高硬度的 Fe_3C 增多，铁碳合金的硬度也就一直呈直线上升。

对于白口（铸）铁而言，组织中出现莱氏体 L'_d，塑性几乎降为零，利用其高硬度，通常可制作一些不受冲击的抗磨件，例如冷轧辊、货车轮、犁铧、球磨机的磨球等。

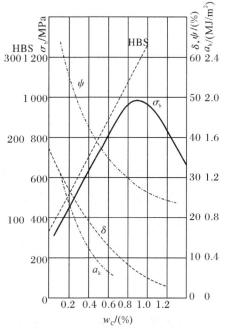

图 4-41　碳质量分数对钢的力学性能的影响

4.3.4.2　钢中杂质对组织、性能的影响

由于原材料和冶炼方法的制约，实际应用的碳钢中除了碳，还包含少量的硅（<0.50%）、锰（<1.00%）、磷、硫及微量的氧、氢和氮等。在冶炼过程中，硅和锰被作为脱氧剂加入。而其他元素主要是从原料或大气中进入钢材的，且在冶炼过程中难以完全去除，成为有害杂质。这些元素的存在对钢的微观组织和性能造成了极大的影响。

1. 硅和锰的影响

在钢中加入硅和锰（通常以硅铁、锰铁形态），可以将钢液中的 FeO 还原为铁，同时生成 SiO_2 和 MnO。此外，锰与钢中的硫形成 MnS，可大幅减轻硫的危害。这些反应生成物大部分会进入炉渣而排出，只有少量残留于钢内形成非金属夹杂。

脱氧剂中的硅和锰在一定程度上能溶于钢液，凝固后，在铁素体中固溶，从而产生固溶强化。当其含量较低（<1%）时，能有效增强钢的强度，而不使其塑性和韧性下降。通常，硅和锰被视为有益元素。

2. 硫的影响

从 Fe-S 相图（图 4-42）中可以观察到，在固态铁中，硫的溶解度极低。硫与铁可以生成熔点为 1 190 ℃ 的 FeS，而 FeS 又与 γ-Fe 形成熔点为 989 ℃ 的共晶体。尽管钢的含硫量较低，但由于严重的偏析，在凝固接近完成时，钢中大部分硫被留在了枝晶间的液相中，最终生成了低熔点的(Fe+FeS)共晶。当含有硫化物共晶的钢进行热加工时(加热温度通常介于1 150~1 250 ℃),位于晶界的共晶体就处于熔融态。一旦经过轧制或锻造处理,钢材就会在晶界产生开裂。这种现象称为钢的热脆或红脆。如果钢中的脱氧处理不当,含有过多的FeO,则会形成(Fe+FeO+FeS)三相共晶体,其熔点低至940 ℃,这种情况的危害增大。

钢中加入锰可以减轻硫的危害。由于锰与硫的化学亲和力更大,可以形成MnS。MnS熔点高(1 600 ℃),高温下有一定塑性,故不会使钢产生热脆。但MnS毕竟是一种非金属夹杂物,会降低钢的塑性、韧性和疲劳强度。

对于铸钢件,当含硫量过高时,铸件在高温下容易产生开裂,称为热裂;同样,含硫量过高的焊接件,焊缝区也容易出现热裂。

3. 磷的影响

磷在铁中的固溶度相对较大,因此钢中的磷大部分会固溶在铁中。磷溶入铁素体后,其固溶强化相比于其他元素的作用更强。特别是当含磷量较高时,可以显著提高钢的强度、硬度,但会大大降低钢的塑性、韧性。此外,磷还会提高钢的脆性转变温度,使在低温工作的工件受到冲击作用而脆断,即冲击韧性低,脆性大。这种现象称为冷脆。

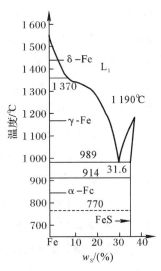

图4-42 Fe-S相图一角

一般而言,硫、磷在钢中为有害元素,在普通的非合金钢中,它们的含量都被限制在0.045%以下。对于高质量钢材,这一限制会更加严格。然而,在特定的条件下,硫、磷也可被用来提高钢的机加工性能。例如,在炮弹钢中,添加较多的磷可以使炮弹在爆炸时产生更多的碎片,从而提高其致命性。此外,磷与铜组合可以增强钢的抗大气腐蚀性能。

4. 氧、氢、氮的影响

氧在钢中的溶解度非常低,几乎都以氧化物夹杂的形式存在,例如FeO、Al_2O_3、SiO_2和MnO等。这些非金属夹杂物会降低钢的力学性能,特别是对钢的塑性、韧性和疲劳强度造成的危害尤为明显。

尽管氢在钢中的含量非常少,但当其溶入固态钢中,会极大地降低钢的塑性、韧性,并增加其脆性,这种效应称为氢脆。

钢中存在少量氮可以起到强化作用。然而,氮的有害作用主要是在低碳钢中导致所谓的时效现象。在含氮的低碳钢经高温快速冷却或冷加工变形后,随着时间延长,钢的强度、硬度逐渐升高,而其塑性、韧性逐渐降低,脆性增大,脆性转变温度升高。这种特性已导致许多焊接的工程结构和容器发生突然的断裂。

4.3.5 碳钢的分类、编号及应用

4.3.5.1 碳钢的分类

碳钢通常可以按以下方法分类：

(1)根据用途分为结构钢(常用于制造工程结构和机械零件)和工具钢(用于制造刀具、量具和模具)。

(2)根据含碳量将钢分为低碳钢($w_C \leq 0.25\%$)、中碳钢(w_C 为 $0.25\% \sim 0.6\%$)和高碳钢($w_C \geq 0.6\%$)。

(3)根据钢的质量，又可分为普通碳素钢($w_P \leq 0.045\%$，$w_S \leq 0.055\%$)和优质碳素钢，其中优质碳素钢包括结构钢($w_P \leq 0.04\%$，$w_S \leq 0.045\%$)、工具钢($w_P \leq 0.035\%$，$w_S \leq 0.03\%$)和高级优质碳素钢($w_P \leq 0.03\%$，$w_S \leq 0.02\%$)。

4.3.5.2 碳钢的编号及应用

关于普通碳素结构钢、优质碳素结构钢和优质碳素工具钢的编号和应用，可以参考表 4-5。除了表 4-5 列出的碳钢，工业生产中还经常会用到铸钢和易切削钢。

铸钢含碳量一般不大于 0.65%，铸钢牌号为在钢号前加"ZG"(代表铸钢)，后附数字表示平均含碳量(万分之几)。例如，ZG45 表示含碳量为 0.45% 的铸钢。当零件形状复杂，无法锻造成形，而铸铁又不能满足其机械性能要求时，可采用铸钢进行铸造成形。

易切削钢是一种含磷、硫、锰量较高的钢种，加工时易切削断，加工表面粗糙度值低，大量生产的标准螺钉多数是用易切削钢制造的。易切削钢牌号为在钢号前加"Y"(代表易)，后附数字表示为平均含碳量(万分之几)。例如，Y20 表示含碳量为 0.2% 的易切削钢。

表 4-5 碳钢的牌号、意义及应用
[根据标准《钢铁产品牌号表示方法》(GB/T 221—2008)]

分类	牌号组成					牌号示例	应用
	第一部分	第二部分	第三部分	第四部分	第五部分		
碳素结构钢	前缀符号加强度值(以 MPa 计)，通用结构钢前缀符号"Q"代表屈服强度	钢的质量等级(必要时)，用 A、B、C、D 等表示	脱氧方式表示符号(必要时)，如：沸腾钢"F"；半镇静钢"b"；镇静钢"Z"；特殊镇静钢"TZ"	产品用途、特性和工艺方法(必要时)	无	Q235AF Q345D 20MnK	主要用于铁道、桥梁、各类建筑工程，制造承受静载荷的各种金属构件或不需要热处理的机械零件和一般焊接件

续表

分类	牌号组成					牌号示例	应用
	第一部分	第二部分	第三部分	第四部分	第五部分		
优质碳素结构钢	以两位数字表示平均含碳量（以万分之几计）	（必要时）含锰较高时加"Mn"	钢材冶金质量（必要时）。即：高级优质钢"A"，特级优质钢"E"，优质钢不用字母表示	脱氧方式表示符号（必要时），同碳素结构钢	产品用途、特性和工艺方法（必要时）	08F 50A 50MnE	金属夹杂物比碳素结构钢少，经冷轧后可应用于链条、卡扣、锯片等制品。也常用作卷簧、板簧、钢丝、钢带等
碳素工具钢	碳素工具钢表示符号"T"	数字表示平均含碳量（以千分之几计）	（必要时）含锰较高时加"Mn"	钢材冶金质量（必要时）。即：高级优质碳素工具钢"A"，优质钢不用字母表示	无	T8 T10A	T7、T8硬度高，韧性较高，可制造冲头、凿子等工具；T10、T11韧性适中，可制造钻头、刃具及冷作模具等；T12、T13韧性较低，可制作锉刀等刃具及量规等量具

4.3.6 铸铁

含碳量超过 2.11% 的铁碳合金称为铸铁。在工业生产中，常见的铸铁含碳量范围一般是 2.5%～4%，除此之外，铸铁还含有 Si、Mn、P、S 等元素。

铸铁具有优良的性能，如良好的铸造性、耐磨性、切削加工性等，加之铸铁价格低廉，因此，铸铁在机械制造等工业部门广泛应用，如制造机床床身、底座、汽缸体、齿轮箱等。但铸铁脆性大，强度也低，不能压力加工，只能铸造成形。

铸铁根据碳的存在形态可分为下列几种。

4.3.6.1 白口铸铁

白口铸铁中碳都以 Fe_3C 的形态存在，其断口呈现出亮白色。这种铸铁的组织中均有共晶莱氏体，其特性为又硬又脆，从而使其难于切削加工，一般被用作炼钢的原料。由于其高耐磨性，也可铸成表面具有一定深度的白口层、心部则为灰铸铁的铸件，这种材料被称为冷硬铸铁。冷硬铸铁主要用于制造需要耐磨性能的零件，例如轧辊、球磨机用的磨球以及犁铧等。

4.3.6.2 灰口铸铁

灰口铸铁中的碳大部分或全部以自由状态的片状石墨形式存在，其断口呈现深灰色。

1. 影响石墨化的因素

灰口铸铁的组织和性能与石墨化过程有着密切关系。所谓石墨化,是指铸铁中的碳以石墨状态析出的过程。影响石墨化的主要因素:一是化学成分,碳、硅含量越高,石墨化越容易。因此,铸铁比铸钢易于石墨化,过共晶铸铁比亚共晶铸铁易于石墨化。二是冷却速度,冷却速度越慢,石墨化越容易。因此,厚件比薄件易于石墨化,心部比表层易于石墨化。

2. 灰口铸铁的组织

灰口铸铁的组织有下列三种:

(1) 铁素体灰口铸铁。其组织为 F(基体)+G(条状石墨)。这种铸铁含有较多条状石墨,如图 4-43(a)所示。

(2) 铁素体-珠光体灰口铸铁。其组织为 P-F(基体)+G(条状石墨)。这种铸铁含条状石墨相对较少,如图 4-43(b)所示。

(3) 珠光体灰口铸铁。其组织为 P(基体)+G(条状石墨),这种铸铁含条状石墨相对更少,如图 4-43(c)所示。

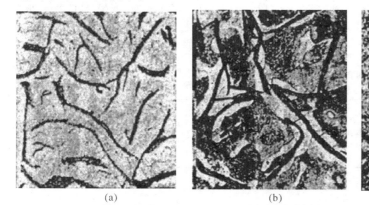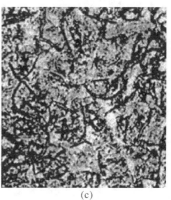

(a)   (b)   (c)

图 4-43 三种灰口铸铁的显微组织
(a)铁素体灰口铸铁;(b)珠光体-铁素体灰口铸铁;(c)珠光体灰口铸铁

3. 灰口铸铁的性能

灰口铸铁的性能主要受其基体及石墨的影响。

基体有三种,即 F、F-P 及 P。它们分别相当于工业纯铁、亚共析钢和共析钢,显然其强度、硬度也依次提高。实际应用的灰口铸铁,多为珠光体灰口铸铁。在其他条件相同的情况下,珠光体的片间距越小,基体的强度、硬度越高。

观察灰口铸铁的组织可见,在钢基体上分布有大量的片状石墨。由于石墨的强度较低,这些片状石墨的存在等同于钢中有许多微小的裂纹。所以灰口铸铁抗拉强度低,塑性极差。但其抗压强度与钢差不多。显然,石墨数量、形态、大小、分布状况等,对灰口铸铁的性能有重要的影响。通常石墨数量少、细而短且分布均匀的灰口铸铁其机械性能较高。

石墨给铸铁带来危害,但也给铸铁带来许多优良性能。如石墨组织松软,能吸收震动能量,使铸铁有良好的消震性;石墨柔软滑腻,能减小摩擦阻力,使铸铁有良好的抗磨性;石墨割裂了基体,切削易断,改善了铸铁的切削加工性;石墨比容大,降低了铸造时铸件的收缩率。

4. 灰口铸铁的牌号

灰口铸铁的牌号以"HT"(代表灰铁)为首,其后以三位数字来表示,数字为其最低抗拉强度值。表4-6显示了灰口铸铁的牌号、显微组织、力学性能及应用。

表4-6 灰口铸铁的牌号、力学性能和应用

牌号	显微组织		抗拉强度 (≥)/MPa	抗弯强度 (≥)/MPa	应 用
	基体	石墨			
HT 100	F+P(少)	粗片	100	260	承受应力的铸件,如箱盖、手轮、手柄底座等
HT 150	F+P	较粗片	150	330	端盖、汽轮泵体、轴承座及一般机床底座、床身和其他复杂零件、滑座、工作台等
HT 200	P	中等片	200	400	汽缸、齿轮、底架、机件等,一般机床床身及中等压力液压筒、液压泵和阀的壳体等
HT 250	细珠光体	较细片	250	470	阀壳、油缸、汽缸、联轴器、机体、齿轮、齿轮箱外壳、凸轮、轴承座等
HT 300	索氏体或屈氏体	细小片	300	540	承受更大应力的抗磨零件,如车床卡盘、齿轮、凸轮、导轨、泵体等
HT 350			350	610	
HT 400			400	680	

4.3.6.3 球墨铸铁

碳全部或大部分以自由状态的球状石墨形式存在,断口呈银灰色的铸铁,称为球墨铸铁。

1. 球墨铸铁的组织

球墨铸铁是利用灰口铸铁的铁水,在浇注前加入适量的球化剂和墨化剂,经过球化和孕育处理后得到的。加入球化剂(如稀土镁)的目的是使石墨变成球状。而墨化剂(含有75%硅的硅铁合金)则是用来加快石墨化过程并避免出现白口的。

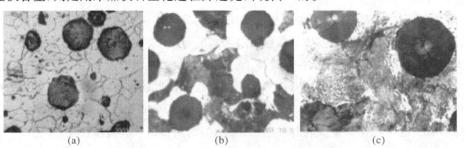

图4-44 三种球墨铸铁的显微组织

(a)铁素体球墨铸铁;(b)铁素体+珠光体球墨铸铁;(c)珠光体球墨铸铁

球墨铸铁也有三种组织：

(1) 铁素体球墨铸铁。其组织为 F(基体)＋G(球状)，含球状石墨量较多，如图 4-44(a) 所示。

(2) 铁素体＋珠光体球墨铸铁。其组织为 F-P(基体)＋G(球状)，含球状石墨相对较少，如图 4-44(b) 所示。

(3) 珠光体球墨铸铁。其组织为 P(基体)＋G(球状)，含球状石墨量更少，如图 4-44(c) 所示。

2. 球墨铸铁的性能

球墨铸铁的力学性能与基体有关，三种基体，即 F、F-P 及 P，其强度、硬度依次提高，塑性、韧性依次降低。

由于球墨铸铁的石墨呈球状，对基体金属的割裂作用大大减小，故其力学性能远高于灰口铸铁，并具有一定塑性。与碳钢相比，其抗拉强度相差不大，而屈服强度比碳钢高得多，因此，对于承受静载荷的零件，用球墨铸铁代替碳钢，可明显减轻机器重量。此外，球墨铸铁仍保留了优良的铸造性，且生产成本低，因此，得到了广泛应用。

3. 球墨铸铁的牌号

球墨铸铁牌号以"QT"(表示球铁)起首，后接两组数字来表示。第一组数字代表最低抗拉强度，第二组数字则代表最低延伸率。表 4-7 给出了球墨铸铁的牌号、力学性能及应用。

表 4-7 球墨铸铁的牌号、力学性能及应用

牌号	基体	σ_b/MPa	$\sigma_{0.2}$/MPa	δ/(%)	应用
QT 400-17	铁素体	400	250	17	汽车、拖拉机底盘零件，阀门的阀体、阀盖
QT 420-10	铁素体	420	270	10	
QT 500-5	铁素体＋珠光体	500	350	5	机油泵齿轮
QT 600-2	珠光体	600	420	2	柴油机、汽油机曲轴，磨床、铣床、车床的主轴；空压机、冷冻机缸体、缸套
QT 700-2	珠光体	700	420~490	2	
QT 800-2	珠光体	800	560	2	
QT 1200-1	下贝氏体	1 200	840	1	汽车、拖拉机的传动齿轮

4.3.6.4 可锻铸铁

可锻铸铁是用含碳、硅较少的铁水，先浇铸成白口铸铁，然后经高温长时间石墨化退火得到的。组织中石墨呈团絮状，其基体依石墨化程度不同，可分为铁素体基体和珠光体基体。

由于石墨呈团絮状分布，对基体割裂作用小，故机械性能高，具有一定塑性。所谓可锻铸铁，实际并不"可锻"。可锻铸铁可用于制造承受震动的零件，当用铸钢、灰口铸铁难以满足要求时，可采用可锻铸铁。但是，由于可锻铸铁石墨化周期长，成本高，所以已逐渐被球墨铸铁所代替。

可锻铸铁的牌号:以"KT"表示铁素体可锻铸铁,以"KTZ"表示珠光体可锻铸铁,后附两组数字,分别表示最低抗拉强度和最低延伸率。

习　题

1. 固溶体与金属化合物的结构与性能分别有何特征?
2. 间隙固溶体与间隙化合物有何区别?
3. 二元合金相图表达了合金的哪些关系?有哪些实际意义?
4. 杠杆定律有何用处?在二元相图中当三相平衡反应时,能否用杠杆定律?为什么?
5. 什么叫枝晶偏析?它对合金性能有何影响?常用什么热处理工艺来消除?
6. 从铜镍系相图看,含90%镍与50%镍的两种合金在相同冷却条件下哪个合金偏析较严重?请说明理由。
7. 何谓合金的相组成物与组织组成物?画出二元共晶相图示意图(假设两组元为A、B,固态有限互溶、无溶解度变化)并指出共晶、亚共晶、过共晶合金成分及它们在室温下的相组成物与组织组成物。
8. 何谓固溶强化与时效强化?其强化机理分别是什么?
9. 求含 Sn 为 30% 的铅锡合金凝固后:①初生相与共晶相的质量分数;②该合金中 α 相与 β 相的质量分数。
10. 图 4-45 为具有共析反应(在一定温度下,一定成分的固相转变为另两种成分一定的新固相的反应,称共析反应)的相图,s 点成分的 β 相,在 s 点温度时将发生共析反应:

$$\beta_s \rightarrow \alpha_p + \gamma_k$$

反应产物($\alpha_p + \gamma_k$)称共析体。试标出相图中空白相区所存在的相,画出合金Ⅰ、Ⅱ的冷却曲线,标明不同阶段的组织转变。

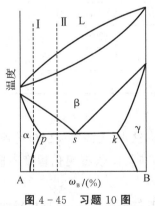

图 4-45　习题 10 图

11. 已知:A-B二元系共晶反应式为

$$L(75\%B) \xrightarrow{500\ ℃} \alpha(15\%B) + \beta(95\%B)$$

A组元的熔点为 700 ℃,B组元的熔点为 600 ℃,并假设 α 及 β 固溶体的溶解度不随温度而改变。

(1)试画出 A-B 二元合金相图。

(2)试求出含 50%B 的合金凝固后:①初生 α 及共晶体在合金中的质量分数;②共晶体中 α 相及 β 相在合金中所占的质量分数;③合金中 α 相及 β 相的质量分数。

12. 为什么铸造常选用靠近共晶成分的合金,而压力加工则选用单相固溶体成分的合金?

13. 画出 Fe-Fe₃C 相图,填出各区组织。分析含碳量为 0.6%、1.2%两种合金的结晶过程,并计算室温下各合金组织组成物的相对量。

14. 什么叫铁素体、奥氏体和渗碳体?它们的性能各有什么特点?

15. 什么叫珠光体?在共析温度下,其组成相的相对含量各为多少?

16. 比较下列名称:①α-Fe、铁素体;② 共析转变、共晶转变;③ Fe_3C_I、Fe_3C_{II};Fe_3C_{III}、Fe_3C 共晶、Fe_3C 共析。

17. 画出亚共析钢、共析钢和过共析钢的室温组织示意图,并标明组织名称。

18. 说明下列现象的原因:

(1)平衡状态下,含碳 1%的钢比含碳 0.5%的钢硬度高。

(2)退火状态下,含碳 0.77%的钢比含碳 1.2%的钢强度高。

(3)钢适于压力加工成形,铸铁适于铸造成形。

(4)在相同切削条件下,含碳 0.1%的钢切削后,其表面质量不如含碳 0.45%的钢。

19. 铸铁的强度、塑性和韧性比钢低的原因是什么?为什么在工业生产中还广泛应用铸铁?

20. 现有四块形状、尺寸完全相同的铁碳合金,它们分别是 20 钢、45 钢、T12、亚共晶白口铁,可用哪些方法区别它们?

▶拓展阅读◀

铁碳相图的发展历史

一、初露锋芒的马氏体

1878 年,德国金相学家阿道夫-马腾斯(Martens)用自制的显微镜观察铁的金相组织,阐述金属断口形态及其抛光和酸浸后的组织图像,并发表于《铁的显微镜研究》。为了纪念马腾斯在金相技能改良和推广方面作出的贡献,人们将碳钢淬火后得到的板条状或针状组织称为马氏体(Martensite)。马氏体组织的硬度是钢组织中最高的,而马氏体强化也成了钢的主要强化手段,很多钢厂开始用淬火的方式对他们的产品进行硬化,但是淬火后的钢往往脆性很明显。很快,为了处理钢材淬火后的脆性问题,各种回火和调质的热处理工艺出现了。

二、抛头露面的奥氏体

1885年,法国金相学家弗洛里斯-奥斯蒙(Osmond)在研究相变的过程中,发现了一种通常存在于高温条件下、形状多为多边形(等轴状)的单相组织,晶粒中多有孪晶存在,初期称为γ铁。为了纪念在铁碳平衡相图方面作出巨大贡献的英国冶金学家罗伯茨-奥斯汀(Austen)对金属科学的贡献,奥斯蒙将这种组织命名为奥氏体(Austenite)。随着奥斯蒙对于相组织和相变的研究和猜想,材料学科渐渐形成了更为严谨的科学研究方式,即我们熟悉的成分影响结构、结构决定性能、性能决定用途的教研思路。金相学作为组织结构的研究方式,与成分研究、性能检测的关系越来越密切。

三、姗姗来迟的铁碳相图

1899—1900年,罗伯茨-奥斯汀完成了第一幅铁碳相图的绘制,即通过2年多的试验,他对1897年提出的猜想和初稿进行了测定和完善。随着铁碳平衡相图的完成,钢铁的相变和热处理有了更为严谨的理论指导。铁碳平衡组织相图表明了铁碳合金在平衡条件下的组织情况,而实际生产过程中,人们会经常使用淬火、正火、风冷等热处理手段来获得更高的零件硬度和综合性能。在这种情况下,奥氏体在不同温度条件下的转变过程及其产物的研究成了金属学家们的新课题。

四、初来乍到的C曲线和贝氏体

1929—1930年,贝茵(Bain)和达文波特(Davenport)在研究奥氏体在不同温度条件下的转变过程中,发现了C曲线,并以此阐明了钢的热处理的一般原理。贝茵也因此成了钢铁热处理理论的奠基者。贝茵发现,当奥氏体在珠光体和马氏体转变温度之间转变的时候会形成一种亚稳态微观组织,他将这种组织命名为贝氏体(Bainite)。贝氏体主要有上贝氏体和下贝氏体,下贝氏体的力学性能优于上贝氏体,尤其是韧性。C曲线的发现,为金属材料热处理提供了理论指导。

五、接踵而至的贝氏体切变机制

中国学者柯俊(中科院院士)在钢中首次发现了贝氏体切变机制,而他也成了贝氏体相变切变理论的创始人。新中国成立后,柯俊在北京钢铁学院(现北京科技大学)创办了新中国第一个金属物理专业和冶金物理化学专业,是中国金属物理学科的奠基人。

如今,金相学经过一个多世纪的发展,已成为一门成熟的学科。随着科学技术的进步,金相学也在不断充实内容并扩大领域。尤其是近几十年来,电子显微技术的高速发展,为材料微观组织结构提供了更科学、更准确、更全面的分析手段。

来源:https://zhuanlan.zhihu.com/p/433201119? utm_id=0,有改动。

第 5 章 航空用金属材料

飞机性能的提升很大程度上取决于材料的先进性。飞行所用材料种类繁多，可划分为机身材料（即结构材料与非结构材料）、发动机材料以及涂料。在 20 世纪初期，硬铝的应用为机体结构的设计带来了革命性的变革。到了 1910 年，机身骨架以钢管取代木质材料，以铝合金制作机身蒙皮，从而制造出全金属结构的飞机。这种金属结构的飞机结构强度提高了，气动外形得到了优化，从而使飞机的整体性能大幅度提升。伴随着金属材料的不断发展和性能不断增强，传统的金属材料如铝、钛、钢以及高温合金在飞机的结构设计中仍然占据着重要地位。

5.1 合 金 钢

合金钢以其高的比强度、稳定性，工艺简单以及低的成本等特点成为生产承受较大载荷的连接件、起落架以及主梁等飞机部件的首选材料。在航空发动机中，许多关键部件，例如压气机轴、涡轮轴和各类齿轮均采用高强钢或渗碳钢来制作。对于超声速飞机（$Ma>3$）中的关键构件如受力框架，在特定的温度条件下工作，中温超高强度钢是必要的选择。

除此以外，许多航空部件均要求材料具备好的耐腐蚀特性以及高低温下优异的综合机械性能。种类多样的不锈钢恰好能满足这些需求。例如，马氏体不锈钢被用于压气机叶片、压气机盘、发动机机匣、环形部件以及大型壳体的制造，而奥氏体不锈钢则被广泛用于各种导管和仪器零件的生产。因此，在航空制造领域，不锈钢及合金结构钢的地位不可替代。

5.1.1 合金钢基本知识

为了改善钢的性能，在碳钢的基础上加入一定量的合金元素即获得合金钢，也称之为铁基合金。经常使用的合金元素包括 Mn、Si、Cr、Ni、Mo、W、V、Ti、Zr、Co、Al、B 以及稀土元素等。

5.1.1.1 合金元素的类型及存在形式

合金元素在钢中可能有以下四种存在形式：

(1)形成非碳化合物。诸如 Ni、Si、Al、Co、Cu、N、P、S 等元素,无法与碳生成化合物,故称之为非碳化物形成元素。它们只能溶于铁素体中形成合金铁素体,以 α-Fe(Ni、Si 或 Al)等表示。非碳化合物形成元素以固溶体的溶质形式存在,因此其强化方式为固溶强化。

(2)与碳作用形成碳化物。如 Fe、Mn、Cr、W、Mo、V、Nb、Ta、Zr、Ti 等,均为过渡族元素,如图 5-1 所示,与碳的亲和力从左到右依次增强。一般认为,碳化物的生成热越大,其稳定性越高,在合金中越能够起到弥散强化作用。

(3)形成非金属化合物。当合金元素与 O、N、S 反应时,会形成如氧化物、氮化物和硫化物等非金属化合物。

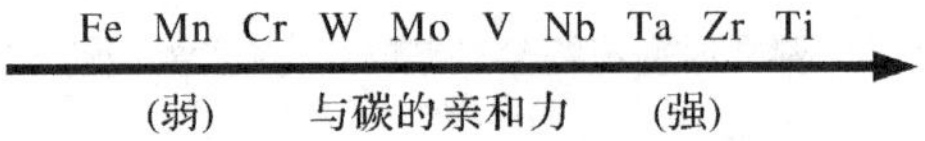

Fe Mn Cr W Mo V Nb Ta Zr Ti
(弱)   与碳的亲和力   (强)

图 5-1 合金元素与碳的亲和力

(4)以游离状态存在,如 Pb、Cu 等。合金元素在钢中的存在形式主要取决于合金元素的种类、含量、冶炼方法、热处理工艺等,此外还取决于合金元素的基本特性,一般合金元素以前两种为主。

5.1.1.2 合金元素在钢中的作用

1. 合金元素强化钢中的基体相

(1)合金铁素体。如 Ni、Si、Mo、Co、P 等元素,不能与碳元素形成碳化物,但可以固溶于铁素体形成合金铁素体,在溶质原子与位错的相互作用下,钢的强度、硬度升高,韧性降低。如图 5-2 所示,以 Si 元素为例,随着 Si 元素在铁素体中固溶量的升高,硬度也逐渐增大,冲击韧性逐渐下降。然而对于 Ni 元素,随着 Ni 元素在铁素体中固溶量的升高,其硬度增大,冲击韧性也在上升,当 Ni 元素在 3% 左右时,冲击韧性最大,随后逐渐降低。

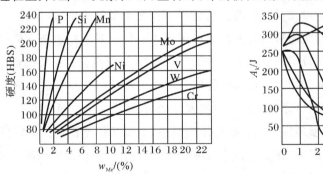

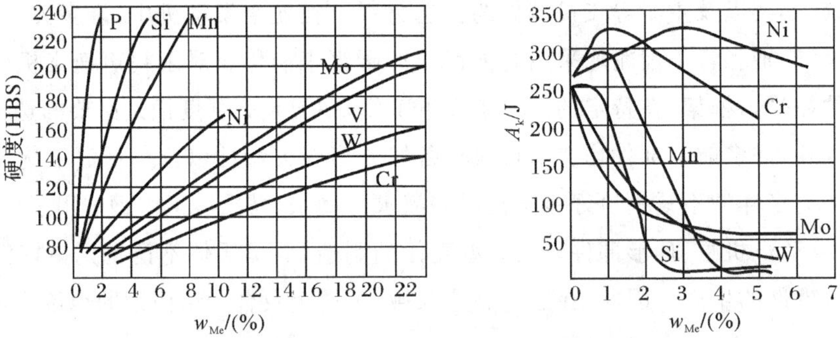

图 5-2 合金元素对铁素体固溶强化和冲击韧度的影响

(2)合金渗碳体或者特殊碳化物。如 Fe、Mn、Cr、W、Mo、V、Nb、Ta、Zr、Ti 等元素与碳元素有较好的亲和力,可形成合金渗碳体或者特殊的碳化物(见图 5-3),并以细小质点分布在固溶体的基体上,利用弥散的超细微粒阻碍位错运动,起到弥散强化的作用,显著提高钢的强度、硬度、耐磨性和热硬性。

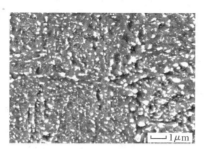

图5-3 钢中的碳化物

2. 合金元素对 Fe-Fe₃C 相图的影响

合金元素对 Fe-Fe₃C 相图产生的作用主要体现在：使奥氏体与铁素体的存在区间发生改变，并使 Fe-Fe₃C 相图中的共析点 S 与共晶点 E 发生移动。

(1) 对奥氏体(γ)区的影响。扩大奥氏体相区的合金元素：Mn、Ni、Co 等元素。作用原理为：这些元素加入后，使 A_1 线(PSK 线，727 ℃共析线)、A_3 线(GS 线，铁素体转变为奥氏体的终了线)温度下降，A_4 线(NJ 线，高温铁素体转变为奥氏体的终了线)温度上升。Mn 元素对奥氏体组织的影响如图 5-4 所示，随着 Mn 元素含量的增加，A_1 和 A_3 线温度上升，A_4 线温度下降。尤其是当 Mn>13% 或 Ni>9% 时，S 点降到 0 ℃以下，室温下为单相奥氏体组织，称为奥氏体钢，如 ZGMn13 高锰耐磨钢和 1Cr18Ni9Ti 高镍奥氏体不锈钢等。

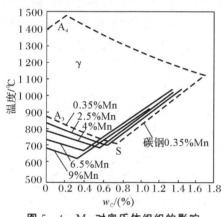

图5-4 Mn对奥氏体组织的影响

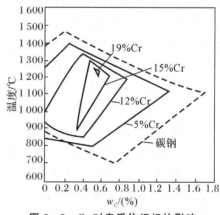

图5-5 Cr对奥氏体组织的影响

(2) 改变共析点 S 和共晶点 E 的参数。缩小奥氏体相区的合金元素：Cr、W、Mo、V、Ti、Si 等元素。作用原理为：这些元素的加入会使 A_1、A_3 线温度上升，A_4 线温度下降。Cr 元素对奥氏体组织的影响如图 5-5 所示，随着 Cr 元素含量的增加，A_1、A_3 线温度上升，A_4 线温度下降，奥氏体相区逐渐缩小。

特别的，当 Cr>13% 时，奥氏体相区消失，室温下为单相铁素体组织，称为铁素体钢，如 1Cr17Ti 高铬铁素体不锈钢。

扩大奥氏体相区的元素如 Mn、Ni 会导致铁碳相图中的共析转变温度降低，而缩小奥氏体相区的元素如 Cr、W、Mo、Si、Ti 则会使共析转变温度升高，如图 5-6 所示。大部分合金元素都会使共析点 S 和共晶点 E 的含碳量减小，即使 S 点和 E 点向左移动(见图 5-7)。S

点发生左移表示共析体的含碳量下降,即钢中珠光体(P)的含量增加,钢的强度增强。而 E 点向左移动会在钢中形成低温的莱氏体(L'_d)。

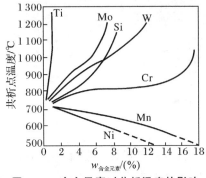

图 5-6 合金元素对共析温度的影响

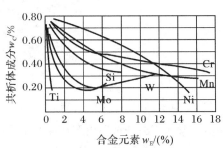

图 5-7 合金元素对共析含碳量的影响

3. 合金元素对钢热处理的影响

合金元素对钢热处理的影响主要体现在加热、冷却和回火过程中相变的影响。

(1)钢加热时对奥氏体形成的影响。合金元素的影响表现为对奥氏体形成速度的影响以及对奥氏体晶粒大小的影响两个方面。奥氏体的形核及生长过程决定了奥氏体的形成速度,这两个过程都与碳的扩散密切相关。例如,非碳化物形成元素(Co、Ni 等)能加速碳在奥氏体中的扩散,从而提高奥氏体的形成速度;Si、Al、Mn 对于碳在奥氏体中的扩散作用相对较弱,对奥氏体形成速度的影响有限;而 Cr、Mo、W 等元素与碳的亲和力强,可以生成难以在奥氏体中溶解的合金碳化物,显著延缓奥氏体的形成速度。大部分合金元素都能抑制奥氏体晶粒的生长,进而使奥氏体晶粒细化。

(2)对钢的过冷奥氏体分解转变过程的影响。加入合金元素后能够引起钢的 C 曲线发生改变。除了 Co,大多数合金元素都会导致 C 曲线向右偏移,如图 5-8 所示,使钢的临界冷却速度降低并增强其淬透性。需要指出的是,只有加入的合金元素完全融入奥氏体中,才能增强钢的淬透性。另外,同时加入两种或更多种合金元素对淬透性的影响作用,比两种单一元素影响的总和要强很多。

(3)对淬火钢回火转变过程的影响。合金元素影响回火转变主要表现在两个方面。首先,使钢的回火稳定性提升。

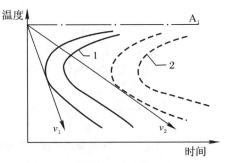

1—碳钢;2—合金钢

图 5-8 碳钢与合金钢的临界冷却速度示意图

在回火过程中,合金元素可以延缓马氏体分解及残余奥氏体的转变(即要在较高的温度下这些转变才能发生),同时提高铁素体的再结晶温度,使得碳化物聚集生长的难度增大,从而增强钢抵抗回火软化的能力,即提高了回火稳定性。其次,出现回火脆性问题,即在特定的温度区间内,淬火合金钢回火时会出现冲击韧性急剧下降的现象。

此外,W、Mo、V 等与 C 形成的碳化物,在 550 ℃时会使钢达到最高硬度,产生二次硬化现象,如图 5-9 所示。与碳钢相比,回火温度更高,即合金元素提高了钢的回火稳定性。而含 Mn、Cr、Ni 等元素的合金钢在回火过程中会出现所谓的回火脆性,即经回火后韧性降低的现象。这种现象有不可逆和可逆两种情况。不可逆回火脆性通常在 250～400 ℃ 区间进行回火时出现,其由相变机制引起,目前难以完全消除,只能尽量避免。而可逆回火脆性的温度为 400～650 ℃。可以重新加热至脆性消失,之后快速冷却。不要在 400～650 ℃ 内过久停留或缓慢冷却。否则会再度出现脆化,具体如图 5-10 所示。

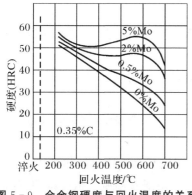

图 5-9 合金钢硬度与回火温度的关系

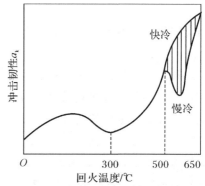

图 5-10 Ni-Cr 钢的回火脆性示意图

5.1.1.3 合金钢的分类与编号

1. 合金钢的分类方式

目前应用的合金钢具有多种类型,可以从不同角度(如成分、用途等)进行分类。

(1)基于钢中合金元素的总质量分数可以分为低合金钢(合金元素质量分数 $w_{AE}<5\%$)、中合金钢(质量分数 $5\%\leqslant w_{AE}<10\%$)、高合金钢($w_{AE}\geqslant10\%$)。

(2)根据用途可以划分为合金结构钢、合金工具钢和特殊性能钢。其中,合金结构钢包括渗碳钢、调质钢、超高强度钢等,合金工具钢有刃具钢、模具钢等,特殊性能钢则包括不锈钢、耐热钢等。

2. 合金钢的编号

(1)合金结构钢的编号由"两位数字+元素符号+数字"三部分构成。前两位数字代表含碳量(质量分数)的万分之几,合金元素符号后的数字表示该元素含量(质量分数)的百分之几。当合金元素含量低于 1.5% 时,通常只标记元素符号而不标明含量。但当含量达到或超过 1.5%,如 2.5%、3.5% 等,则在元素后面标注 2、3、4 等。尽管 Nb、Ti、B 等元素在合金结构钢中的含量很少,但由于是特别添加的元素,应在编号中标明。

合金结构钢是优质钢、高级优质钢(牌号后加 A)或特级优质钢(牌号后加 E)。

滚动轴承钢的牌号以"G"起首,后面跟表示铬元素含量(质量分数)的千分之几,而碳的质量分数则不标注。例如,GCr15 钢为含有 1.5% 铬的滚动轴承钢。若除铬外还有其他合金元素,其表示方式与常规合金结构钢相同。尽管滚动轴承钢都是高级优质钢,但其牌号后不加"A"。

(2)合金工具钢的编号与合金结构钢的不同之处在于,当碳的平均质量分数小于 1% 时,只用一位数字表示碳元素的千分之几;而当碳的质量分数超过或等于 1% 时,则不标出。

例如，9SiCr 钢的含碳量是 0.9%，而 Si 和 Cr 的平均质量分数约为 1%左右。但高速工具钢例外，含碳量不论多少都不标出。由于合金工具钢和高速工具钢都是高级优质钢，其牌号后不用再加注"A"。

(3)特殊性能钢的编号方法与合金工具钢的编号方法基本相同。含碳量用两位或三位阿拉伯数字表示，代表最佳控制值（以万分之几或十万分之几）。牌号中含碳量的表示方法如下：

1）当含碳量上限不超过 0.1%时，牌号以含碳量上限的 3/4 表示。如：06Cr18Ni18 中的 06 表示 0.08%的 3/4，含碳量上限为 0.08%。

2）当含碳量上限超过 0.1%时，牌号中含碳量以其上限的 4/5 表示。例如：12Cr23Ni13 中 12 表示 0.15%的 4/5，含碳量上限为 0.15%。

在规定了含碳量范围的情况下，使用平均含碳量×100 来表示。如：含碳量在 0.16%～0.25%范围内的牌号含碳量表示为 20，例如 20Cr25Ni20。

一些特殊专用钢，为了表示钢的用途，在牌号前或者后加上字母。如铸造合金钢的编号一般在牌号前加"ZG"，ZGMn2；还有易切削钢 Y15、易切削非调质机械结构钢 YF35V 和热锻用非调质机械结构钢 F45V 等。

5.1.2 合金结构钢

5.1.2.1 渗碳钢

渗碳是一种针对工件表面进行的热处理方法，通过对钢件表面进行扩散渗入碳原子并淬火来增强钢的耐磨性、耐久性和韧性。经过这种热处理的钢材称为渗碳钢。渗碳钢常规的热处理过程包括渗碳后的淬火和低温回火。经此处理的钢件心部组织为低碳马氏体组织，具有足够的强度和韧性，而表面为回火马氏体和一定量的细小碳化物组织，表现为硬且耐磨。

1. 分类及应用

根据淬透性的高低，渗碳钢可分为低、中、高淬透性三类。

(1)低淬透性合金渗碳钢。低淬透性合金渗碳钢（抗拉强度为 800～1 000 MPa），如 15Cr、20Cr、15Mn2、20Mn2 等。这类钢淬透性低，经渗碳、淬火与低温回火后心部强度较低，主要用于制造受力较小、心部强度要求不高的耐磨零件，如活塞销（见图 5-11）、滑块、小齿轮等，含合金元素总量<3%。

(2)中淬透性合金渗碳钢。中淬透性合金渗碳钢（抗拉强度为 1 000～1 200 MPa），如 20CrMnTi、12CrNi3A、20CrMnMo、20MnVB 等。这类钢含合金元素的总量约为 4%，主要是把 Cr 和 Mn 配合加入钢中，能更有效地提高淬透性。其一般用来制造重负荷的中、小耐磨件和中等负荷的模数较大的齿轮，如汽车、拖拉机的变速箱与后桥齿轮、齿轮轴、凸轮轴（见图 5-12）等。

(3)高淬透性合金渗碳钢。高淬透性合金渗碳钢，例如 12Cr2Ni4 和 18Cr2Ni4WA，抗拉强度超过 1 200 MPa，合金元素总含量为 4%～6%。由于 Cr 和 Ni 元素含量较高，钢的淬透性能显著提升,尤其是含有大量 Ni 元素的钢,既提高了强度又确保了良好的韧性。这类钢适用于需承受重载和剧烈磨损的大型关键部件,例如内燃机车的牵引齿轮、柴油机曲轴(见图 5-13)、连杆以及缸头的高精度螺栓。

图 5-11 低淬透性合金渗碳钢——活塞销(20Cr)

图 5-12 柴油机凸轮轴

图 5-13 柴油机曲轴

2. 性能要求

渗碳钢主要用于制造承受强烈磨损、大的交变载荷,甚至是冲击载荷作用的汽车、拖拉机的变速齿轮以及内燃机的凸轮轴和活塞销等关键部件。这些部件在工作时需要有高的弯曲疲劳强度和接触疲劳强度。因此,渗碳钢的表面应具备高硬度、高耐磨性,而心部需要有良好的强韧性。此外,渗碳钢在高渗碳温度(900~950 ℃)下要有优良的热处理工艺性能,即奥氏体晶粒保持稳定、不易长大,且具有良好的淬透性。

3. 化学成分特点

渗碳钢属于低碳钢,含碳量约为 0.15%~0.25%,这样能够确保渗碳零件心部有好的韧性和塑性。为增强渗碳钢心部的强度,可以加入如 Cr、Ni、Mn、Mo、W、Ti、B 等合金元素。Cr、Mn 和 Ni 主要增强钢的淬透性,从而在淬火和低温回火后强化其表层和中心组织。而 Mo、W、Ti 等少量的碳化物形成元素能形成稳定的合金碳化物,细化晶粒,提高渗碳层的硬度,进而增强耐磨性。

4. 热处理特点及组织

渗碳钢的热处理工艺一般为渗碳后预冷直接淬火,再低温回火,以获得高硬度的表层及强而韧的心部,这种方法适用于合金元素含量较低又不易过热的钢,如 20CrMnTi、20CrTi 等。一次淬火:渗碳后空冷至室温,重新加热淬火并低温回火。一次淬火适用于渗碳后易过热的合金钢,如 20Cr、20Mn2 等。二次淬火:渗碳后空冷至室温,重新加热两次淬火并低温回火。第一次淬火目的是细化心部组织并消除表面渗碳层中的网状渗碳体,第二次淬火是为了在表层获得细小的马氏体和颗粒状的碳化物组织,最后进行低温回火,能起到消除应力、稳定组织和稳定尺寸的作用。

5. 常用的渗碳合金钢

常用的渗碳合金钢有 20Cr、20CrMnTi、18Cr2Ni4W 等。

5.1.2.2 调质钢

调质钢是经调质处理(淬火加高温回火)后使用的中碳钢或者中碳合金钢。

1. 分类及应用

按照淬透性的高低,调质钢分为以下三类。

(1) 低淬透性合金调质钢。低淬透性合金调质钢的油淬临界直径为 20～40 mm。典型代表如 40Cr,可用于制造一般尺寸的重要零部件。

(2) 中淬透性合金调质钢。40CrMn、40CrNi、35CrMo、38CrMoAl 等中淬透性的调质钢的油淬直径为 40～60 mm,常用于制造截面较大、承受较高载荷的机器零件,如曲轴、连杆等,如图 5-14 所示。

连杆　　　　　　　　　　曲轴

图 5-14　合金调质钢——连杆、曲轴

(3) 高淬透性合金调质钢。高淬透性合金调质钢在油淬过程中的临界直径通常在 60～100 mm 之间,这类钢多为铬镍钢。40CrMnMo、40CrNiMoA、25Cr2Ni4WA 等是其典型代表。这些材料主要应用于制作大截面且承受大载荷的关键机械部件,例如汽轮机的叶片和航空发动机的曲轴。

2. 性能要求

合金调质钢广泛用于制造机床齿轮、主轴和汽车发动机曲轴、连杆等,负荷经常变动,有时还受到冲击作用,在轴颈或者花键等部位还存在剧烈摩擦。其失效形式大多为疲劳断裂、过量变形、局部磨损等。因此要求钢有较高的强度、良好的塑性和韧性,表面和局部有一定的耐磨性等,即具有较高的强度和良好的塑性、韧性,以及很好的淬透性。

3. 化学成分特点

(1) 含碳量在 0.3%～0.5% 之间,属于中碳范围。当含碳量过低时,没有足够的淬硬性,而过高的含碳量则会导致热处理后的韧性不足。

(2) 添加如 Cr、Mn、Si、Ni 等合金元素有助于增强淬透性;而 Mo、W、V、Ti 等元素作为碳化物形成元素,有助于细化晶粒和提高钢的韧性。

(3) 为了抑制回火脆性,添加少量的合金元素,例如 Mo、W。在高温回火并进行缓慢冷却时,容易出现第二类回火脆性,而快速冷却又很难避免这种现象,因此需要引入合金元素进行抑制。

4. 热处理特点

调质钢的热处理是淬火+高温回火。调质钢是亚共析钢,淬火加热温度在 A_{c3} 以上,具体温度由钢的成分决定。淬火介质根据钢的淬透性和零件的尺寸决定,实际上一般都是油中淬火。

高温回火,回火温度在 500～600 ℃,得到回火索氏体组织,获得较高的强度以及较高的塑性、韧性。高温回火出炉后应迅速冷却,以防止回火脆性发生。

通常调质钢的零件还要求某些部位有良好的耐磨性,因此在调质后需要在局部位置进行高频感应表面淬火。另外对于要求耐磨性良好的零件,通常选用含有 Cr、Mo、Al 的调质钢,调质处理后可进行氮化处理,使得工件表面形成 Cr、Mo、Al 的氮化物,硬度、耐磨性显著提高,又称之为氮化钢。

利用 35CrMo 合金调质钢制造传动轴(见图 5-15)的热处理工艺:在 850 ℃下进行油淬加热,然后在 550 ℃进行回火并油冷。轴颈处经过高频感应加热实现表面淬火,并低温回火处理。整体轴的 σ_s 超过 835 MPa,断裂吸收功为 63 J,表现出高的强度和良好的韧性。轴颈的表面硬度在 55~58 HRC 之间,具有良好的耐磨性能。

图 5-15 传动轴

5.1.2.3 超高强度钢

将抗拉强度 σ_b>1 500 MPa 或者屈服强度 σ_s>1 400 MPa 的钢材称为超高强度钢。相较于普通的碳钢或者合金钢,它具有更高的强度、更长的疲劳寿命和更优的抗冲击性能,同时还具有较好的耐久性和抗腐蚀性能。目前超高强度钢广泛应用在飞机起落架、高端轴承钢、精密齿轮、舰艇、火箭发动机壳体等结构件上。

1.分类及应用

根据材料的冶金属性,超高强度钢可分为低合金超高强度钢、二次硬化超高强度钢和超高强度马氏体时效钢。

(1)低合金超高强度钢。该类钢是指合金元素含量低于 5%,主要组织为低温回火马氏体的钢。在 1950 年,研发出了 AISI 4340 超高强度钢,其中加入了 Mo、Ni、Cr、Si 等合金元素,经过淬火和低温回火处理后,其屈服强度达到 1300 MPa。300M 钢则是在 AISI 4340 钢的基础上添加 1.5%~2% 的 Si 和微量 V 制成的,既确保了超高强度,也增强了其断裂韧性。Si 有助于增加钢的回火稳定性并防止回火脆性;而 V 则可以形成稳定性高的微小碳化物,从而进一步增加钢的强度。

(2)二次硬化超高强度钢。此类钢是指在马氏体钢中加入一些促进碳化物形成的元素,如 Mo、Ni、Cr、Co 等,经过淬火及高温回火工艺后,生成了弥散、细小的第二相碳化物,进而硬度显著增大的合金钢。例如,在 Ferrium M54 钢的制造中,减小 Co 含量可以降低合金成本;加入适量的 V、Ti 和 W 后,形成的富钒碳化物有助于提高强化作用,形成的富钛碳化物有助于抑制高温下奥氏体粗化,而钨则有助于细晶强化从而提高钢的强度。Ferrium M54 钢的屈服强度达到 1 965 MPa,断裂韧性则高达 110 MPa·$m^{1/2}$。

(3)超高强度马氏体时效钢。此类钢是经过时效处理的超高强度马氏体钢,在超低碳马氏体基体上析出了弥散分布的各种纳米尺度的金属间化合物,通过 Orowan 机制产生了硬化效应。为了显著提高马氏体的强度、硬度,向铁镍马氏体合金中加入如 Mo、Ti 和 Co 等元素。其中,钼和钛有助于与镍形成弥散分布的纳米级化合物,提高强化作用;钴主要是通过影响钢中高密度位错亚结构的分布来促进纳米尺度钼金属间化合物的均匀成核和分布,同时也通过提高马氏体的转变温度来进一步增加强度和确保塑性、韧性。经研究发现,18Ni(200)钢和 18Ni(250)钢的屈服强度分别超过了 1 400 MPa 和 1 700 MPa。此外,还研发了屈服强度分别为 2 000 MPa 的 18Ni(300)钢、2 400 MPa 的 18Ni(350)钢、2 800 MPa 的 18Ni(400)钢和

3 500 MPa的18Ni(500)钢。

2. 化学成分特点

超高强度钢含碳量中等,并含铬、锰、硅、镍、钼、钒等合金元素。

3. 热处理特点及组织

采用淬火后进行回火的热处理工艺,即将钢件加热到奥氏体区或奥氏体与铁素体两相区以上的某一温度,保温一定时间后,迅速将其浸入淬冷介质中进行冷却,从而形成强度和硬度极高的马氏体组织以及残余奥氏体。接着,再次对钢件加热至某一温度并保温,然后在油或空气中冷却,得到稳定的回火组织。采用淬火＋回火的热处理工艺,得到的组织含有马氏体与回火稳定组织,这种混合组织能够确保钢件具有好的综合性能。

5.1.2.4 弹簧钢

弹簧钢指的是制造各类弹簧及其他弹性元件的专用合金钢。

1. 性能要求

弹簧通常要在周期性的弯曲、扭转等交变载荷下使用,受到拉伸、压缩、冲击、疲劳和腐蚀等多重作用,有时还需承受高强度的瞬间载荷变化。因此,弹簧钢不仅需有高的弹性极限σ_e和疲劳强度σ_r,还需有好的塑性与韧性,以及良好的淬透能力。

2. 化学成分特点

(1) 弹簧钢的含碳量属于中碳至高碳范围(0.5%～0.85%),能够确保具有高的弹性极限与疲劳强度。含碳量低会导致强度不足,而含碳量高则会造成钢脆性大。

(2) 主要加入的合金元素为Si和Mn,含量通常为2%～3%。其目的是增强淬透性、强化铁素体(Si和Mn的固溶强化效果优异)以及增加回火稳定性,以确保弹簧钢在相同回火温度下保持较高的强度、硬度。尽管Si的效果显著,但过多的Si将增加碳的石墨化趋势,在加热时容易造成脱碳;而Mn可引起钢的过热现象。

(3) 为弥补Si-Mn弹簧钢的某些不足,又添加了Cr、W、V和Nb等可形成碳化物的合金元素,有助于避免钢的过热和脱碳,确保弹簧钢具有高的弹性极限和屈服极限。

3. 热处理特点

弹簧钢主要可分为热成型与冷成型两大类。

对于热成型弹簧钢,其热处理工艺主要是淬火＋中温回火。淬火时,钢材需加热至830～870 ℃,随后在50～80 ℃的油中进行冷却。回火则在420～520 ℃下进行,得到回火屈氏体组织。

冷成型弹簧钢是在钢材经过冷变形或特定热处理获得一定性能之后,再采用冷成型技术制出一定形状的弹簧。热处理使用油淬＋回火,经过冷成型的弹簧在成型之后需进行200～400 ℃的低温回火以增强其性能。

4. 常用的弹簧钢

Si、Mn弹簧钢,代表牌号为65Mn、60Si2Mn。其淬透性显著高于碳素弹簧钢,可用于制造截面尺寸较大的弹簧。

含有 Cr、V、W 等合金元素的弹簧钢,代表牌号有 50CrVA。Cr 和 V 的加入,不仅提高了淬透性,而且还使其具有较高的高温强度、韧性和较好的热处理性能。因此其广泛应用于制造在 350～400 ℃下承受重大载荷的大型弹簧,如阀门弹簧、高速柴油机的气门弹簧等。

5.1.2.5 滚动轴承钢

用于制造滚动轴承的钢称为滚动轴承钢,用于制造高精度、高强度滚动轴承的内、外环和滚动体。

1. 性能要求

在快速运转的机械设备中,滚动轴承扮演了重要的角色。当滚动轴承工作时,套圈与滚动体之间仅仅是点接触或线接触,这意味着接触面积非常小。尽管接触面积小,但这些接触点上需要承受巨大的交变载荷,其接触应力达 1 500～5 000 MN/m²,而且这种应力在 1 min 内的交变次数高达数万次。这样的工作环境常常导致接触疲劳破坏,从而使金属表层剥落。此外,当滚动轴承高速旋转时,除了滚动摩擦外,还会产生滑动摩擦。这种摩擦可导致轴承过度磨损进而影响轴承的精度。因此,滚动轴承应具备以下特点:①高的强度、硬度和抗磨损性能;②高的接触疲劳强度;③良好的韧性和耐腐蚀性能;④高的纯净度。

2. 化学成分特点

(1)高碳。保证了高的硬度和耐磨性,含碳量为 0.95%～1.15%,属于过共析钢。

(2)加入 Cr 元素,增加钢的淬透性,提高耐蚀性。Cr 含量为 0.4%～1.65%,若高于 1.65%,会使残余奥氏体增加,钢的硬度和尺寸稳定性降低,同时还会增加碳化物的不均匀性,降低韧性。

(3)加入 Si、Mn(<3%)等合金元素可进一步提升淬透性。对于大型的轴承,还需加入更多的合金元素以提升淬透性。

(4)降低 S,P 含量,以提升冶金质量。夹杂物的种类、尺寸、形态、大小和分布都对轴承钢的性能有重要的影响。通常,$w_S<0.02\%$,$w_P<0.027\%$。

3. 热处理工艺

对于滚动轴承钢,常见的热处理工艺为球化退火、淬火+低温回火。

(1)球化退火:滚动轴承钢属于过共析钢类,对碳化物的形态及分布有着极高的要求。因此,常常进行球化退火处理,目的是使钢的硬度降低。退火后的硬度是 207～229 HBS。这不仅有利于改善后续的切削加工性能,还能够得到细小球状的珠光体以及均匀分布的细粒状碳化物,为后续热处理打好基础。一般地,球化退火的工艺是将钢材加热到 790～800 ℃,然后在 710～720 ℃下保温 3～4 h。

(2)淬火+低温回火:滚动轴承钢的最终热处理是淬火+低温回火,从而获得极细的回火马氏体、均匀分布的细粒状碳化物以及微量的残余奥氏体。值得注意的是,精密轴承必须确保在长时间储存和使用期间都不会发生变形。导致这种变形和尺寸变化的主要原因是内应力以及残余奥氏体的转变。为了确保尺寸稳定性,可在淬火后立刻进行"冷处理"(−80～−60 ℃)。同时通常在进行回火及磨削加工后,在 120～130 ℃下保温 5～10 h,即进行低温时效处理。

5.1.3 合金工具钢

工具钢是指用来制造各种加工工具的钢,根据用途可分为刃具钢、模具钢和量具钢。

5.1.3.1 刃具钢

刃具钢专门用来制造各种切削工具,如车刀、铣刀、刨刀、钻头和丝锥等。在切削时,刀刃与工件表面金属之间发生强烈作用,导致切屑发生变形和断裂,并从工件上脱落。因此,刀刃在此过程中要经受各种应力,如弯曲、扭转、剪切和冲击,还需承受振动。此外,刀刃与工件以及切屑之间的强摩擦作用会产生大量的热量。当切削速度增加或进给量增大时,刀刃的局部温度也随之升高。刃具常见的失效形式是磨损。为了确保切削效率和刀具寿命,高质量的刃具钢必须满足以下条件。

(1)极高的硬度:主要通过形成高碳马氏体组织来实现。

(2)优良的耐磨性:组织由高碳马氏体和均匀分布的细小碳化物组成,可以确保其耐磨性。

(3)高的红硬性:红硬性表示钢材在高温时仍能保持良好的硬度和切削性能,高的红硬性可通过加入提高回火稳定性的合金元素来实现。

(4)足够的韧性。

1. 低合金刃具钢

(1)成分特点。低合金刃具钢通常含碳量为 0.85%~1.5%(高碳),以确保钢的高硬度和良好的耐磨性;添加的主要合金元素为 Cr、Si、Mn、W 和 V。其中,Cr、Si 和 Mn 可以提高钢的淬透性和回火稳定性。而 W 和 V 则有助于提高其硬度和耐磨性,同时防止钢在加热过程中过热,使晶粒保持细化。

(2)热处理特点。低合金刃具钢的预处理工艺是球化退火,多数采用等温退火以缩短退火时间,确保钢材获得均匀且稳定的球化组织。若退火温度过高,会导致钢的氧化和脱碳;而温度过低,则会导致碳化物过细,导致退火后的硬度过高,碳化物的网状结构难以消除。最终的热处理工艺通常是淬火后进行低温回火,得到的组织为马氏体组织和颗粒状碳化物。

(3)常见的低合金刃具钢牌号。低合金刃具钢主要可分为两大体系。第一类是针对增强钢的淬透性的,代表的钢种如 9SiCr 和 Cr2;第二类是针对提高钢的耐磨性的,例如 Cr06 和 W 系列的钢。要特别指出的是,为增强钢的淬透性研发的 9SiCr 钢,油淬直径为 40~50 mm,非常适合制造形状复杂且变形较小的刃具,例如板牙、丝锥和钻头等。而 Cr06 钢则是为了增强耐磨性设计的,淬火后的硬度及耐磨性均相当出色,非常适用于制作如剃刀和刀片这样的刃具。

总之,低合金刃具钢解决了淬透性低、耐磨性不足的问题,但是由于合金元素数量不多,所以红硬性不足,不能满足高速切削的要求。因此发展了高速钢。

2. 高速钢

在高速切削的环境下,刃具的刃部温度常常会超过 600 ℃。经过热处理的高速钢,在这样的温度下仍能保持较高的硬度(达到 60 HRC 以上),这使其在高温条件下依然拥有出色的切削效率和耐磨性。除此之外,高速钢不仅拥有高强度,还具备良好的塑性和韧性,以及极高的淬透性,即便在空气中冷却,也能实现全面淬透。

高速钢因其优异的特性而被广泛用于制造那些尺寸较大、切削速度快、负载重和工作温度高的切削工具,例如车刀、刨刀、拉刀和钻头等。不仅如此,它还被用于制造一些模具和特种轴承。在当代的刀具材料领域,高速钢所占比例高达65%,无疑是一种极为重要的工具材料。

(1)高速钢的成分特点。含碳量范围为0.7%~1.65%,合金元素总含量为15%~25%。其中,钨含量为6.0%~19%,钼含量为1.0%~6.0%,铬含量为3.8%~4.4%,钒含量为1.0%~4.0%。除此之外,高速钢还含有其他少量合金元素,如铝、铌、钛、硅及稀土元素,但其总含量不超过2%。

碳在高速钢中主要是形成充足的碳化物并确保马氏体中的碳浓度,是决定钢中相的组成和相对含量的关键因素。

钨是使高速钢具有高红硬性的主要元素。它能与碳形成M_6C型碳化物。在淬火过程中,部分M_6C溶入奥氏体,提高奥氏体的合金化程度,而未溶入的碳化物则有助于阻止晶粒过度生长。淬火后存在于马氏体中的钨可以提高其分解温度。在回火时,钨以W_2C形态从马氏体中析出,导致二次硬化,从而赋予高速钢高的红硬性。而钼与钨在高速钢中的作用相似,可以互相替代。

钒在高速钢中能有效地提高其红硬性、硬度和耐磨性,并有助于细化晶粒和降低过热敏感性。

铬的主要作用是增强高速钢的淬透性,而钴则主要提高马氏体的回火稳定性和二次硬化效果,使高速钢具有优异的热硬性。

(2)高速钢的热处理特点。由于高速钢中合金元素的含量高,使相图中E点左移,使高速钢成为莱氏体钢。铸态下高速钢的组织中包含大量的鱼骨状共晶碳化物,这些碳化物既硬又脆,对材料的性能危害巨大。由于无法通过热处理来消除这些碳化物,通常采用反复锻造的方法将其打碎,如图5-16所示。

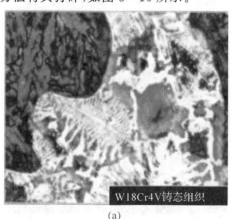 

(a) (b)

图5-16 W18Cr4V高速钢组织

(a)铸态组织;(b)锻造后组织

高速钢的制造流程包括:铸造→锻造→球化退火→机械加工→淬火以及三次570 ℃下回火。

以 W18Cr4V 钢为例,在球化退火过程中,退火温度为 860～880 ℃(稍高于 A_{C1} 温度),保温 2～3 h,可以有效改善组织、消除应力并降低硬度。W18Cr4V 钢经球化退火后的组织如图 5-17 所示。

在淬火过程中,加热温度越高,溶入奥氏体的合金元素越多,进而使淬火后的马氏体中合金元素含量也越高。只有马氏体中合金元素含量高时才具有红硬性。对红硬性影响最大的合金元素(如 W、Mo、V),在 1 000 ℃ 以上时溶解度会显著提高。但当温度超过 1 300 ℃ 后,虽然合金元素的含量增加了,但奥氏体晶粒却会迅速长大。在不发生过热的前提下,淬火温度越高,红硬性越好。例如,W18Cr4V 的淬火温度为 1 280 ℃,其组织为马氏体+碳化物+残余奥氏体(20%～25%),如图 5-18 所示。

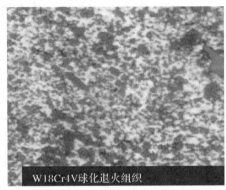

图 5-17 W18Cr4V 球化退火组织

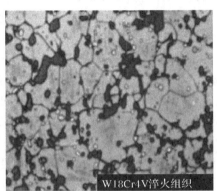

图 5-18 W18Cr4V 淬火组织

回火的目的是消除淬火应力,减少残余奥氏体,稳定组织。通常进行三次回火处理,均在 570 ℃ 下保温 1 h。回火过程中最显著的组织变化是从马氏体和残余奥氏体中析出合金碳化物,如图 5-19 所示。这会引起钢的基体成分和性能发生变化。一次回火后,约有 10% 的残余奥氏体未转变;二次回火后,残余奥氏体含量可以降低至 5% 以下。正常的回火组织为回火马氏体+碳化物。值得注意的是,在回火过程中,每次回火后都必须先冷却至室温再进行下一次回火,以避免回火不足。

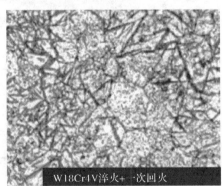

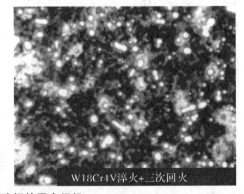

图 5-19 高速钢的回火组织

(3)高速钢的典型牌号。高速钢大致可分为两大类。一是通用型高速钢,又可细分为钨系、钼系和钨钼系。典型的牌号如 W18Cr4V 和 W6Mo5Cr4V2,这类钢主要用于高速切削刃具,如车刀、刨刀、铣刀和转头等。二是高性能或特殊用途高速钢,包括高碳高钒高速钢

（W12Cr4V4Mo）、高钴高速钢（W2Mo9Cr4VCo8）以及超硬型高速钢（W2Mo10Cr4VCo8）。高碳高钒高速钢是为了增强耐磨性而开发的，高钴高速钢是为了增强红硬性而研制的，而超硬型高速钢则是为了加工难以切削的材料而研发的。

如今，高速钢的应用已经不仅限于切削刃具，其在模具领域的应用也逐渐得到推广。

5.1.3.2 模具钢

模具钢是用以制造冷热模具的钢种。根据模具的使用性质可分为两大类，一类是冷作模具钢，另一类是热作模具钢。

1. 冷作模具钢

冷作模具钢主要用于制造金属冷成型模具，包括冷冲裁模具、冷冲压模具、冷拉深模具、螺纹压制模具以及粉末压制模具等等。这些模具在使用过程中的工作温度一般不超过200～300℃。

在工作中，模具的关键部位需要承受巨大的压应力、弯曲力、冲击力和摩擦力。这使模具主要的失效形式为磨损。因此，冷作模具钢需要具备高的硬度和耐磨性，以及高的抗弯强度和足够的韧性，以确保加工过程的顺利进行。相较于刃具钢，模具钢在淬透性、耐磨性和韧性上的要求更高，而在红硬性方面的要求则较低。

冷作模具钢主要为碳钢。热处理方式为淬火+低温回火。其组织由回火马氏体、颗粒状碳化物和少量的残余奥氏体构成。

常见牌号如9Cr2和9Mn2V，主要用于制造冷冲模、挤压模等。

2. 热作模具钢

热作模具钢主要适用于制作在高温条件下进行压缩加工的模具，例如热锻造模具、热挤出模具、压铸工具等。这类模具与热态金属直接作用，首先，会造成模具的腔体表面金属受热，导致其表面硬度和强度大幅下降；其次，由于反复经受热冷循环，模具表面会产生热疲劳。所以，这类模具需要在高温下具备优良的综合性能，包括抗热疲劳性、淬透性和导热性。

热作模具钢中的含碳量中等，约为0.3%～0.65%，以确保良好的韧性。加入Cr、Mn、Ni、Si、W、V等元素后，能够强化铁素体，提高淬透能力，增加回火稳定性，并在回火中实现二次硬化，从而提高钢的高温强度、抗热变形和热疲劳能力。

热作模具钢为亚共析钢，常规热处理方式是淬火后进行高温回火，其组织为回火索氏体，确保高韧性，而回火阶段有合金元素形成的碳化物析出，实现二次硬化，确保了高温下的强度。

热作模具钢的典型代表如5CrNiMo，主要用于大型热锻模具，而普通热模多选用5CrMnMo。

5.1.3.3 量具钢

量具钢是制作如游标卡尺、千分尺、塞尺、块规和螺旋测量仪等测量工具的专用钢材。在量具使用期间，要保证测量尺寸的精度。因此，量具钢必须具备以下特点。

（1）高的硬度和抗磨损性能。

（2）稳定的组织。任何组织的变化都可能导致尺寸的偏差，因此要最大限度地减少不稳定组织并降低内应力。

(3)低的表面粗糙度值。需要确保量具与被测物的紧密接触。

(4)好的耐腐蚀性能。在腐蚀环境中使用的量具必须具备良好的耐腐蚀性能。

1. 量具钢的化学成分

量具钢的化学成分：高含碳量(0.9%～1.5%)，加入了 Cr、W、Mn 等增强淬透性的合金元素。

2. 量具钢的热处理特点

量具钢的热处理方式为淬火后低温回火，可以获得高的硬度和耐磨损性。为确保测量尺寸的准确性，热处理过程中还需进行以下操作：

(1)淬火加热时进行预热以将形变降到最低。

(2)在保证硬度的前提下，尽可能降低淬火温度，并采用分级或等温淬火方法，减少残余奥氏体量。

(3)采用长时间的低温回火，以增强组织稳定性。

(4)对于要求高精度的测量工具，淬火后进行冷处理，将残余奥氏体转化为马氏体，提高尺寸稳定性。这种冷处理应在淬火后立即进行，温度为 $-80 \sim -70$ ℃，随后进行低温回火。

(5)对于超高精度的量具，经过淬火、冷处理和低温回火后，要进行 120～130 ℃的时效处理，时长从几小时到几十小时，以降低马氏体的正方度、稳定残余奥氏体并消除残余应力。

3. 量具钢的常用牌号

一般精度量具钢的常用牌号有 T8A、T10A、T12A，高度精密量具钢的常用牌号有 CrMn、CrWMn、GCr15 等。

5.1.4 特殊性能钢——不锈钢

5.1.4.1 概述

在实际应用中，很多零部件需要与酸、碱、盐以及具有腐蚀性的气体或水蒸气接触，因此常常产生腐蚀并造成损坏、失效。因此不仅需要生产这些部件的材料具有好的力学性能，还需要其表现出优越的抗腐蚀性能。当钢材在空气中的年腐蚀率小于 0.01 mm 时，称为适用于空气中的不锈钢；而在强酸或强碱环境下的年腐蚀率小于 0.1 mm 的钢材，则为强酸或强碱环境下使用的不锈钢。

1. 金属腐蚀的类型

当金属与其环境发生化学或电化学反应导致损伤时，称为金属腐蚀。其大致可以分为两类：化学腐蚀和电化学腐蚀。

(1)化学腐蚀：金属与其周围环境发生纯化学反应所导致的损伤。这种反应会逐步破坏金属，在整个腐蚀过程中不会产生电流。

(2)电化学腐蚀：金属与电解质溶液接触，形成许多原电池或微电池，发生电化学反应而产生腐蚀。这种腐蚀的标志是伴随着电流的产生。

要发生电化学腐蚀,以下三个因素必不可少:

1)存在两个电位不同的电极;

2)电解质溶液需与两个电极接触;

3)两个电极之间形成完整的闭合通路。

碳钢与电解质溶液接触时,碳钢的平衡组织中有两种相:铁素体和碳化物。两者的电位不同——铁素体电位较负作阳极,渗碳体的电位较正作阴极,构成了微电池,形成了电化学腐蚀,如图 5-20 所示。作为阳极的铁素体就会发生腐蚀,作为阴极的渗碳体则受到了保护。

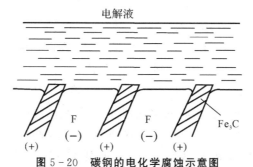

图 5-20 碳钢的电化学腐蚀示意图

要防止电化学腐蚀则要做到以下三点:

1)获得均匀的单相组织。

2)提高合金的电极电位。

3)表面形成钝化膜。

2. 提高抗腐蚀能力的方法

(1)使钢材在常温下为单相组织。

1)添加 Mn、Ni、Co 等能够扩展奥氏体区的合金元素,从而使钢材在室温下形成奥氏体组织,即奥氏体不锈钢。

2)利用 Cr、Mo、W、V、Ti、Si 等能够扩展铁素体区的合金元素,在常温下得到铁素体组织,即铁素体不锈钢。

(2)尽量减少或消除钢中(如偏析、应力和组织)的各种不均匀现象。

(3)通过牺牲阳极来保护阳极:加入一些比基材或合金电极电位更低的金属块。例如,在海洋环境中,为了避免船舶的腐蚀,会在船体的外部安装锌块作为保护。

5.1.4.2 马氏体不锈钢

经淬火得到的含有马氏体组织的不锈钢称为马氏体型不锈钢(Cr13 系列)。这种马氏体型不锈钢可接受硬化处理。经过淬火后,它的硬度显著提高,而不同的回火温度会赋予其不同的强度、韧性。其常应用在蒸汽轮机的叶片、餐具和医疗手术器械等零件上。

1. 化学成分特点

(1)铬的含量高($w_{Cr}=13\%$)。

高含 Cr 量有以下两方面的作用:

1) Cr 可与氧结合成致密、牢固的 Cr_2O_3 保护膜,膜层会阻碍阳极反应的进行。

2) 提高基体的电极电位,使腐蚀过程减慢。

(2) 含碳量为 0.1%～0.4%,如果含碳量过高,形成的碳化物含量就高,并沿着晶界析出,会导致电极电位降低,形成微电池的概率增大,就会形成晶间腐蚀。

马氏体型不锈钢仅通过 Cr 元素进行合金化,在氧化环境(如水蒸气、空气、海水等)中具有好的耐腐蚀性能,而在非氧化环境中,其难以形成有效的钝化膜。因此其耐腐蚀能力相对较弱。

2. 热处理特点

马氏体不锈钢的热处理方式主要是淬火+回火。

(1) 淬火。加热温度很高。以 Cr13 为例,淬火加热温度达到 1 050 ℃,碳元素与铬元素形成的 $Cr_{23}C_6$ 会充分溶入奥氏体中,得到单相马氏体。

(2) 回火温度要根据需求而定。以 Cr13 型为例:像 1Cr13 和 2Cr13 这种含碳量较低的马氏体不锈钢,通常作为塑韧性较高的耐蚀部件,需要在高温(700 ℃)下进行回火处理,得到的组织为回火索氏体。像 3Cr13 和 4Cr13 这种含碳量高的马氏体不锈钢,常常用作要求耐蚀、耐磨的零件,如医疗器械、量具等。因此在低温(250 ℃)下回火,得到的组织为回火马氏体。马氏体不锈钢有回火脆性,回火后应快速冷却。马氏体不锈钢在 400～600 ℃下回火后易出现应力腐蚀开裂。

3. 常用的马氏体不锈钢

常用的马氏体不锈钢有 1Cr13、2Cr13、3Cr13、4Cr13 等。

5.1.4.3 奥氏体不锈钢

奥氏体不锈钢在高温和室温下的组织都为稳定的奥氏体,不能通过基体的固态相变来使其强化,又因其主要含有 Cr、Ni 合金元素,所以又称为铬镍不锈钢。

1. 化学成分特点

含碳量低, $w_C = 0.08\% \sim 0.14\%$;含有大量的 Cr、Ni, $w_{Cr} = 17\% \sim 19\%$, $w_{Ni} = 8\% \sim 11\%$;含有 Mo、Ti 等合金元素。

Cr:产生钝化,形成保护层,阻碍阳极反应,提高钢的耐蚀性。

Ni:扩大奥氏体区,使钢在常温下呈现单相奥氏体组织。

Mo:改善点蚀和耐缝隙腐蚀性。

Ti:抑制 $Cr_{23}C_6$ 在晶界析出,防止晶间腐蚀的出现。

奥氏体不锈钢的性能特点:奥氏体不锈钢一般无磁性,无冷脆现象;奥氏体不锈钢具有很高的耐蚀性,其耐蚀性和耐酸性明显优于铁素体不锈钢和马氏体不锈钢;奥氏体不锈钢具有良好的冷加工性、可焊性及良好的韧性、塑性,但强度较低,仅能通过冷加工或金属间化合物的沉淀析出来提高强度。

2. 热处理特点

为了提高奥氏体钢的耐蚀性,通常会采用固溶处理、稳定化处理和去应力退火等工艺。

(1) 固溶处理：将钢件加热至 1 100 ℃ 左右，所有碳化物都溶入奥氏体中，然后快速冷却（如水冷）。这样可以确保在冷却时奥氏体来不及发生碳化物析出或相变，从而得到单相奥氏体组织。

(2) 稳定化处理：850～950 ℃，保温 2～6 h，空冷。稳定化处理是针对含 Ti 的奥氏体不锈钢进行的。钢在固溶处理后，碳化物消失，碳全部溶入奥氏体中，使奥氏体呈过饱和状态。一旦奥氏体不锈钢长时间处于 500～700 ℃ 的温度范围，就会促进碳化物在晶间析出，使晶界处于贫 Cr 状态，从而发生晶间腐蚀。Ti 正是为了消除晶间腐蚀而特意加入的。稳定化的目的是消除晶间腐蚀。加热温度高于 $Cr_{23}C_6$ 溶解温度而低于 TiC 完全溶解的温度，使得 $Cr_{23}C_6$ 完全溶解于奥氏体，TiC 部分保留；随后缓慢冷却，溶于奥氏体的 TiC 能充分析出。这样 C 就完全稳定于 TiC，使 $Cr_{23}C_6$ 不会在晶界析出，消除了晶间腐蚀的倾向。

(3) 去应力退火：冷塑性变形或焊接的奥氏体不锈钢存在残余应力，将会引起应力腐蚀，降低性能。对于冷塑性变形的奥氏体不锈钢，一般采用加热至 300～350 ℃、保温后空冷的热处理方式。对于焊接的奥氏体不锈钢，则加热至 850 ℃ 以上，保温后慢冷。

3. 常用的奥氏体不锈钢

常用的奥氏体不锈钢有 1Cr18Ni9、1Cr18Ni9Ti，广泛用于化工设备及管道。

4. 奥氏体不锈钢的腐蚀特点

在 500～700 ℃ 的工作温度下，$Cr_{23}C_6$ 沿晶界析出。由于碳的扩散速度远快于铬，导致晶界处形成了贫 Cr 区域。当这个区域的 Cr 含量少于 12% 时，其电极电位会明显下降。如果存在电解液，贫 Cr 区会作为阳极而发生腐蚀，导致晶间腐蚀，如图 5-21 所示。

这种腐蚀的特征在于：从外观上看几乎没有变化，但材料的强度、硬度和塑性等性能急剧下降，导致材料突然失效。

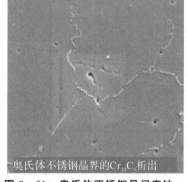

图 5-21　奥氏体不锈钢晶间腐蚀

为了防止这种情况发生，可以采取以下措施：

(1) 通过降低含碳量来减少 $Cr_{23}C_6$。

(2) 加入 Ti 和 Nb 两种元素。由于碳与这两种合金元素的亲和力大于与铬的亲和力，所以会优先形成 TiC 或 NbC，从而避免 $Cr_{23}C_6$ 的析出。

(3) 实施稳定化处理，即先进行固溶处理，再在 850～950 ℃ 下保温 2 h，最后缓慢冷却。

5.1.5　合金钢在航空航天领域的应用

近年来，在材料技术不断进步的背景下，航空航天领域已广泛应用了碳纤维、石墨烯、钛合金和稀土等先进材料。尽管如此，高端、优质的钢材在航空航天制造业中的作用仍然至关重要。这些材料包括高强度的结构钢，具有高精度、出色表面质量和高疲劳寿命的弹簧钢，以及超高强度的螺栓、弹簧、发动机气门弹簧、高温齿轮和轴承用钢等。飞机的关键结构组件也需要这些超高强度钢。具体来说,低合金超高强度钢 300M 广泛用于飞机起落架,D6AC 主要用作固态火箭的壳体材料,AF1410 钢以其优良的强度、断裂韧性,好的焊接、切削和成形性能而受到欢迎。此外,超高强度钢 30CrMnSiNi2A 因其高强度,出色的塑性、韧性、抗疲劳和断裂韧性等在航空业中占有重要地位。

5.2 铝和铝合金

通常金属可分为黑色金属,有色金属和特殊金属材料。其中有色金属具有许多优良的性能,在金属材料中占有很重要的地位。它们的种类很多,在航空领域广泛使用的是铝、镁、钛、铜、镍等金属。

铝、镁、钛的密度分别为 2.7 g/cm³、1.74 g/cm³ 和 4.5 g/cm³,故以铝、镁、钛为基的合金,又被称为轻金属合金或轻合金。一般来说,轻合金的强度和刚度都比结构钢小。但它们的密度小,比强度(强度/密度)和比刚度(弹性模量/密度)都比较大,与结构钢,甚至与超高强度钢相当(见表 5-1),所以在飞机制造中得到广泛应用,减轻了飞机的结构质量,提高了运载能力和速度。

表 5-1 轻合金与结构钢的比强度、比刚度的比较

合金类型	密度 $\rho/(\text{g}\cdot\text{cm}^{-3})$	抗拉强度 σ_b/MPa	比强度 $(\sigma_b/\rho)/(\text{MN}\cdot\text{m}\cdot\text{kg}^{-1})$	弹性模量 E/MPa	比刚度 $(E/\rho)/(\text{MN}\cdot\text{mg}\cdot\text{kg}^{-1})$
铝合金	2.7	500～600	180～210	72×10^3	26.6×10^3
镁合金	1.74	250～280	140～160	45×10^3	25.8×10^3
钛合金	约 4.5	1 000～1 200	220～270	113×10^3	25.1×10^3
调质结构钢	约 7.9	1 000～1 200	127～150	210×10^3	26.5×10^3
超高强度钢	约 7.9	1 600～2 000	200～250	210×10^3	26.5×10^3

铝在地壳中储量丰富,占地壳总重量的 8.2%,居所有金属元素之首。铝具有优良的理化性能和可加工性能,在电气工程、航空及宇航工业、一般机械行业和轻工业中都有广泛的用途。

5.2.1 纯铝

铝具有面心立方晶格,塑性较高($\delta=32\%\sim 40\%$,$\psi=70\%\sim 90\%$),可以承受各种冷热压力加工。铝的密度小(约是钢的 1/3),具有良好的导电性(仅次于银和铜)及导热性。铝在大气和淡水中具有良好的抗蚀性(表面易形成致密 Al_2O_3 薄膜,起保护作用)。

铝的纯度对其使用性能和工艺性能均有显著影响,杂质的存在使铝的塑性急剧下降,使抗蚀性降低。工业纯铝牌号有 L1、L2、L3、…、L7。其中,"L"是铝的汉语拼音字首,其后所附顺序数字愈大,其纯度愈低。含铝量在 99.93% 以上的高纯铝牌号表示为 L01～L04,其后顺序数字愈大,其纯度愈高。

纯铝在工业中的应用主要为铝箔、蜂窝结构、导电材料以及提高铝合金抗蚀性的包覆材

料。纯铝的强度较低,σ_b 为 80～110 MPa,经过冷加工硬化后可以达到 150～250 MPa,但此过程会导致其塑性降低,无法应用于承受载荷的受力结构件。

5.2.2 铝合金

为了增强铝的硬度、强度,以满足作为承载结构件的要求,通常在铝中添加特定的合金元素来进行合金化,从而获得多种性能不同的铝合金。

铜、镁、锌、锰和硅是主要添加到铝中的合金元素。由于铝不像钢那样具有同素异构转变特性,因此无法通过热处理来实现强化。对于铝来说,其强化作用主要依赖于合金元素的固溶强化和时效强化。

铜、镁、锌、锰、硅都能溶入铝中形成固溶体。它们在铝合金中的溶解度见表 5-2。镁的固溶强化效果较好;铜次之;锰及硅在铝中的固溶度较低,固溶强化作用有限;锌虽然在铝中的极限溶解度高达 82.2%,但由于形成的固溶体晶格畸变程度较低,固溶强化作用不大。

表 5-2 常加入的合金元素在铝中的溶解度

元素名称	Cu	Mg	Zn	Mn	Si
极限溶解度/(%)	5.6	17.4	82.2	1.8	1.65
室温溶解度/(%)	<0.1	<1.9	<4	<0.3	<0.17

时效强化作为铝合金强化的主要方法,其效果受多种因素影响,其中最主要的是铝中合金元素形成的强化相(来源于过饱和固溶体的分解析出)的结构与性能。当铜、镁、锌、硅溶入铝中时,它们形成的 $CuAl_2$、$CuMgAl_2$、$MgZn_2$ 和 Mg_3Zn_3Al 等都为强化相,因此,经过时效增强的铝合金中均包含这些相中的一种或多种。

5.2.2.1 铝合金的分类和编号

根据加工方法,铝合金可以划分为两大类:变形铝合金和铸造铝合金。图 5-22 给出了这两类铝合金的组成和状态的关系,位于 B 点左侧的铝合金在加热时能完全转化为单相固溶体,因此塑性好,更适于压力加工,被命名为变形铝合金。而位于 B 点右侧的铝合金,由于其含有共晶组织,使压力加工变得困难,但铸造性能出色,适合铸造,因而被称作铸造铝合金。值得注意的是,图 5-22 中有一部分铸造铝合金与变形铝合金的成分存在交叉现象。

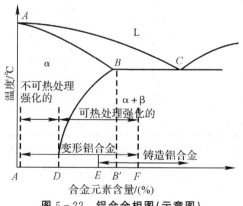

图 5-22 铝合金相图(示意图)

变形铝合金可以进一步分为不可热处理强化铝合金和可热处理强化铝合金两种。图5-22中 D 点为这两种铝合金的分界点。处于 D 点右侧至 F 点左侧的铝合金,由于其固溶度随温度的变化而变化,因此可以通过热处理来达到强化的效果,这些归为可热处理强化铝合金。而 D 点左侧的铝合金当温度发生变化时其固溶度保持恒定,因此称为不可热处理强化铝合金。尽管某些铝合金,如 Al-Mn、Al-Mg 合金存在其成分固溶度随温度改变的曲线,但其时效强化的效果极为有限,因此这些合金依然被视为不能热处理强化的铝合金。

早期的变形铝合金标识采用了汉语拼音字母加数字序号的形式。其中,"LF"代表防锈铝,"LY"是硬铝的代称,"LC"表示超硬铝,而"LD"意味着锻铝,后接的数字为其序号。如LF6 是指第 6 号防锈铝,LY12 代表第 12 号硬铝,LC9 是指第 9 号超硬铝,LD7 则是第 7 号锻铝,其他依此类推。而《变形铝及铝合金产品状态及代号》(GB/T 16475—2023)规定,现行的变形铝合金牌号已采纳了国际四位数字体系和四位字符体系表示方法,详细的表示方法可参考表 5-3。关于变形铝合金的新旧牌号比对,可参照表 5-4。

表 5-3 变形铝合金的牌号表示方法

合金系	牌号系列	合金系	牌号系列
纯铝($w_{Al} \geq 99.00\%$)	1×××	铝镁硅(以镁和硅为主要合金元素,并以 Mg_2Si 相为强化相)	6×××
铝铜(以铜为主要合金元素)	2×××		
铝锰(以锰为主要合金元素)	3×××	铝锌(以锌为主要合金元素)	7×××
铝硅(以硅为主要合金元素)	4×××	其他(以其他合金元素为主要合金元素的铝合金)	8×××
铝镁(以镁为主要合金元素)	5×××	备用合金	9×××

表 5-4 变形铝合金新旧牌号对照表

旧牌号	新牌号	旧牌号	新牌号	旧牌号	新牌号
LF2	5A02	LY1	2A01	LD2	6A02
LF3	5A03	LY2	2A02	LD5	2A50
LF6	5A06	LY6	2A06	LD6	2B50
LF21	3A21	LY10	2A10	LD7	2A70
LC3	7A03	LY11	2A11	LD8	2A80
LC4	7A04	LY12	2A12	LD9	2A90
LC9	7A09	LY16	2A16	LD10	2A14

铸造铝合金的编号以"ZL"开始,后跟三位数字,第一位数字代表合金系(如数字"1"表示 Al-Si 系,"2"表示 Al-Cu 系,"3"表示 Al-Mg 系,"4"表示 Al-Zn 系),其余两位数字为合金顺序。

铝合金的分类和性能特点见表 5-5。有时在合金的牌号后面还附加表示合金各种加工及热处理状态的字母。表 5-6 给出了变形铝合金加工产品的状态和代号表示,例如 LY12-CZY 表示第 12 号硬铝,经淬火及自然时效处理并进行加工硬化。表 5-7 为铸造铝合金的铸造方法及热处理状态代号,如 ZL102-SBT2 表示第 102 号硅铝明铸铝合金,经砂型铸造及变质处理后进行退火。

表 5-5 铝合金的分类与性能特点

类别	合金名称		合金系	性能特点	编号举例
变形铝合金	不可热处理强化	防锈铝	Al-Mn	抗蚀性、压力加工性与焊接性能好,但强度较低	LF21
			Al-Mg		LF6
	可热处理强化	硬铝	Al-Cu-Mg	机械性能高	LY12
		超硬铝	Al-Cu-Mg-Zn	室温强度最高	LC4
		锻铝	Al-Cu-Mg-Si	铸造性能好	LD6,LD10
			Al-Cu-Mg-Fe-Ni	耐热性能好	LD7,LD8
铸造铝合金	简单硅铝明		Al-Si	铸造性能好,不能热处理强化,机械性能较低	ZL102
	复杂硅铝明		Al-Si-Mg	铸造性能良好,能热处理强化,机械性能较高	ZL101
			Al-Si-Cu		ZL107
			Al-Si-Cu-Mg		ZL105
	铝镁铸造合金		Al-Mg	强度高,抗腐蚀性好,耐热性差	ZL303
	铝铜铸造合金		Al-Cu	耐热性好,铸造性能与抗蚀性差	ZL201
	铝锌铸造合金		Al-Zn	铸造性能优,经变质处理和时效处理后强度高,耐蚀性差	ZL402
	铝稀土铸造合金		Al-Re	耐热性能好	

表 5-6 变形铝及铝合金产品的状态及代号(摘自 GB/T 16475—2023)

产品状态	旧代号	新代号	产品状态	旧代号	新代号
退火	M	O	硬化状态	Y	H×8
固溶+自然时效	CZ	T4	3/4 硬化状态	Y1	H×6
固溶+人工时效	CS	T6	1/2 硬化状态	Y2	H×4
固溶+自然时效+冷变形	CZY	T0	1/4 硬化状态	Y4	H×2
固溶+人工时效+冷变形	CSY	T9	特硬状态	T	H×9
固溶+冷变形+人工时效	CYS	T8	固溶+完全过时效	CGS1	T73
自由加工+固溶+人工时效	MCS	T62	固溶+中级过时效	CGS2	T76
自由加工+固溶+自然时效	MCZ	T42	固溶+轻微过时效	CGS3	T74

表 5-7 铸造铝合金的铸造方法及热处理状态代号[《铸造铝合金》(GB/T 1173—2013)]

铸造方法	代号	热处理状态	代号	热处理状态	代号
砂型铸造	S	人工时效	T1	固溶处理+完全人工时效	T6
金属型铸造	J	退火	T2	固溶处理+稳定化处理	T7
压力铸造	Y	固溶处理+自然时效	T4	固溶处理+软化处理	T8
铸态	F	固溶处理+不完全人工时效	T5	变质处理	B

5.2.2.2 铝合金的热处理

铝合金的热处理工艺主要有退火、淬火和时效,退火主要用于变形加工产品及铸件,时效是铝合金强化的一种重要手段。

1. 退火

(1)变形铝合金退火。变形铝合金的退火分为完全退火与不完全退火。完全退火的目的是消除加工硬化,恢复塑性,以利于继续成形加工,这种退火实际上就是再结晶退火。不完全退火的目的是消除内应力,适当增强塑性,以便随后进行变形量较小的成形加工,并保持加工硬化效果,使合金具有较高的强度,这是不可热处理强化的铝合金常常采用的热处理方法。

(2)铸件退火。为了消除铸件的偏析(即成分不均匀)和内应力,并改善性能,可进行较长时间的"均匀化"退火。对于某些可以进行淬火、时效强化的铸件,无需专门退火,因为淬火加热阶段即可达到使成分均匀、消除内应力的目的。

2. 淬火

淬火的目的是获得过饱和、不稳定的 α 固溶体,为后续时效工序做好组织准备。铝合金的淬火,也称固溶处理。

淬火加热温度应稍稍超过固溶线,以获得大的溶解度,但温度又不可过高,以防引起过热或过烧。例如,含 4%Cu 的 Al-Cu 合金,淬火加热到稍超过固溶线温度,即 500±5 ℃,保温适当时间,使 $CuAl_2$(θ 相)金属化合物全部溶入 α 中,然后快冷(40 ℃以下热水中冷却),使 $CuAl_2$ 相来不及析出,从而获得过饱和、不稳定的 α 固溶体。

由于铜、铝都是面心立方晶格结构,所形成的是置换固溶体,晶格畸变不大,故强化效果小,淬火后强度略有提高,σ_b 为 250 MPa。因为淬火后获得单相组织,消除了硬脆的过剩相 $CuAl_2$。所以淬火后塑性有所提高,δ 为 20% 左右。

3. 时效

对铝合金进行淬火后,在室温下停留或经过加热保温,铝合金的强度和硬度都会升高,这一现象称为铝合金的时效现象。在室温下自发强化的过程称为自然时效,而经过加热后强化的则是人工时效。以含有 4%Cu 的 Al-Cu 合金为例来解释时效的基本原理。时效过程的核心是从淬火后形成的过饱和不稳定的 α 固溶体中自发地析出 θ 相,这个过程大致可以划分为四个阶段。

(1)形成 GP 区。在刚淬火的 Al-Cu 合金过饱和 α 固溶体中,铜原子(作为溶质)在晶格中呈现随机分布,如图 5-23(a)所示。在时效的初始阶段,通过原子扩散,铜原子在铝中的一定晶面上聚集,从而形成了铜原子的偏聚区[见图 5-23(b)]。偏聚区的晶格类型与基体相同,并与基体保持共格联系(即晶面上的原子一对一地相互匹配),这个偏聚区称 GP 区。铜原子的半径比铝小,致使 GP 区附近的晶格严重畸变,阻碍了晶体中的位错运动,使合金的强度、硬度提高。

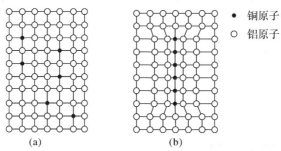

图 5-23 铝合金时效强化示意图
(a)铜在铝中的均匀固溶体状态;(b)铜原子聚集形成 GP 区

(2)形成 θ'' 过渡相。随时间延长或温度升高,在时效过程中,从 GP 区或直接由过饱和 α 固溶体转化为 θ'' 相。θ'' 相是一个正方晶格,其中富集的铜原子呈有序分布,θ'' 相与基体形成完整的共格联系。因此,θ'' 相周边的晶格畸变更加显著,使得抑制位错移动的阻力显著增大,从而进一步提高了强化效果。

(3)形成 θ' 过渡相。随着时效过程的持续进行,θ'' 相逐渐转化为 θ' 相。θ' 相的组成与 $CuAl_2$ 很接近,它具有正方晶格结构,但与基体之间仅维持局部的共格联系。因此,围绕 θ' 相的晶格畸变有所降低,这导致阻碍位错移动的阻力也相应减小,从而使合金的硬度、强度都出现一定程度的下降。

(4)形成稳定的 θ 相($CuAl_2$)。当继续升高时效温度或延长时效时间时,θ' 相会进一步转化为 θ 相。θ 相为体心正方晶格结构,并不再与基体之间维持共格联系。因此,晶格畸变消失,导致合金的硬度、强度明显降低。

含 4.2% Cu 和 0.6% Mg 的铝合金,淬火后在不同温度下时效的性能变化如图 5-24 所示。由图可知,该合金在较高温度下时效,如 200 ℃,在较短的时间里,强度随时间的增加迅速上升,而后又随时间增加而降低,出现了峰值,但峰值的强度并不高,即时效温度越高,时效速度越快,但无法得到最大的强度。通常将时效温度过高,或在一定温度下时效时间过长而没有获得最高强度、硬度的时效,称为过时效。

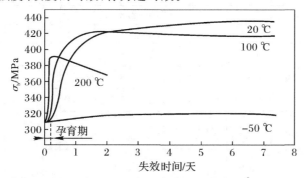

图 5-24 铝合金(4.2% Cu,0.6% Mg)淬火后于不同温度时效的性能曲线

当时效温度为 20 ℃（即室温）时，经过 4～5 天，强度近于最高值。而在开头的几小时内，强度无明显增加，称为"孕育期"。生产上利用孕育期进行各种冷变形成形，或对淬火变形件进行校形。因为淬火后不再需要加热，于室温下时效即能获得较为理想的强度，所以称为"自然时效"。也有一些铝合金，淬火后必须再加热到一定温度，并保温一定时间，才能获得较为理想的强度，这时则称为"人工时效"。

当在很低温度（如-50 ℃）时效时，强度随时间的增加极为缓慢，或者几乎不变，生产上利用这一特性进行冷冻储藏。即大批板料淬火后，放于冰箱内冷冻，到需要冷变形成形时，再取出来加工成形，而不必在成形前临时淬火。由于原材料先淬火后进行零件成形，免除了零件的淬火变形。

4. 回归

经过自然时效的铝合金（例如 Al-Cu 合金）再次被加热至 200～250 ℃，然后迅速冷却到室温，合金的强度降低而塑性增加，其性质恢复到刚淬火后的状态，这一现象称作回归。其原因在于，室温下铝合金经过自然时效后形成的 GP 区域范围较小，当加热到较高温度时，GP 区域失去其稳定性并重新溶解进入固溶体。此时铝合金再次被快速冷却到室温，就会回到刚淬火后的状态并可重新进行自然时效。尽管理论上回归处理的次数没有限制，但在实际生产中，要使析出相在回归处理中完全重溶是困难的。这将导致后续的时效过程出现局部析出，从而使时效强化效果逐渐降低。另外，在多次加热过程中，固溶体晶粒可能会越来越大，这对合金的性能是不利的。因此，回归处理主要应用于修复飞机用的铆钉合金，利用这一特性可随时进行铆接，而对于其他的铝合金，其应用价值是有限的。

5.2.2.3 变形铝合金

冶金制造部门通常将变形铝合金加工成多种尺寸的板材、带材、线材、管材和型材。根据其主要的性能特征，可将其分为防锈铝、硬铝、超硬铝和锻铝四种类型。其中，防锈铝属于不可热处理强化变形铝合金，而剩余的三种都是可热处理强化变形铝合金。表 5-8 列出了常用变形铝合金的牌号及其主要合金元素含量。

表 5-8 常用变形铝合金的牌号及化学成分

合金名称	合金系	牌号	主要合金元素含量（质量分数）/（%）				
			Cu	Mg	Mn	Si	其他
防锈铝	Al-Mn	LF21			1.0～1.6		
	Al-Mg	LF2		2.0～2.8	0.15～0.4		
		LF6		5.8～6.8	0.5～0.8		Ti 0.02～0.10
硬铝	Al-Cu-Mg	LY1	2.2～3.0	0.2～0.5			
		LY11	3.8～4.8	0.4～0.8			
		LY12	3.8～4.9	1.2～1.8	0.3～0.9		
超硬铝	Al-Zn-Mg-Cu	LC4	1.4～2.0	1.8～2.8	0.2～0.6		Zn 5.0～7.0, Cr 0.1～0.25
		LC9	1.2～2.0	2.0～3.0			Zn 5.0～6.1, Cr 0.16～0.30

续表

合金名称	合金系	牌号	主要合金元素含量/(%)				
			Cu	Mg	Mn	Si	其他
锻铝	Al-Cu-Mg-Si	LD5	1.8~2.6	0.4~0.8	0.4~0.8	0.7~1.2	少量 Cr,Ti
		LD6	1.8~2.6	0.4~0.8	0.4~0.8	0.7~1.2	少量 Cr,Ti
		LD10	3.9~4.3	0.4~0.8	0.4~1.0	0.6~1.2	少量 Cr,Ti

表 5-9 常用变形铝合金牌号、性能及用途

类别	牌号	状态	力学性能(不低于)			用途
			σ_b/MPa	$\sigma_{0.2}$/MPa	δ/(%)	
防锈铝	LF21	板材	M: 100~150	—	22	用于深冲压方法制成的轻载荷的焊接件和在腐蚀介质中工作的工件,如航空油箱、汽油和滑油导管,以及整流罩等
			Y2: 150~220	—	6	
			Y: 190	—	1	
	LF2	板材	M: 170~230	—	16	
			Y2: 240	—	4	
			Y: 270	—	3	
	LF6	板材	M: 320	—	15	
硬铝	LY11	板材	M: ≤240	—	12	用于中等强度的结构件,如整流罩、螺旋桨等
			CZ: 370~380	190~200	15	
	LY12	板材	M: ≤240	—	12~14	用于较高强度的结构件,如翼梁、长桁等
			CZ: 415~435	275~280	10~13	
超硬铝	LC4	棒材	CS: 500~540	380~410	5~7	制造飞机机构的主要受力件,如大梁、桁条、翼肋、蒙皮等
	LC9		CS: 500~550	380~420	5~7	
锻铝	LD5	模锻件	CS: 390	280	10	制造形状复杂和中等强度的锻件
	LD6		CS: 340	280	10	
	LD10		CS: 420	300	8	制造承受高负荷或较大型的锻件

1. 防锈铝合金(LF)

这类合金主要包括 Al-Mn 系和 Al-Mg 系,因其极高的抗腐蚀能力而被称作防锈铝合金。由于它们在时效强化上的效果并不突出,因此不能通过热处理进行强化,但可以通过冷加工来提高其强度和硬度。

常用的防锈铝合金包括 LF21、LF2 和 LF6。其化学组成、性质和应用可以参考表 5-8 和表 5-9。其中,LF2 和 LF6 属于 Al-Mg 系合金,合金元素含量高于 Al-Mn 系的 LF21,因此具有显著的固溶强化效果,其强度也相应地超过了 LF21。这两种合金都拥有出色的塑性和焊接性能,常被应用于需要冷压成形、焊接以及要求一定抗蚀性的航空油箱、油路导管等部件,另外,其也可以用作铆钉。

2. 硬铝合金(LY)

硬铝合金主要归属于 Al-Cu-Mg 系的变形铝合金类别。在这类合金中主要的合金元素依次是铜和镁。铜与镁在铝中可形成固溶体,起固溶强化作用,此外其还可形成强化相 $CuAl_2$（θ相）和 $CuMgAl_2$（S相）。LY11 合金强化相以 θ 相为主,LY12 合金强化相以 S 相为主。在淬火后的时效过程中,可形成这些相的过渡相,引起晶格畸变,显著提高合金的强度。在硬铝中还含有少量锰,用以提高合金的抗蚀性,也略提高其强度。

硬铝抗蚀性不高。为防止其受腐蚀,对硬铝工件通常进行阳极化处理,使其表面形成一层致密的氧化膜,起到保护作用。在热轧时对硬铝板材表面采用包纯铝方法以提高其抗蚀性。

硬铝的强化主要通过淬火和自然时效来实现。如果使用温度超过 150 ℃,则更适合使用人工时效方法。在自然时效的孕育期间,可以进行简单的加工成形或矫形。以 LY11 为例,其孕育期约为 2 h,而 LY12 则较短,约为 0.5 h。

常用的硬铝是 LY11 和 LY12 两个牌号,LY12 含镁量较高,形成的强化相也较多,因此强度比 LY11 高。LY11 和 LY12 的化学成分、性能和用途见表 5-8 和表 5-9。

3. 超硬铝合金(LC)

超硬铝合金属 Al-Zn-Mg-Cu 系合金,由于比硬铝多含了一些锌,它的强化相除 θ 相和 S 相之外,还有 T 相（$Mg_3Zn_3Al_2$）和 η 相（$MgZn_2$）,其中 $MgZn_2$ 是超硬铝中的主要强化相。此外,部分锌溶入固溶体中也起到了一定的强化作用。

这类合金经热处理强化后,强度超过一般的硬铝合金,比强度相当于超高强度钢,故称为超强硬铝合金,简称超硬铝。

超硬铝的抗蚀性较低,特别是应力腐蚀倾向大。这是因为 $MgZn_2$ 的电极电位比基体电极电位低,在腐蚀介质中首先受腐蚀,在应力作用下易沿 $MgZn_2$ 破裂。通常在板材表面包覆含 1% Zn 的铝锌合金,以提高其抗蚀性。零件通常也进行阳极化处理。

超硬铝的缺口敏感性比较高,所以在设计和生产过程中,应尽量避免零件上的尖角、沟槽、截面的突变以及表面的划痕。

由于超硬铝的强化相复杂且扩散速度较慢,若进行自然时效,可能需要超过一个月的时间才能达到强化效果。因此,为了缩短生产周期,这类合金通常都选择淬火后进行人工时效处理。

常用超硬铝合金的牌号、成分、性能和用途见表 5-8 和表 5-9。

4. 锻造铝合金(LD)

锻铝中的镁、硅、铜除部分溶入铝中形成固溶体外,还可以形成 Mg_2Si、$CuMgAl_2$、$CuAl_2$ 等强化相,其中 Mg_2Si 是锻铝中的主要强化相。

这类合金的显著特点是具有良好的热塑性,特别适合于锻造,因此被称作锻造铝合金,简称锻铝。

一般来说,锻铝在淬火后更多地选择使用人工时效来处理,因为采用自然时效可能需要大约 10 天的时间,并且其强化效果不及人工时效好。值得注意的是,这类铝合金在经过淬火和人工时效处理后,其切削加工性能较优。因此,建议在完成最终热处理（即淬火和人工时效)后再进行切割加工。

常用锻造铝合金牌号、成分、性能和用途见表 5-8 和表 5-9。

5. 铝锂系新型变形合金

Al-Li 系合金具有密度小、比刚度大、比强度高的优点,同时还具有弹性模量高、抗蚀性良好的特性,尤其引人注目的是其比刚度优于硬铝合金和钛合金。但由于锂是活泼金属,铝锂合金的熔炼和加工工艺比较复杂。此外,其有些力学指标还不理想,如断裂韧性和塑性需进一步改进和提高。作为宇航结构材料,Al-Li 系合金是很有发展前途的新型材料。

5.2.2.4 铸造铝合金

现代工业上广泛应用的铸造铝合金为 Al-Si 系铸造铝合金,通常称之为硅铝明。硅铝明可以分为简单硅铝明和复杂硅铝明两类。

1. 简单硅铝明

简单硅铝明是 Al-Si 系二元合金,牌号为 ZL102,含硅量为 10%～13%。由图 5-25 可以看出,ZL102 合金的成分位于 Al-Si 相图中共晶成分的附近,因此其组织是共晶体(α+Si)。共晶体中的硅呈粗大的针状,如图 5-26(a)所示。

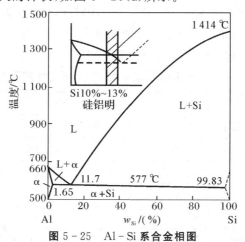

图 5-25 Al-Si 系合金相图

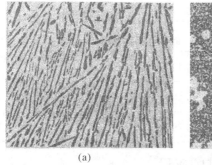
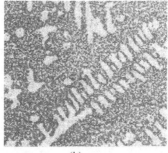

(a)　　　　　　　　　(b)

图 5-26 ZL102 合金的铸造组织

(a)未变质处理;(b)变质处理后

由于组织中硅呈粗大的针状,合金的强度和塑性都很差(σ_b＝120～160 MPa,δ＝2％),不能满足使用要求。为了改善合金的组织和性能,必须进行变质处理。即浇注前在液态合金中加入少量(0.1％)的金属钠或2％～3％的钠盐(2/3NaF＋1/3NaCl)。经变质处理后,合金的显微组织发生了显著的变化[见图5-26(b)],不但共晶体的硅由粗大的针状变成细粒状,而且原来过共晶组织中粗大的块状初生硅晶体也被树枝状固溶体所代替。随着合金组织的改变,力学性能也得到显著的提高(σ_b＝170～230 MPa,δ约为8％)。过冷理论认为:合金液中加入钠后使硅结晶困难,因而析出硅的液相线向下移动,同时使共晶线也向下方移动,共晶成分向右偏移。由于过冷度增大,液态合金内部产生大量的结晶核心,因而得到细密的亚共晶组织。

ZL102合金,因其接近共晶成分,所以具有优良的铸造性能,又因组织中α相与Si相电位差很小,不易产生微电池作用,所以抗蚀性较高。由于硅在铝中的溶解度很小,所以不能用热处理方法对其进行强化。

ZL102合金适于制造形状复杂、载荷较小,但要求有较好气密性和抗蚀性的工件。

2. 复杂硅铝明

在简单硅铝明的基础上加入钢、镁、锰等合金元素,就构成了复杂硅铝明。铜、镁在铝中都有溶解度变化,因此这类合金可以进行热处理强化(淬火＋时效)。

常用硅铝明的牌号、成分、性能及应用见表5-10。

表5-10 常用硅铝明的牌号、成分、性能及应用

牌号	合金元素含量/(％)				状态	力学性能(不小于)			应用
	Si	Cu	Mg	Mn		σ_b/MPa	δ/(％)	HB	
ZL102	10	—	—	—	SB,JB	150	4	50	用于压铸件,如仪表壳体和低负荷的飞机附件
	13	—	—	—	SB,JB,T2	140	4	50	
ZL101	6	—	0.2	—	J,T5	210	2	60	形状复杂的承受中等负荷的飞机和发动机零件,如附件壳体等
		—		—	S,T5	200	2	60	
	8	—	0.4	—	SB,T6	230	1	70	
		—		—	SB,T7	200	2	60	
ZL104	8	—	0.17	0.2	J,T1	200	1.5	70	高负荷的大型飞机和发动机零件,如传动机匣等
	10.5	—	0.3	0.5	J,T6	240	2	70	
ZL105	4.5	1	0.35	—	J,T5	260	0.5	70	轮廓尺寸大,负荷高的飞机、发动机零件,以及在高温下工作的汽缸头、发动机匣等
	5.5	1.5	5.6	—	J,T7	200	1	65	

5.2.3 铝合金在航空航天领域的应用

铝合金在航空航天领域主要作为结构材料使用。在航空工业中,它被广泛应用于飞机的外壳、隔离框架、主梁、桁架及锻造和铸造部件。波音747型客机大约使用了18.6 t的铝

合金。在航天领域，铝合金被用于气动加热温度不超过150 ℃的运载火箭和太空船，也被应用于卫星和其他航天飞机的结构中。

目前，国内外铝合金的研究热点之一是铝锂合金。采用铝锂合金可减轻结构重量7%～15%，增加弹性模量10%～20%，提高使用温度40 ℃。如今铝锂合金已经发展到第三代，通过减少锂含量、优化合金元素含量改善了析出相，从而克服了早期铝锂合金存在的热稳定性较差、各向异性以及裂纹等问题。Alcoa公司的C460和Pechiney公司的2196均为第三代铝锂合金，它们是专为挤压件而设计的。与7175 T相比，这两种铝合金的性能或相似或更高，同时其耐腐蚀性也有所增强。这些合金已被成功地应用于A380的地板梁，并正在探讨用于A380的下翼桁条。另外，人们正考虑将新型铝锂合金薄板用于机体蒙皮。目前A350也采用了铝锂合金以减轻重量。因此，铝锂合金正处于与复合材料相同的竞争地位。

另外，为了满足先进飞机发展对材料的要求，美国海军研制中心提出研制高温铝合金，用以代替部分钛和钢。它可在150～315 ℃用于超声速飞机机身结构的中央大梁。与钛合金相比其成本与重量分别降低46.5%和12.8%。它还具有应用于发动机风扇和压气机结构件的潜力。

近二十年来，采用快速凝固粉末法研制的高温铝合金，依靠弥散的金属间化合物、氧化物、碳化物增强了强度和热稳定性。有的铝合金工作温度可达400 ℃。总之，先进的铝合金在未来的航空航天事业中有着广阔的应用前景。

5.3 镁及镁合金

镁合金作为最轻的金属结构材料，在工程中有着广阔的应用前景。镁在地球上的储备量也相当丰富，仅次于铝和铁，位列第三，每年的生产量大约为40万t，镁合金在飞机、导弹、电子通信设备等制造领域应用广泛。但是镁合金的总产量仅为铝合金的11%。目前，较差的耐腐蚀性，较低的高温强度、蠕变性能以及需要进一步增强的强度和韧性，都成为限制工业镁合金拓宽应用领域的主要因素。

5.3.1 纯镁

镁呈银白色，密度是1.74 g/cm^3，大约是铝的2/3，其熔点达到651 ℃。由于电极电位较负，镁在多数环境，如湿润的大气、淡水、海水和多数的酸、盐溶解液中，都容易腐蚀。此外，纯镁具有高的化学活性，很容易在空气中氧化，特别是在高温下氧化更为严重，可能导致燃烧。由于其为密排六方结构，纯镁的力学性能相对较差，尤其是塑性远低于铝，因此不能作为结构材料使用。一般情况下，纯镁常用于制备镁合金，在冶炼时也可作为脱氧剂或合金元素加入。

5.3.2 镁合金

镁经过合金化和热处理后，其强度可以提升至300～350 MPa。由于其密度小，镁合金已成为航空领域的重要金属材料。

镁合金中主要的合金元素包括铝、锌和锰。在镁合金中，当铝不超过 10%～11% 和锌不超过 4%～5% 时，它们都可溶入镁中形成固溶体，从而进行固溶强化。一旦超出这一溶解度，它们就会与镁形成金属间化合物。可通过淬火和时效处理来增强其强度和硬度。而添加到镁合金中的锰，除了能够细化晶粒和增加耐蚀性之外，还具有固溶强化的作用。

5.3.2.1 镁合金的性能

(1) 高比强度。虽然镁合金的强度低于铝合金，但由于其密度小，比强度超过铝合金。使用镁合金替代铝合金能够降低飞机、发动机和各种仪器的重量。

(2) 优异的减震性。镁合金的弹性模量较低，这意味着当受到外力时，其能够吸收更多的能量，从而可以承受大的冲击振动载荷作用。例如，飞机的起落架轮毂往往使用镁合金制作，就是利用了这一特性。

(3) 良好的切削加工性。镁合金很容易被切削，具有好的切削加工性能，并且易于研磨、抛光。

(4) 差的耐腐蚀性。在使用过程中需要防护，例如进行氧化处理或涂漆。当镁合金零件与其他材料（如钢材）连接时，接触面应该有绝缘处理，以避免电化学腐蚀的发生。

5.3.2.2 镁合金的热处理

镁没有同素异构转变，其热处理与铝合金类似，包括固溶强化和时效强化，同时可以实现细晶强化和过剩相强化。这种强化作用不仅可以提高合金的机械特性，也能增强其耐腐蚀和热稳定性。

含有较少合金元素的镁合金，一般进行退火处理，例如冲压件的再结晶退火和铸件的去应力退火。而含有较多合金元素的镁合金，如 MB15 和 ZM5，需要进行淬火和时效强化。合金元素在镁合金中的扩散较为缓慢，因此热处理的时间比较长。由于过饱和固溶体析出强化相的速度很慢，镁合金通常都采用人工时效处理，并且处理时间较长。

鉴于镁的化学稳定性差，必须严格控制加热温度。在常规电炉中加热时，需要引入保护气氛（如注入 SO_2 或放入硫铁矿碎片），以防止镁合金氧化和燃烧。

常用镁合金的热处理工艺如表 5-11 所示。

表 5-11 常用镁合金的热处理工艺

牌 号	淬 火			时效（或回火）		
	加热温度/℃	保温时间/h	淬火介质	加热温度/℃	保温时间/h	冷却介质
MB7	410～425	2～6	空冷或热水	175～200	8～16	空冷
MB15	510±5	24	空冷	165±5	24	空冷
ZM3	570±5	18	空冷	200±5	16	空冷
ZM5	1 360±5	3	—	1 175±5	16	空冷
	2 420±5	13～21	空冷	2 200±5	8	空冷
	415±5	8～16	空冷	1 175±5	16	空冷
				2 200±5	8	空冷

5.3.2.3 镁合金的分类与常用镁合金

根据加工工艺,镁合金可划分为两大类:变形镁合金(又称压力加工镁合金)和铸造镁合金。其中,变形镁合金通常使用"MB"后接数字表示,例如 MB1、MB2 等;而铸造镁合金则以"ZM"后跟数字表示,如 ZM1、ZM5 等。

1. 变形镁合金的分类

我国目前生产的主要变形镁合金包括 Mg-Mn 系、Mg-Al-Zn 系及 Mg-Zn-Zr 系三大系列。关于常用变形镁合金的牌号、化学成分、力学性能及其应用,见表 5-12。

表 5-12 常用变形镁合金的牌号、成分、性能及应用

系列	牌号	合金元素/(%)					力学性能(不小于)			应用举例
		Al	Mn	Zn	Zr	其他	$\dfrac{\sigma_b}{MPa}$	$\dfrac{\sigma_{0.2}}{MPa}$	$\dfrac{\delta}{\%}$	
Mg-Mn	MB1	—	1.3~2.5	—	—	—	190	110	5	板材的焊接件和模锻件,汽油和润滑油系统附件,形状简单、承力不大的耐蚀零件
							260	—	4	
Mg-Al-Zn	MB2	3.0~4.0	0.15~0.5	0.2~0.8	—	—	260	—	5	形状复杂的锻件、模锻件
							240	—	5	
Mg-Mn	MB8	—	1.5~2.5	—	—	Ce 0.15~0.35	230	120	12	板材用于制造飞机蒙皮、壁板及内部零件,型材和管材用于制造汽油和润滑油系统耐蚀零件
							220	—	—	
Mg-Zn-Zr	MB15	—	—	5.0~6.0	0.3~0.9	—	320	250	6	室温下承受大载荷零件,如机翼长桁、翼肋等,使用温度不超过 150 ℃
							320	250	7	

Mg-Mn 系列合金,如 MB1 和 MB8,具备好的耐腐蚀性和焊接特性。它们的板材主要用于生产焊接结构件(如蒙皮),并且可以通过锻造制成具有复杂外形的耐蚀构件,通常以退火状态供应。

Mg-Al-Zn 系列合金,例如 MB2、MB3、MB5、MB6 和 MB7,拥有较高的强度和良好的塑性,适用于制造中等力学性能要求的零部件。

Mg-Zn-Zr 系列的强度最高,被认为是高强度镁合金,在航空领域有广泛应用。MB15 合金是此系列的代表,它是高强度的变形镁合金。其锌含量高且在镁中的固溶度随时间的变化大,形成强化相 MgZn,可以进行热处理强化。而锆则有助于细化晶粒并提高耐腐蚀性能。

MB15 合金的热处理工艺为:经热挤压后的型材和锻件不进行淬火,仅通过人工时效处理便可实现强化。这是由于这类合金在热加工后,在空气中的冷却过程已相当于淬火。人工时效通常在 160~170 ℃下进行,保温 10~24 h。

2. 铸造镁合金的分类

我国的铸造镁合金有 Mg-Al-Zn 系、Mg-Zn-Zr 系和 Mg-RE-Zr 系三类，其中 Mg-Al-Zn 系和 Mg-Zn-Zr 系为高强度铸造镁合金，Mg-RE-Zr 系为耐热铸造镁合金。常用铸造镁合金的牌号、成分、力学性能和应用见表 5-13。

表 5-13　常用铸造镁合金的牌号、成分、力学性能及应用

系列	牌号	合金元素/(%)					力学性能(不小于)			应用举例
		Al	Mn	Zn	Zr	其他	$\dfrac{\sigma_b}{\text{MPa}}$	$\dfrac{\sigma_{0.2}}{\text{MPa}}$	$\dfrac{\delta}{\%}$	
Mg-Zn-Zr	ZM1	—	—	3.5~5.5	0.5~1.0		210	—	2.5	要求 σ_b、$\sigma_{0.2}$ 高，且抗冲击的零件，如飞机轮毂、轮缘、隔框、支架
							210	—	2.5	
Mg-Zn-Zr	ZM2	—	—	3.5~5.0	0.5~1.0	Re 0.9~1.7	170	—	1.5	在 200 ℃ 以下工作的发动机零件及要求 $\sigma_{0.2}$ 高的零件，如发动机机匣、整流舱
Mg-RE-Zr	ZM3	—	—	0.2~0.7	0.3~1.0	Re 2.5~4.0	105	—	1.5	在高温下工作及要求气密性好的零件，如发动机机匣、进气管道
Mg-Al-Zn	ZM5	7.5~9.0	0.15~0.5	0.2~0.8	—		175	—	2.5	飞机、发动机、仪表和其他结构中承受高载荷的零件，如机舱连接隔框，电机壳体、轮毂等
							175	—	1.5	

Mg-Al-Zn 系合金主要有 ZM5 合金，其强度较高，具有高的流动性、热裂倾向小等特点，适用于砂型、金属型、压铸等多种铸造方法。

Mg-Zn-Zr 系合金包括 ZM1、ZM2、ZM7、ZM8。ZM1 合金有高的室温力学性能，有显微疏松和热裂倾向，不易焊接，用于铸造形状较简单的零件。ZM2 是在 ZM1 合金的基础上添加了稀土金属，铸造性及可焊性明显改进，室温性能略有降低，高温蠕变、瞬时强度和疲劳性能提高，用于制造长期在 170~200 ℃ 下工作的零件。ZM7 合金含银，力学性能得到提高，充型性良好，有较大显微疏松倾向且难以焊接，用于制造承受较大载荷的零件。ZM8 为含稀土的高强度铸镁合金，铸造和焊接性能优良，经过氢化处理后能获得好的力学性能，适用于制造承受高应力、要求高气密性的零件，特别是薄壁零件。

Mg-Re-Zr 系合金包括 ZM3、ZM4、ZM6、ZM9。ZM3 和 ZM4 含锌量不同而性能相近，在 150~250 ℃ 下都具有良好的力学性能，适用于制造有温度要求但承载不大的零件。ZM6 兼有良好的室温、高温性能以及铸造性能，可用来制造常温和在 250 ℃ 下承受较大载荷的零件。ZM9 在 300 ℃ 下具有优良的抗蠕变性能和持久强度，适用于制造在该温度下长期工作的零件。

在航空领域,常用的铸造镁合金有 ZM1、ZM2、ZM3 和 ZM5 四种。其中 ZM5 为富含铝、锌、锰的铸造镁合金,除了出色的铸造性和高比强度外,还具有较好的焊接能力。它被广泛应用于飞机、发动机、仪表以及其他结构的高载荷零件,如飞机刹车片、增压器外壳、操纵杆等。

ZM1、ZM2 和 ZM5 都属于高强度铸造镁合金系列,拥有较高的室温强度和出色的铸造工艺性能,但在耐热性方面稍显不足,其持续工作温度上限为 150 ℃。相比之下,ZM3 合金更偏向于耐热铸造镁合金,尽管其常温强度较低,但它在 200~250 ℃ 的温度范围内可以长时间工作,短时间内可以承受 300 ℃ 的温度。

在航空工业中,Mg-Al-Zn 系的 ZM5 合金应用最多。由于其较高的铝含量,可以形成大量的强化相 $Mg_{17}Al_{12}$,经过淬火和人工时效处理来强化。ZM5 合金被广泛用于飞机、发动机、仪表等高载部件或壳体的制造。需要指出的是,很多镁合金既可以作为铸造材料,也可以作为变形材料。经过挤压、轧制和锻造等工艺处理后,变形镁合金通常会比具有相同成分的铸造镁合金具有更好的力学性能。它们可以进一步制成轧制薄板、挤压品(如棒材、型材和管材)以及锻件等。这些产品在成本、强度、延展性和力学性能等方面均具有优势。

5.2.3 镁合金在航空航天领域的应用

镁合金凭借其低密度和高比强度,很早便在航空工业中得到了应用。在商业航空领域,轻量化带来的经济效益是汽车工业的近 100 倍,而战斗机的轻量化所带来的效益又是商用飞机的 10 倍,更为关键的是,轻量化所增强的机动性大大提升了战斗机的作战和生存能力。

在二战期间,主力战斗机已经开始采用镁合金,其中单架飞机的最大应用量甚至超过了 4 t。随着高强度镁合金技术的进步和制造工艺的不断完善,镁合金已经在军用飞机上广泛应用,目的是降低零件的重量并提高飞行性能。例如,美国在 B-2、B-36、B-52 等轰炸机,C-121、C-124、C-130、C-133 等运输机,HC18、CH-53E 等直升机,以及 PW100、TPE331 等涡轮发动机上,都大量采用了高性能的镁合金,应用的部分包括各种框架结构、发动机罩、涡轮风扇、齿轮箱体等关键组件。

目前,我国已经逐步研发了众多军用飞机的镁合金零部件,这其中包括发动机减速机匣、齿轮减速机匣、齿轮传动箱机匣、军机弹射座椅、座舱盖架构、发动机叶栅、发动机壳体、发电机壳体以及加油吊舱等。

尽管在长时间内,由于镁合金的阻燃性能等潜在问题,它在民用客机中并未得到广泛应用,但在材料工作者近年来的努力下,新型的镁合金如 WE43 经过了波音公司的燃烧测试,获得了美国工程师协会的认证,并且也初步获得了美国联邦航空局(FAA)的认证。现在,全球范围内已经针对飞机的需求研发了多种新型的高性能镁合金材料。

波音公司与重庆大学、上海交通大学等国内知名高校合作,共同研发了新型的航空座椅专用镁合金材料。其中,重庆大学研发的高强韧镁合金材料已被用于航空集装器结构件的制备。而重庆大学与中航成发公司的合作也催生了超薄的镁合金发动机叶栅。可以看出,镁合金在航空航天工业中已经展现出巨大的潜在应用价值。

5.4 钛及钛合金

钛合金以其低密度、高比强度、优越的耐高温及耐腐蚀特性,以及良好的低温韧性而受到瞩目。即使在 550 ℃条件下,其强度也能保持稳定,可以胜任飞机在 3～4 倍声速下的飞行。此特性使它在航空航天领域受到极大的重视。然而,钛合金的加工工艺复杂,成本高,在一定程度上制约了其更加广泛的应用。

5.4.1 纯钛

纯钛为银白色,密度小(4.5 g/cm^3),在地壳中含量丰富,位列铝、铁、镁之后。它与铝和镁类似,被归类为轻金属。纯钛及其合金均不具磁性;熔点达到 1 668 ℃,高于铁和镍金属;纯钛的热膨胀系数小,导热能力差;纯钛易于加工成形,可以被加工成细线或薄片。钛在大气和海水环境中具有卓越的抗腐蚀性,并在多种化学介质如硫酸、盐酸和硝酸中稳定,但它无法抵御氢氟酸的侵蚀。

相较于大多数奥氏体不锈钢,钛具备更出色的抗氧化特性。钛在固态时存在两种晶体结构:在 882.5 ℃以下是密排六方晶体结构,称为 α-Ti;在 882.5 ℃至熔点是体心立方晶体结构,称为 β-Ti。882.5 ℃为同素异构转变温度,发生 α-Ti $\xleftrightarrow{882.5 ℃}$ β-Ti,对其性能的提升起到重要作用。工业纯钛在力学性能上与低碳钢类似,表现出较高的强度。与其他纯金属不同,工业纯钛可以直接用于制造航空产品,如工作温度在 350 ℃以下的飞机部件,包括超声速飞机的蒙皮、框架等。表 5-14 给出了工业纯钛的牌号及力学性能。

表 5-14 工业纯钛的牌号及力学性能

牌 号	状 态	力学性能(退火状态)		
		σ_b/MPa	δ/(%)	a_k/(MJ·m^{-2})
TA1	板材	350～500	30～40	—
	棒材	350	25	0.8
TA2	板材	450～600	25～30	—
	棒材	450	20	0.7
TA3	板材	550～700	20～25	—
	棒材	550	15	0.5

5.4.2 钛合金的特性、分类和热处理

5.4.2.1 钛合金的特性

钛合金具有以下几方面的优点。

(1)比强度高。工业纯钛的强度在 350～700 MPa 范围内,而钛合金的强度可以达 1 200 MPa,与调质钢相近。钛合金密度低且具有高于其他金属的比强度,是它成为航空材料优选之一的主要因素。例如,在 C-5 大型运输机中,高达 70%的紧固件是由钛合金制成的,其结果

使质量直接减轻1 t。钛合金与铝合金、钢的强度比较如图5-27所示。

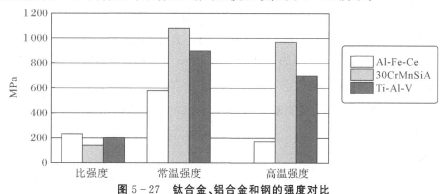

图5-27 钛合金、铝合金和钢的强度对比

(2)热强度高。由于钛具有较高的熔点和再结晶温度,钛合金显示出良好的热稳定性。在300～500 ℃环境中,其强度大约是铝合金的10倍。

(3)抗腐蚀性能好。钛表面可以自然生成由氧化物和氮化物组成的致密牢固的保护膜,这赋予了其良好的耐腐蚀特性。在潮湿的大气、海水、氧化性酸(如硝酸、铬酸)以及大部分有机酸环境中,钛合金的耐腐蚀性与不锈钢相当或更胜一筹。由于其高的抗腐蚀性能,钛合金在航空、化工、造船和医疗领域均有广泛的应用。

鉴于上述特性,钛合金的应用日益广泛,尤其是在航空领域的应用持续增长。但是,钛合金也存在某些不足,这些不足在一定程度上限制了其应用,具体包括以下方面:

(1)切削加工困难。钛的热导率低(只有铁的1/5和铝的1/13),摩擦因数较高,导致切削时温度上升快造成刀具黏附。这意味着加工钛合金时切削速度会受到限制,同时还会缩短刀具的使用寿命,对零件的表面质量造成影响。

(2)热加工工艺性差。当温度超过600 ℃时,钛和钛合金易于吸收氢、氮、氧等气体,导致其脆性增加。这使得钛合金铸造、锻造、焊接和热处理等工艺面临挑战,热加工过程只能在真空或保护气体环境中进行。

(3)冷加工性差。钛及其合金的屈强比较大,但弹性模量低,所以在冷加工时会产生明显的回弹,造成成形困难,通常需要采用热加工来进行成形。

(4)硬度低且耐磨性较差。因此,钛合金通常不适于制造需要高耐磨性的零件。

目前,随着化学切削、激光切削、电解加工和超塑性成形等技术的发展,上述问题正在逐渐被克服,钛合金的应用范围也将进一步扩大。

5.4.2.2 钛合金的分类

为了提高钛的性能,可以通过引入合金元素来进行强化。在室温条件下,钛表现为密排六方晶格结构(即α型),但在高温环境中则会转变为体心立方晶格结构(即β型)。加入不同的合金元素并结合特定的热处理工艺,可以得到具有不同性质的钛合金。例如,铝、氮、氧、碳、镓等元素溶入α-Ti生成α固溶体,这类元素提高了同素异构转变的温度,因此被称为α稳定元素;而锰、铌、钽、钼、钒等元素溶入β-Ti生成β固溶体,导致同素异构转变温度降低,被称为β稳定元素。另外,如锆、锡等元素对转变温度的影响相对微弱,被归类为中性元素。

基于钛合金热处理后的组织特点,可以将其划分为α型钛合金、β型钛合金以及α+β型钛合金三大系列。其中,按照牌号分类,则分别以TA、TB、TC加上相应数字表示,例如α型钛合金包括TA1~TA8,β型钛合金主要为TB1和TB2,而α+β型钛合金则包含TC1~TC10。

5.4.2.3 钛合金的热处理

钛合金的热处理主要有为提高塑性、韧性,消除应力,稳定组织而进行的退火,以及为强化而进行的淬火和时效。

1. 退火

(1)再结晶退火。再结晶退火的目的是消除加工硬化,恢复塑性,并获得比较稳定的组织;加热温度通常高于再结晶温度,一般为750~800℃,保温1~3 h。

(2)去应力退火。去应力退火的目的是消除机械加工或焊接过程中所形成的内应力。加热温度一般都低于再结晶温度,通常在450~650℃加热,对机加工件,其保温时间为0.5~2 h(空冷),焊接件为2~12 h(空冷)。

(3)稳定化退火。对于一些含有铁、锰、铬等成分,并在高温下长期工作的钛合金,为使合金组织尽可能接近平衡状态,以免在使用过程中发生分解,使合金的热稳定性降低,需进行稳定化退火。这种退火多采用双重退火法(或称分级退火法)。例如TC9钛合金退火时,先在930℃加热1 h,空冷进行再结晶,然后在530℃加热1 h,空冷,以稳定组织。

2. 淬火

钛合金淬火时的相变比钢和铝合金都复杂,因合金成分及淬火温度不同,所以可形成不同的介稳定相。现以含有β稳定元素的钛合金相图(见图5-28)为例说明钛合金淬火相变的特点。

当α型钛合金和含较少β稳定元素的α+β型钛合金从高温β相区淬火时,将发生无扩散型的马氏体转变,即从β相转化为α'固溶体,得到在六方晶格α-Ti中β稳定元素的过饱和固溶体。也可能由β相以无扩散型相变转变为α″相,α″相也为六方晶格的过饱和固

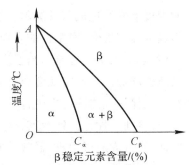

图5-28 含有β稳定元素的钛合金相图

溶体(原子位移比α'相小,具有斜方点阵)。α'相及α″相在形貌上和钢的马氏体一样,也成针状,也都称为马氏体,因它们为置换式过饱和固溶体,体积变化小,因而强化作用不大。淬火后一定要进行时效处理才能获得满意的性能。

而对于β型钛合金和那些含有较多β稳定元素的α+β型钛合金,在从高温相区淬火时,由于没有足够的时间析出α相,因此形成的是过饱和β固溶体,通常称之为亚稳β相或β'相。在特定的条件下,此相可以转化为平衡组织,产生时效强化。

α型钛合金淬火得不到亚稳的β相,得到的α'相强化效果又不大,因此α型钛合金一般不进行淬火,多在退火状态下使用。

α+β型钛合金的淬火加热温度一般选在α+β两相区的上部范围,这样可以获得较多

数量的亚稳β相,而且晶粒也不会过分长大。

β型钛合金(成分位于C_β稍左的合金,见图5-28)的淬火温度应选在AC_β线附近,淬火后得到亚稳的β相。加热到这个温度时,晶粒不会过分长大,因而不会降低合金的力学性能。

3. 时效

与铝合金时效不同,钛合金时效主要是依靠β′相在时效过程中分解析出高弥散的α相使合金强化。

钛合金的时效强化效果与淬火加热温度有关,这是因为淬火加热温度决定了淬火组织中亚稳β相的成分和数量。当淬火加热温度一定时,时效强化效果决定于时效温度。时效温度过高,析出的α相粗大,强化效果差;时效温度过低,保温时间要很长。因此钛合金的时效温度一般在500 ℃左右。

4. 强化热处理

强化热处理主要有:α-β固溶处理(ABST),β固溶处理(BST)、破碎组织处理(BUS),GTEC处理,热化学处理(TCT),成分固溶处理(CST),高温渗氢处理(HTH),等等。这些方法的主要目的是消除晶界α相、粗大的α片群体和单独粗大的α相。经过强化热处理后,合金的显微组织发生了较大的变化,晶界α消失,片状α或群体变薄、变短,相互间呈编织状,因此合金的力学性能获得较大的改善。

除了上述几种热处理方法外,为提高钛合金的耐磨性,还可进行渗氮等化学热处理。

5.4.3 常用钛合金

常用钛合金的牌号、成分和性能见表5-15。

表5-15 常用钛合金的牌号、成分及力学性能

类型	牌号	化学成分	室温力学性能				高温力学性能			用途
			$\dfrac{\sigma_b}{MPa}$	δ_s ×100	Ψ ×100	A_k J·cm^{-2}	试验温度 ℃	瞬时强度 $\dfrac{\sigma_b}{MPa}$	持久强度 $\dfrac{\sigma_{100}}{MPa}$	
α型钛合金	TA1	工业纯钛	350	25	50	—	—	—	—	适用于非承力部件,能在300 ℃下长时间工作
	TA5	Ti-4Al-0.005B	450	20	40	—	—	—	—	因其出色的焊接性能和耐腐蚀性能被用于制造海洋环境中应用的结构件
	TA7	Ti-5Al-2.5Sn	800	10	27	30	350	500	450	常用于制作机匣壳体和壁板等部件,可在500 ℃下长时间工作
	TA8	Ti-5Al-2.5Sn-3Cu-1.5Zr	1 000	10	25	20~30	500	700	500	用于制造发动机的压气机盘和叶片,具有出色的抗疲劳性能,可在500 ℃以下长时间工作

续表

类型	牌号	化学成分	室温力学性能				高温力学性能			用途
			$\dfrac{\sigma_b}{\text{MPa}}$	δ_s ×100	Ψ ×100	$\dfrac{A_k}{\text{J}\cdot\text{cm}^{-2}}$	试验温度/℃	瞬时强度 $\dfrac{\sigma_b}{\text{MPa}}$	持久强度 $\dfrac{\sigma_{100}}{\text{MPa}}$	
β型钛合金	TB2	Ti-3Al-8Cr-5Mo-5V	1 000	18	40	30	—	—	—	这种合金强度高、塑性好，常用于星箭连接带和航空航天紧固件
α+β型钛合金	TC1	Ti-2Al-1.5Mn	600	15	30	45	350	350	330	适合制造复杂形状的航空钣金部件，能在350 ℃下持久工作
	TC2	Ti-4Al-1.5Mn	700	12	30	40	350	430	400	具有良好的冲击焊接性能，适合制造航空钣金部件，可在350 ℃下持久工作
	TC4	Ti-6Al-4V	920	10	30	40	400	630	580	适用于航空发动机的风扇、压气机盘、叶片以及飞机框架和接头等部件，可在400 ℃下长时间工作
	TC6	Ti-6Al-1.5Cr-2.5Mo-0.5Fe-0.3Si	950	10	23	30	450	600	550	拥有优良的热强性和热加工性能，用于制造航空发动机的压气机盘、叶片和飞机的高推和接头等承力部件，能在450 ℃下持久工作
	TC8	Ti-5.8~6.8Al-2.8~3.8Mo-0.20~0.35Si	1 050	10	30	30	450	720	700	主要用于飞机发动机的压气机部件制造，也适用于火箭、导弹和高速飞机的结构部件
	TC9	Ti-6.5Al-3.5Mo-2.5Sn-0.3Si	1 080	9	25	30	500	800	600	具有良好的热稳定性，适于在400 ℃以下长时间工作的零件，常用于制造压气机盘和叶片
	TC10	Ti-6Al-6V-2Sn-0.5Cu-0.5Fe	1 050	12	30	40	400	850	800	焊接性能良好，焊接接头的强度可达基体金属的90%，在450 ℃以下可以长期工作

5.4.3.1 α型钛合金

此类钛合金在退火后的组织主要是单一的α固溶体或α固溶体+少量的金属间化合物。因此，其不能通过热处理来强化，只能进行退火，室温强度低。由于此类钛合金组织稳定且含有稳定的α相，同时还有较多的铝、锡，因此此类合金的耐热性超过了同等合金化程度的其他钛合金,因此其称为耐热型钛合金,通常应用于 500 ℃ 以下的场合。此类钛合金具有优越的耐腐蚀性能,焊接性能好,并且在 -253 ℃ 的超低温条件下,依然能保持良好的塑性和韧性。其中,Ti-5Al-2.5Sn 合金(TA7)在退火后的常温抗拉强度为 850 MPa,而在 500 ℃ 时为 400 MPa。

5.4.3.2 β 型钛合金

这类合金淬火状态组织为 β 固溶体,可用热处理强化(淬火、时效),淬火状态具有很好的塑性。淬火、时效后可获得高强度,故室温强度较高,如 Ti-3Al-8Mo-11Cr 合金(TB1),经淬火、时效后其 σ_b 为 1 300 MPa,δ 为 5%。但由于淬火时效后的组织不够稳定,且含铝、锡较少,热稳定性较差,这类合金一般在 350 ℃ 以下使用。

这类合金在室温、高温下均为体心立方晶格结构,因而压力加工性能较好,可以冷成形。

5.4.3.3 α+β 型钛合金

此类钛合金的退火组织为 α+β,具有 α 型和 β 型两种钛合金的优势,既可以在退火状态下使用,也可经过淬火和时效处理后使用。以其高强度和良好的塑性为特点,此类钛合金成为应用最为广泛的钛合金。

此类钛合金最具代表性的是 Ti-6Al-4V 合金(TC4),这是使用最为广泛的 α+β 型钛合金。经过热处理后,其具有优越的综合力学性能、高强度且有良好的塑性。在退火状态下,其抗拉强度 σ_b 为 950 MPa,延伸率 δ 为 10%,而断面收缩率 ψ 为 30%。为了达到较高的强度要求,可以进行淬火后时效处理。处理后的 σ_b 为 1 166.2 MPa,δ 为 13%。TC4 在 400 ℃ 下具有稳定的组织和高的抗蠕变能力,以及良好的抗海水和抗热盐应力腐蚀性能。因此,其被广泛用于制造长时间在 400 ℃ 环境中工作的零件,如飞机的压气机盘、航空发动机的叶片、火箭发动机的外壳,以及其他各种结构锻件和紧固件。

5.4.4 钛合金在航空航天领域的应用

钛合金具有密度小、强度高、耐高温、抗腐蚀等优点。1950 年,美国首次在 F-84 战斗轰炸机上采用工业纯钛制造的后机身隔热板、导风罩和机尾罩等非承力构件。1954 年,α+β 型钛合金 Ti-6Al-4V 开始用于制造 J57 涡轮喷气发动机压气机转子盘和叶片。美国于 20 世纪 60 年代中期研制成功的"全钛飞机"SR-71 是钛合金制造工艺技术发展的一次重大突破,他们试制成功了钛合金隔框和起落架梁等大型复杂锻件,用钛量达到飞机结构重量的 93%。

20 世纪 70 年代,钛合金在军用飞机和发动机中的用量迅速增加,在 F-14 和 F-15 飞机上的用量占结构重量的 25%,在 F100 和 TF39 发动机上的用量分别达到 25% 和 33%。与此同时,民用飞机用钛也取得了较大发展。例如用 Ti-6Al-4V 制造的波音 747 主起落架支承梁模锻件,每件长 6 096 mm,宽 914 mm,重 1 724 kg,截至 1985 年已经生产了 2 000 多件。

随着 20 世纪 80 年代飞行速度达到 $Ma=2.2$ 的 B-1B 轰炸机和航天飞机的成功研发,钛合金材料及其制造技术发展迎来了一个新的高峰。而当今,作为全球唯一的双层大型远程民航客机的 A380,钛合金的使用量已经从原先的 5%~7% 增至 10%,单是在发动机吊挂架和起落架上的钛含量就增加了2%,这对未来航空器的材料选择提出了新的考验。A380首次在其发动机吊挂架的主要结构部分采用了全钛合金材料。其中所用的Ti-6Al-4V经过β退火处理,以优化其断裂韧性和抑制裂纹扩展速率。

在目前的航空航天钛合金中,最为常用的是多功能α+β型钛合金Ti-6Al-4V以及高温钛合金Ti-6Al-4Zr-2Mo(Ti6242)。其中,Ti-6Al-4V主要应用于制造工作温度不超过400 ℃的各种飞机结构和发动机部件,而Ti6242则更适合制造工作温度低于500 ℃的高压压气机部件。值得一提的是,Ti-6Al-4V凭借其卓越的综合性能,使用量已经占到所有钛合金总量的一半以上。

随着航空航天飞行器及其推进系统的发展,对钛合金的工作温度也有着越来越高的要求,以提升航空发动机的推重比。尽管普通钛合金的最大工作温度可达600 ℃,但要提升这一温度则会受到蠕变强度和抗氧化能力的制约。然而,到了1980年,针对以钛铝化合物为基的高温钛合金的研究有了重大进展。这些合金的突出优点包括出色的高温性能,优异的抗氧化性、耐腐蚀和轻质性,其被认为是制造压气机和低压涡轮部件的理想选择。以钛铝化合物(Ti-21Nb-14Al)为基础的高温钛合金,其最高工作温度可以达到815 ℃,并且通过快速凝固工艺可以实现晶粒细化,进一步提高其室温下的塑性;而以钛铝化合物(Ti-30Al-12Cr-15V)为基础的高温钛合金,其最大工作温度高达1 040 ℃,可与镍基高温合金相媲美,但它具备更小的密度和更高的弹性模量。不过,限制钛铝化合物基高温合金广泛应用的主要因素是其在室温下的低塑性,导致其断裂韧性较低和裂纹扩展速率较高。

5.5 高温合金

高温合金亦即耐热合金,主要基于铁、镍、钴等基础金属构成。这类材料在600 ℃以上的温度和一定的应力环境中,能够持续有效地工作,显示出优良的高温强度和抗氧化、抗热腐蚀特性,同时还具备出色的抗疲劳性能。在当今先进的航空发动机中,高温合金的性能直接影响到整体发动机的效能。事实上,高温合金构成了航空发动机总质量的40%~60%,主要集中在燃烧室、导向叶片、涡轮叶片及涡轮盘等关键热端部件上(见图5-29)。除此之外,机匣、环形部件、助力燃烧室及尾部喷嘴等部位也会使用高温合金。采用定向凝固技术,可以生产出无横向晶界的柱状晶叶片或完全没有晶界的单晶叶片,这一技术显著增强了高温合金的高温疲劳强度和持久强度,被视为当前铸造高温合金的主要发展趋势。

随着航空发动机性能的不断提高,人类已相继研制出第一代、第二代、第三代、第四代单晶镍基合金,都用于高性能航空发动机涡轮转子叶片(见图5-30)。定向凝固和单晶合金比普通铸造合金具有更高的承温能力:第一代单晶镍基合金的最高工作温度为1 040 ℃,第二代单晶镍基合金的最高工作温度为1 070 ℃,第三、四代单晶镍基合金的最高工作温度则为1 100 ℃。

军用航空燃气涡轮发动机通常可以用其推重比(推重比=发动机推力/发动机自重)来综合评定发动机的性能,而涡轮前燃气温度(即涡前温度)对发动机推重比有着最直接、最显著的影响,成为发动机代际最突出的判别依据之一。航空发动机作为现代工业行业的明珠,代表着世界制造行业的最高水平,而高温合金则是航空发动机最重要的制造原材料。

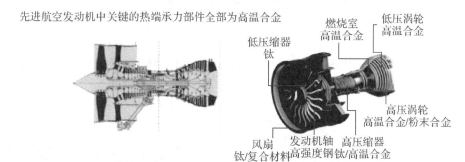

图 5-29 高温合金在航空发动机上的应用示意图

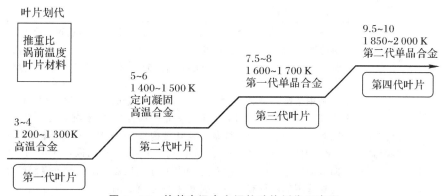

图 5-30 镍基高温合金涡轮叶片划代示意图

5.5.1 高温合金的性能特点

基于航空发动机中高温合金所处的严酷工作条件,对其提出以下性能要求:

(1)优秀的高温强度以及优异的抗蠕变性能、抗裂变性能,在高温下具有较高的抵抗塑性变形和断裂破坏的能力;

(2)良好的组织稳定性,在高温条件下的抗氧化、抗热腐蚀、抗冲蚀能力较强;

(3)比强度和弹性模量高,可以减轻发动机及整个飞行器的重量,提高结构刚度;

(4)良好的工艺性能,包括冶炼、铸造、压力加工及切削加工等性能的好坏,这也是决定材料能否使用的一个重要前提。

5.5.2 高温合金的分类及表示方法

伴随着材料科学技术的发展,高温合金已经从传统的铸造高温合金及变形高温合金衍生出如粉末高温合金、钛铝金属间化合物、氧化物弥散增强高温合金、耐蚀高温合金、粉末冶金与纳米材料等多种新型高温合金材料。

对高温合金的分类,根据其主要成分,可以划分为铁基高温合金、镍基高温合金和钴基高温合金三大类。从生产工艺上,可分为变形高温合金、铸造高温合金及粉末冶金高温合金三种。而从强化技术上看,可分为固溶强化型、时效强化型、氧化物弥散强化型及晶界强化型四种。高温合金的分类和应用范围见表 5-16。

表 5-16 高温合金的分类及应用范围

分类方式	类型(占比)	主要特征
按合金基体元素	铁基(14.3%)	具有良好的热加工性能、中温性能以及焊接性能,制作简单,价格经济,但抗高温氧化性和组织稳定性欠佳,工作温度为600～850 ℃,常见于涡轮盘、机匣和轴等部件
	镍基(80%)	此合金在组织稳定性和高温性能上表现优异,但韧性低,抗疲劳性能不理想,工作温度范围为650～1 000 ℃,常用于制造航空发动机的热端零件,如涡轮叶片、导向叶片等
	钴基(5.7%)	具有强的抗氧化、耐腐蚀特性,抗热疲劳性能优异,但中温强度稍差,使用温度为730～1 100 ℃,铸造和焊接性能良好,资源有限,价格偏高,通常用作导向叶片材料
按制备工艺	变形(70%)	适用于冷、热变形加工,工作温度为-253～1 320 ℃,表现出高的抗氧化和抗腐蚀性能;按热处理工艺可以分为固溶强化型和时效强化型两类。固溶强化型常用于制作发动机燃烧室、机匣,而时效强化型则用于制造涡轮盘和叶片等
	铸造(20%)	利用精密铸造技术制造的零部件,其成分范围更宽,应用更广,包括在-253～950 ℃下应用的等轴晶铸造高温合金(用于航空发动机的扩压器机匣和航天发动机的多种泵用复杂结构)、650～950 ℃的等轴晶铸造高温合金(主要用于航空发动机的涡轮叶片和整铸涡轮),以及950～1 100 ℃的定向凝固柱晶与单晶高温合金(主要用于高性能发动机的一级涡轮叶片)。尽管这些零部件具有很高的强度,但不适宜热加工
	粉末冶金(10%)	包括粉末高温合金与弥散强化高温合金。粉末高温合金主要通过液态金属的雾化或高能球磨技术制备,其晶粒细小、组织成分均匀,极大地提高了热加工性;能够适应高应力需求,已成为高推重比发动机中的涡轮盘、压缩机盘和涡轮挡板等关键高温组件的优选材料
按强化方式	固溶强化	固溶强化型的主要优势在其出色的抗氧化能力,良好的塑性和成形性,同时保持一定的高温强度。这类材料主要用于环境温度高、承受应力相对较低的零部件,如用于制造燃烧室和火焰筒
	时效强化	时效强化型以其较高的高温强度、蠕变强度和全面的综合性能而著称,主要用于高负荷中、高温环境的零部件,例如涡轮叶片和涡轮盘
	氧化物弥散强化	氧化物弥散强化型的特点是其内部分布氧化物增强颗粒,具备高的热稳定性,并能在1 000 ℃以上保持较高的强度
	晶界强化	晶界强化型通过向合金中加入微量元素,如硼、钠、锆和镁,来优化晶界结构,从而增强其抗蠕变性能

高温合金一般通过字母与数字结合的方式进行命名。在变形高温合金的牌号中,以"GH"作为前缀,其中,"G"和"H"分别为"高"和"合"两个汉字的拼音首字母。接在"GH"后的是四位数字,其中,第一位数字代表不同的基体元素和强化方法(见表 5-17)。而后面的三位数字则是该合金的具体编号。例如,GH4169 意味着它是一个时效强化型的镍基高温

合金,编号为 169。

表 5-17 变形高温合金分类号规定

分类号	1	2	3	4	5	6
高温合金种类	固溶强化型铁基合金	时效强化型铁基合金	固溶强化型镍基合金	时效强化型镍基合金	固溶强化型钴基合金	时效强化型钴基合金

对于铸造高温合金,其命名有以下几种方式:等轴晶铸造高温合金的牌号以"K"开头,而定向凝固柱状高温合金以"DZ"为前缀,单晶高温合金则以"DD"起始。这些前缀后跟三位数字,其中第一位数字用于分类,而后两位数字则是具体的合金编号。例如 K418,它表示的是时效强化型镍基高温合金,其编号为 18。

粉末冶金高温合金的命名以"FGH"为前缀,而金属间化合物高温合金则采用"JG"作为其开头。

5.5.3 高温合金的热处理工艺

热处理是改善高温合金性质的主要技术之一。简而言之,高温合金的热处理是指固态高温合金经过加热、保温和冷却的过程,其目的是获得所需要的材料组织和性能。目前,固溶处理和时效处理是高温合金热处理中的主要工艺步骤,具体描述如图 5-31 所示。

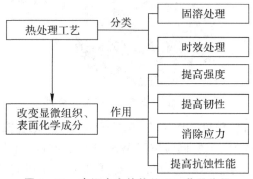

图 5-31 高温合金的热处理工艺及作用

(1)固溶处理。固溶处理是使高温合金加热到超过组织内析出相的全溶温度,确保合金中各种不均匀分布的析出相完全溶入基体相,达到强化固溶体、增强其韧性和耐腐蚀性,并消除残余应力的作用,为后续加工成型和时效处理作好准备。

(2)时效处理。时效处理是将高温合金加热到强化相析出的温度范围内,保温一定时间。其目的是保证合金中的强化相、碳化物等能够沉淀析出、均匀分布,从而提高合金的强度、硬度。

变形高温合金的热处理通常包括固溶处理、中间处理以及最终时效处理三个阶段。而铸造高温合金的组织受其铸造工艺的影响较大,因此一般铸造高温合金不作热处理,或只进行简单的热处理,例如只经过几小时固溶或时效处理就使用,甚至不经热处理就使用。随着合金逐渐复杂化,为了改善某些性能,铸造高温合金也可以采用与变形高温合金相似的多次热处理方式。铸造高温合金经过固溶处理能够使铸态组织局部均匀化,但铸态组织的基本特征,例如枝晶、偏析等不会全部消除。铸造高温合金固溶处理、中间处理和时效处理的作用与变形高温合金类似。

5.5.4 高温合金在航空航天领域的应用

根据图 5-32，高温合金在多个领域中都有广泛的应用，其中航空航天领域的需求占了 55%。在航空领域，高温合金被广泛用于涡轮盘、导向叶片、涡轮叶片和燃烧室组件。由于部件的使用环境各异，因此需要选择合适的高温合金。涡轮盘主要选用如 GH4169、GH4698 和 GH4710 这类变形高温合金。随着技术进步，像 FGH4095、FGH4096 和 FGH4097 这类热等静压粉末冶金高温合金也被引入使用。现在，单晶高温合金如 DD3 和 DD4 也已被纳入涡轮叶片的材料选择中。对于导向叶片，尽管其工作温度低于涡轮叶片，但选材已经逐步从最初的变形高温合金（例如 GH4033、GH3128）转向铸造高温合金，目前还在进一步研发使用定向凝固的高温合金。另外，燃烧室主要使用变形合金铸造和高温合金铸造，目前已有 27 种型号的高温合金投入使用。在航天领域，高温合金主要用于发动机、涡轮盘和燃烧室部件，其中可选择的合金包括但不限于 GH4586、GH4202、GH4169、GH4742、K424 和 K465 等。

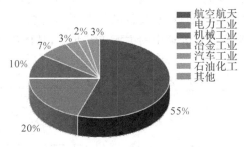

图 5-32 高温合金的应用分布

高温合金平均用量占发动机总质量的 40%～60%（在先进发动机中占比高于 50%），高温合金部件加工成材率为 30%，同时按照 WS-10 发动机质量为 1.7 t 测算，预计制造一台军用航空发动机的高温合金用量约为 2.83 t。预测我国军用航空发动机高温合金需求将在 2025 年达到 1.94 万 t/年，在 2030 年达到 2.83 万 t/年；预计 2021—2030 年之间我国将产生总计 24.1 万 t 的军用航发高温合金需求。

习 题

1. 简述合金元素在合金钢中以何种形式存在，在合金钢中起到什么作用。
2. 高速钢的组织由什么组成？具有什么特征？形成这种特征的原因是什么？这种特征会对其性能产生什么影响？在生产中如何消除这种影响？
3. 解释下列名词：①比强度；②比刚度；③人工时效；④自然时效；⑤过时效。
4. 试从机理、组织与性能变化上比较铝合金淬火、时效处理与钢的淬火、回火处理。什么样的合金才能具有时效强化作用？
5. 铝合金的自然时效与人工时效有什么区别？选用自然时效或人工时效的原则是什么？

6. 粗大的铝合金晶粒能否通过重新加热的方式细化？为什么？
7. 铸造 Al-Si 合金为何要进行变质处理？
8. 镁合金的性能及热处理与铝合金有何不同？
9. 试比较钛合金的热处理强化方式与钢、铝合金的热处理强化方式的异同。
10. 钛合金在性能上有何特点？略述其应用前景和存在的问题。
11. 说明下述材料牌号中的符号及数字的意义，并指出它们是哪种类型的合金：
①ZL102；②MB8；③LY12；④LD2；⑤LC4；⑥TA3；⑦ZM5；⑧LF2；⑨TC4；⑩TB1。
12. 什么是高温合金？其具有哪些类型？其性能特点是什么？考核的性能指标有哪些？

▶拓展阅读◀

中国航空超高强度钢与需求差距大　略优于俄欧

赵振业，中国工程院院士，金属材料科学家。从事航空结构钢应用基础理论、合金设计和应用技术研究，创新多种合金并获广泛应用，构筑起我国航空超高强度钢体系架构；提出"无应力集中"抗疲劳概念，研究抗疲劳制造技术，成功研制长寿命飞机起落架，获国家科技进步一等奖等五项国家级科技成果奖，为多项重大航空工程做出突出贡献。

钢铁被称为工业的粮食，在我国当前的工业化进程中其重要性不言而喻。而超高强度钢在我国的航空、航天、高铁、风电、汽轮机、燃气轮机等高端机械装备制造行业中有着特殊的价值，用以制造的关键构件直接决定着机械装备的服役行为和我国航空工业发展的水平。记者日前就航空超高强度钢发展情况专访了中国工程院院士赵振业。

记者：近年来，航空工业发展迅速，新的型号不断出现，对特种钢的需求与以往相比有哪些变化？

赵振业：过去几年中，航空装备发展取得了很大的进步，比如歼击机、大型运输机、舰载机、武装直升机等先进机型都陆续飞上天空，超大的机身、更快的速度、远海作战环境等，都对航空材料特别是超高强度钢的发展提出了新的更高需求。长寿命、高可靠性、轻量化等航空装备发展的一贯原则，也更明确地直接体现在航空超高强度钢的性能要求上，需要解决的问题还有不少。

超高强度钢是当前强度最高的金属结构材料，航空超高强度钢代表一个国家的冶金最高水平。航空超高强度钢主要用作起落架、传动齿轮、主轴承和对接螺栓等关键构件。人人都明白起落架对飞机和乘员安全的保障作用，高性能传动齿轮是直升机传动系统的核心构件，主轴承决定着航空发动机的服役寿命和可靠性，对接螺栓直接关系飞机安全。航空超高强度钢的研究发展难度很大，但却是航空发达国家的竞争热点。其中，起落架用钢代表了一个国家超高强度钢的最高水平。美国于 20 世纪 50 年代研制出 300M 超高强度钢，60 年代开始将其用于飞机起落架，90 年代研制出 Aermet100 超高强度钢，直到 21 世纪初才研制出适用于航母舰载机起落架用 S53 超高强度不锈钢。20 世纪 50 年代，美国用了 10 年时间将客机用涡轮喷气发动机主轴承寿命提高到 30 000 h，支持了发动机定寿，但齿轮轴承钢仍不能满足使用要求。对接螺栓的强度虽已达到 1 800 MPa 以上，但却尚无一个较理想的超高强度钢。我国的飞机、发动机都已发展到了世界先进水平，自然需要世界先进水平的超高强度钢。我国的航空超高强度钢与飞机、发动机发展需求，尤其是这些关键构件达到长寿命、高可靠、结构减重和经济可承受性还有很大差距。而要成为航空制造强国，就必须达到甚至超过国外先进水平。

和其他先进材料一样，航空超高强度钢属于学科前沿，需要经由应用基础理论、钢种研制、工业生产和服役反馈研究才能完成。研究的目的在于应用。因此，必须完成"材料研制"和"材料应用研究"两个全过程，才能做好关键构件和支持飞机、发动机发展和安全服役。航空超高强度钢应当引起足够重视，得到更多关注。

记者：特种钢因为用量小，企业发展的积极性不高，但对我们国家尤其是国防军工行业来说又特别重要，如何破解这些问题？

赵振业：航空超高强度钢和其他先进材料一样，要求高、用量小、研制难度大，企业的积极性不高，严重制约了供货保障。鉴于航空超高强度钢和其他先进材料的特殊性，航空工业必须谋划自己的供货保障。为破解这一问题已进行了几十年的设想和尝试，例如在材料研究机构建小批量试制、生产供货厂，但至今未获成功。我虽曾思考过如何解决问题，但也未有好的办法，毕竟没有实践过。我以为，解决航空军工关键材料小批量试制、生产供货问题需要考虑三个问题。一是能保证达到要求，二是平战结合，三是高效益。附设在材料研究机构的缺点是不能平战结合，企业的积极性不高的原因在于效益低。最好的方案应是在企业设专用试制生产线。既可将从研究机构带入的先进技术转化为生产技术，带动其他生产技术水平提高，加快产品增值、升级和转型，又可保证战时随即转入大量生产。而且，达不到航空优质的航空超高强度钢和其他先进材料，可以用作一般航空构件，更低质量的材料可以用于其他军工构件或民用构件。在企业建立高水平的专用小批量试制、生产线十分重要，研究机构解决不了规模生产用材料问题，非规模生产材料不能用作航空关键构件。比如，60多年来抚顺钢厂[①]一直是航空超高强度钢及高温合金等材料的生产供货企业，具有国内最高技术水平，达到美国实物水平的航空超高强度钢及高温合金等材料也几乎全是由抚顺钢厂试制出来的。在抚顺钢厂建立专用小批量试制、生产线应可满足航空超高强度钢及高温合金等需求。随着航空工业的快速发展，对航空超高强度钢及高温合金等材料的小批量生产供货要求越来越高，应继续加大投入。

记者：新工业和技术的发展变化也对原材料制备提出了创新要求，如何看待以激光成形技术为代表的新技术对传统钢铁材料需求的影响？

赵振业：我不研究激光快速成形技术，知之甚少，不能做出评论，只能说一孔之见。激光快速成型是仿制、试制构件、翻模的好方法。但看不出其用于航空构件，尤其是关键构件的突出优越性。激光快速成形最大的优点应是速度快，设备简单，不受构件尺寸、形状限制，可以作为传统制件技术的一种补充。但国外试验数据表明，激光成形 Aermet100 钢构件的疲劳寿命高于铸件，低于锻件，这符合科学原理。从液态快速凝固下来，制件的强韧化机理有待新的认识。航空构件讲求可靠性，要求批量生产和检验数据稳定，而激光成形还是单件制备构件。激光成形需要金属粉体原材料，降低制件成本。应该说，激光成形技术有广阔的发展空间和其他应用前景，用于航空构件还要进一步认识和研究。还应该说，激光成形不是一

---

① 抚顺特殊钢股份有限公司。

种金属材料的制备技术,它没有熔炼过程。

记者:我国特种钢发展水平和生产能力与其他工业强国相比,处于什么水平?有哪些差距和不足?

赵振业:1958年航材院[①]就起步研究航空超高强度钢,与抚顺钢厂等一起,先后研制成功GC-4,强度与300M钢相当,用作起落架;研制成功航空中温超高强度钢38Cr2Mo2VA,用作飞机后机身主承力框结构。研制成功的新品种,与欧洲、俄罗斯相比基本相当或略有优势,但在创新研发能力、计算合金和高纯熔炼技术方面还有提升空间。当前,应该重点关注提升钢的"纯净度"。钢的"纯净度"带给关键构件的影响如同我国的秦岭——翻过秦岭是四川气候,秦岭以北是陕西气候。关键构件达到长寿命、高可靠、结构减重,首先要过"纯净度"关。"纯净度"制约了所有航空超高强度钢,当然也制约了所有航空关键材料。美国的宇航材料标准被认为是世界上最先进的航空材料标准。实际上,美国的材料实物远高于标准,关键杂质元素会低一个数量级,与中国的材料标准有很大不同。

我国的航空超高强度钢发展目标是赶上世界一流水平,建立中国特色的航空超高强度钢体系,满足航空装备发展需求,支持航空制造强国建设。让我们一起努力,尽快实现这一目标!

来源:《中国航空报》2014-02-27,有改动。

---

① 中国航发北京航空材料研究院。

第6章 复合材料

随着现代高科技的快速发展,特别是在国内外航空领域,材料的服役环境愈发恶劣,对材料的性能要求也愈加苛刻。为了满足航空领域对材料的性能要求,具有多功能性、可设计性、结构整体性以及经济效益最大的先进复合材料应运而生,其工业水平也成为衡量一个国家或地区科技与经济实力的标志之一。将复合材料应用到航空飞行器等关键部件,可有效降低整体结构重量,显著提升各方面性能。因此,先进复合材料已成为飞机、飞艇等现代航空飞行器的理想材料,也是国家重点发展的战略材料之一。本章主要讲述复合材料的分类、相关原理,以及航空用复合材料的制造工艺及应用进展。

6.1 概 述

6.1.1 复合材料种类

6.1.1.1 复合材料的定义

通过人工方式将两种或者两种以上物理、化学性质不同的物质组合而得到的多相固体材料,称为复合材料,也有部分学者将由两种或者两种以上宏观组成不同的材料合理复合得到的材料定义为复合材料,其目的是通过复合方式来发挥单一材料所不具备的性能特点。因此,复合材料必须同时满足以下条件:

(1)复合材料一定是人为创造的,是研究人员根据设计需求制造的材料。

(2)复合材料一定具有两种或者两种以上的材料组分,由材料的形式、组成比例以及分布状态决定,不同的组分之间存在明显界面。

(3)复合材料的结构具有可设计性,可通过变化复合形式进行设计。

(4)复合材料能在一定程度上继承了原有材料组分的宏观特性,又可通过复合效应相互补充,得到额外的优异性能。

因此,复合材料与简单混合的材料在本质上有所区别,其优点主要体现在:

(1)复合材料可以改善或克服组成材料的弱点,充分发挥其优点,扬长避短。

(2)复合材料可获得单一材料不具备的性能或功能,实现某些场合的特定应用。

(3)复合材料可根据实际服役条件改变材料组分以及复合方式,从而实现复合材料的最优设计。

6.1.1.2 复合材料的分类

复合材料是多相结构,其相组成可分为两类:一类为基体,一般为连续相,起到黏结(连接)、均衡载荷、分散载荷及保护增强相的作用;另一类为增强相,一般用作支持复合材料基体结构,起到改善韧性或强度的作用。

此外介绍以下三种常见的复合材料分类方式。

1. 按基体类型进行分类

按基体类型进行分类,可将复合材料分为树脂基复合材料、金属基复合材料、陶瓷基复合材料和碳/碳复合材料,下面简要介绍前三者。

(1)树脂基复合材料。树脂基复合材料是以玻璃纤维、芳纶纤维、碳纤维或玄武岩纤维为增强体,以有机聚合物为基体的复合材料,在航空、航天、汽车等领域有较为广泛的应用。有机聚合物基体一般分为热固性树脂和热塑性树脂,热固性树脂在加工过程中会产生固化反应,生成稳定的网状交联型高分子化合物,无法再生。热塑性树脂可溶于溶剂,也可以在高温下软化或熔融形成黏性液体,冷却后又恢复,可以重复加工。

(2)金属基复合材料。金属基复合材料是以石墨、碳、陶瓷及硼等无机非金属或金属为增强相,以金属及其合金为基体的复合材料,其层间剪切强度高,强韧性好,抗疲劳性能优异,同时还具有热膨胀系数小、耐磨、导电、导热、不吸湿等优点,是航空航天领域较为常用的高温材料,可用于飞机涡轮发动机及超声速飞机表面的热端构件。

(3)陶瓷基复合材料。陶瓷基复合材料是以高强度、高弹性的纤维增强陶瓷为基体得到的复合材料,耐高温,具有高强度、高刚度、轻质、抗腐蚀等,已在高档汽车刹车盘、飞机刹车盘、航天飞机鼻锥、导弹天线罩和液体火箭发动机喷管等领域实现广泛应用,是高技术新材料发展的一个重要方向。

2. 按性能类型进行分类

按性能类型进行分类,可将复合材料分为结构复合材料和功能复合材料。

(1)结构复合材料。结构复合材料是以承受力作用为主要用途的复合材料,其主要性能包括韧性、塑性、硬度、强度等力学性能,在不同的服役环境下,还需考虑腐蚀介质、低温、高温、辐照等特殊要求。例如发动机叶片材料需要有良好的高温强度与抗蠕变特性,飞机用结构复合材料则要求较高的比模量和比强度。另外,结构复合材料还广泛应用于民用建筑、生产运输、生活居住等领域。

(2)功能复合材料。功能复合材料是指除了必要的机械性能之外,还需具备其他物理性能,如隔热、防热、吸波、屏蔽、透波、隔声、吸声、导电、超导、阻尼、压电、磁性等功能的复合材料。功能复合材料一般通过一种或多种功能材料与基体进行复合,从而实现复合材料的功能一体化。基于材料的复合效应,多功能复合材料是功能复合材料的重要发展方向之一。

3. 按增强相的性质和形态进行分类

按增强相的性质和形态进行分类,可将复合材料分为颗粒增强复合材料、纤维增强复合材料和叠层增强复合材料。

(1)颗粒增强复合材料。颗粒增强复合材料是通过在基体材料中添加石墨、氧化铝、碳化钨、碳化硼、碳化钛、碳化硅等高硬度、耐摩擦、耐腐蚀的颗粒材料来改善基体原有的力学性能,从而提高其强度、硬度、耐磨性、断裂吸收功等性能的,是一种较容易批量制造、加工、成形的低成本复合材料。

(2)纤维增强复合材料。纤维增强复合材料是通过缠绕、模压或拉挤等工艺将芳纶纤维、玻璃纤维和碳纤维等增强纤维与基体进行复合而得到的材料。按照增强纤维的种类,可分为芳纶纤维增强复合材料、玻璃纤维增强复合材料和碳纤维增强复合材料。

(3)叠层增强复合材料。叠层增强复合材料是通过将单层板按照事先预定的纤维方向和次序进行铺放叠层,然后进行加热固化处理而得到的复合材料。可根据不同的性能指标要求,对纤维方向和铺层次序进行设计,以在不同方向上获得不同的强度和刚度指标。图6-1为由不同增强相增强的复合材料结构示意图。

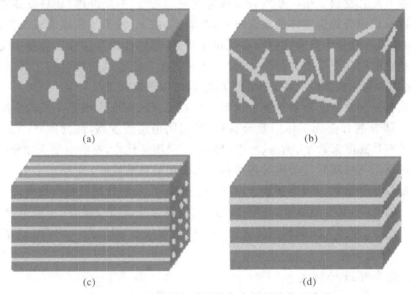

图 6-1 不同增强相增强的复合材料结构示意图
(a)颗粒增强复合材料;(b)短纤维增强复合材料;(c)纤维增强复合材料;(d)叠层增强复合材料

6.1.1.3 复合材料的性能特点

复合材料根据所设计的组分形式、比例及分布状态,将两种或两种以上物理、化学性质不同的材料组合得到,既能够保留原始组分材料的性能特点,还可通过复合效应获得额外的优良性能。其主要性能体现在以下几方面。

1.高的比强度和比模量

将材料的抗拉强度与材料表观密度之比定义为材料的比强度,其数值越大,表明同等质量下对应的强度越高。同样,复合材料具有较高的比强度,能够在同等强度要求下设计较小的截面积,大幅减小结构自重。一般而言,复合材料应具有轻质、高强及高模等特点,即用最轻重量获得最大的强度或模量,从而达到结构减重的目的。

树脂基复合材料是目前发展最快、应用最为广泛的一类聚合物基复合材料。树脂基复合材料的结构可设计性强,耐腐蚀性能好,抗疲劳性能优,比强度和比刚度高,可大面积整体成形。与传统的低碳钢、铝合金结构相比,树脂基复合材料的比强度和比模量远高于钢和铝合金,特别适用于飞机结构应用。其部分性能见表6-1。

表 6-1 复合材料部分性能对比

材料	纤维体积分数 %	密度 $\overline{g \cdot cm^{-3}}$	比强度 $\overline{MN \cdot kg^{-1}}$	比模量 $\overline{MN \cdot kg^{-1}}$
铝合金	—	2.7	0.15	27
低碳钢	—	7.8	<0.11	27
芳纶纤维增强环氧树脂	60	1.4	0.46	29
碳纤维增强环氧树脂	58	1.54	0.25	54

2. 良好的高温性能

纤维增强复合材料一般以无机非金属材料为增强纤维,例如碳化硅纤维、碳纤维、玻璃纤维等,在高温下能够保持热稳定性,使得相应的复合材料表现出优良的高温性能。一般地,聚合物基复合材料的耐高温上限为350 ℃,金属基复合材料可在350~1 100 ℃的温度范围内使用,1 400 ℃高温环境一般使用陶瓷基复合材料。碳纤维复合材料能够在2 400~2 800 ℃的非氧化气氛下长期使用,特别是石墨纤维增强石墨、石墨纤维增强碳或碳纤维增强碳构成的耐烧蚀材料,已在原子能反应堆、火箭导弹和航天器等高温部件实现应用,高温性能十分优异。

3. 良好的抗疲劳性能和断裂安全性

疲劳断裂一般从复合材料的基体部分开始,然后在纤维和基体的界面逐渐扩展。而增强纤维的缺陷越少,对应的缺口和应力集中敏感性就越小,即使产生裂纹,其扩展方向也会因界面改变方向而不产生突发性变化。因此,纤维增强复合材料能够有效抑制疲劳裂纹的进一步扩展,一般碳纤维增强树脂基复合材料的疲劳强度极限是其抗拉强度的70%~80%。另外,纤维增强复合材料内部含有大量独立的增强纤维,在外部加载条件下部分纤维发生断裂,并通过纤维断裂吸收大量能量,而还未发生断裂的纤维继续承载,使得复合材料不会在瞬间丧失承载能力而发生断裂,因此复合材料的断裂安全性较高。

4. 减震性能好

结构本身的形状、质量及比模量决定了其自振频率。复合材料的比模量大,自振频率较高,在外部载荷作用下不易发生共振,可避免共振引起的快速脆断,同时大量纤维与基体界面能够反射和吸收大部分能量,振动阻尼高,即使产生了振动也会被迅速吸收衰减。

5. 良好的加工工艺性

基于复合材料的结构特征,可根据复合材料的使用条件和性能要求选择不同的原材料,也可根据复合材料的形状和要求选择不同的加工工艺。采用整体成型方式可大幅减少装配件数量,减轻复合材料的整体重量,节省工时,节约材料,降低生产成本。特别是对于结构复杂的大型零件,树脂基复合材料也能实现一次成型,可大大降低零件装配数目,避免了零件与零件之间过多的连接,显著降低了应力集中,大大减少了制造工序和加工量。

6. 各向异性和性能可设计性

复合材料具有明显的各向异性,其物理性能不仅与纤维、基体的种类和含量有关,还与纤维的排列方向和铺层顺序有关。一般根据工程需求来选择相应的材料及铺层设计,在满足既定要求的前提下,可做到安全可靠、经济合理。

除了上述优点,复合材料的尺寸稳定性好,蠕变性能优异,冲击和断裂韧性较高,在生活生产中的多个领域实现了广泛应用。但是随着科技水平的不断提高,复合材料的部分缺点也被不断显现。例如复合材料的成型工艺成本仍然居高不下,同时缺乏高性能复合材料的大批量生产技术。另外,高性能复合材料的生产能力受到原材料制约,大大影响了最终产品的使用性能,且复合材料的回收循环利用还存在一定的技术难点,这些都是下一阶段复合材料的主要研究方向。

6.1.1.4 常用复合材料

正是由于优良的性能,复合材料的研发和应用代表着工业化社会的发展和进步,成为衡量工业技术水平的标准之一。目前常用的复合材料包括以下四大类。

1. 树脂基复合材料

(1)热固性树脂基复合材料。热固性树脂基复合材料是通过加入各种纤维来增强热固性树脂基体而得到的复合材料。树脂基体通过黏结作用使增强纤维构成一个整体,并通过传递载荷提高复合材料的强度和刚度,其主要特点是硬度、刚度大,受热不软化。

在我国应用较多的是玻璃纤维增强热固性树脂基复合材料(也称为玻璃钢),其是由30%~40%的热固性树脂和60%~70%的玻璃纤维或玻璃制品复合而成的。图6-2为我们生活中常见的玻璃钢制品。此类复合材料具有成型工艺简单、介电性高、耐腐蚀、耐热、电波穿透性好等特点,是理想的轻质结构材料,在人类生活生产及现代工业中发挥着独有的作用。但是其工作温度一般不超过250 ℃,若高于此温度长期工作,受力容易发生蠕变及老化现象。

 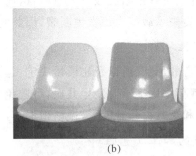

(a) (b)

图 6-2 生活中常见的玻璃钢制品

(a)玻璃钢管道;(b)玻璃钢座椅

环氧树脂基复合材料是由增强纤维与环氧树脂或改性环氧树脂复合而成的一类材料。除了玻璃纤维增强环氧树脂基复合材料外,应用较多的还有碳纤维增强环氧树脂基复合材料,其比强度和比模量均高于玻璃钢及铝合金材料,弹性模量比玻璃钢高3~6倍,并且具有优良的导热性及耐磨性,成型工艺简单,但是受限于环氧树脂基体,其使用温度一般不超过200 ℃。为此,研究人员以聚酰亚胺树脂为基体,制备了综合性能优异的耐高温聚酰亚胺树脂基复合材料。其可长期在200 ℃以上环境工作,可短期在300 ℃下环境下使用,强度保持率在50%以上,但是其成型固化温度高。图6-3为常见的环氧树脂基及聚酰亚胺树脂基复合材料制品。

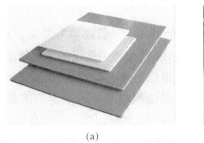 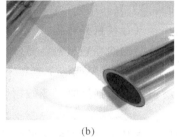

(a)　　　　　　　　　　　(b)

图 6-3　环氧树脂基及聚酰亚胺树脂基复合材料的应用

(a)环氧树脂基复合板;(b)聚酰亚胺树脂基薄膜

双马来酰亚胺树脂基复合材料综合了聚酰亚胺和环氧树脂的性能,具备耐高温、耐湿热、耐辐射、易成型等优良性能。与其他聚酰亚胺树脂相比,双马来酰亚胺树脂合成工艺简单,原料来源广泛,性价比高。另外,借助基体与多种树脂的共混改性,其可在不同场景应用,是当代先进树脂基复合材料的最新发展方向之一。

在航空航天领域,一般采用碳纤维对双马来酰亚胺树脂进行增强改性,所制备的复合材料主要用于飞机机身、骨架、尾翼及机翼蒙皮等主要构件。早在1986年,我国针对新型歼击机需要,就对双马来酰亚胺复合材料进行了大量研究,第一个通过国家鉴定的双马来酰亚胺树脂基体是QY8911,已在五种飞机及导弹结构上获得应用。目前,我国新一代隐身舰载机机身外表面已涂装使用双马来酰亚胺和环氧复合材料制成的绿色底漆,如图6-4(a)所示。在雷达天线罩领域,现代军事技术的迅猛发展,对作战飞机以及雷达天线罩提出了更苛刻的服役要求;雷达天线罩[见图6-4(b)]必须具备优异的力学性能、良好的电绝缘性、高频电磁波透过性以及环境耐受等性能,因此,树脂基体成为决定雷达天线罩性能的关键因素。目前,国外的树脂基体以环氧树脂和聚酰亚胺为主,而国内还是集中于酚醛树脂和环氧树脂,但是酚醛树脂和环氧树脂的介电性能还远远达不到先进雷达天线罩的使用要求,我国的技术水平与国外还存在一定的差距。

 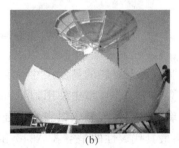

(a)　　　　　　　　　　　(b)

图 6-4　双马来酰亚胺树脂复合材料在航空航天及雷达天线罩上的应用

(2)热塑性树脂基复合材料。热塑性树脂基复合材料则是以织物纤维、玻璃纤维、碳纤维及其他纤维为增强体,以热塑性树脂为基体复合而成的。增强体的主要作用是提高基体的耐磨性和强度,改善基体的耐热性和抗蠕变性能。其中纤维体积分数一般为20%～30%,最大可达到40%～55%,其最大的特点在于加热到一定程度会发生明显软化(一般将这个温度点称为玻璃化转变温度),复合材料冷却后又能恢复原本的强度,因此其能够多次加工成型,从而实现重复利用。

热塑性树脂基复合材料具有阻燃、低烟、无毒、高强度、低成本等特点及重复加工能力,是轻质低成本航空结构的理想材料。另外,安全、经济和环保是民用航空领域首要考虑的因素,而热塑性树脂基复合材料能够完美契合这一迫切需要。目前,民用航空领域使用的热塑性树脂基复合材料主要包括聚醚酰亚胺树脂基、聚醚砜树脂基和聚醚醚酮树脂基复合材料4种。

聚醚酰亚胺树脂基复合材料的力学性能和耐热性能优异,主要应用于飞机机翼整流罩、货舱夹层结构面板、压力舱壁板和升降舵机翼后缘等结构相对简单的构件。例如碳纤维或玻璃纤维改性的聚醚酰亚胺树脂基复合材料在湾流Ⅴ型、福克100型飞机的货舱地板和空客A340的检查口盖前缘上实现了应用,其还用在了湾流Ⅳ型的方向舵复合材料肋片、湾流Ⅴ型的增压隔框和空客A330的方向舵前缘翼肋上,如图6-5所示。

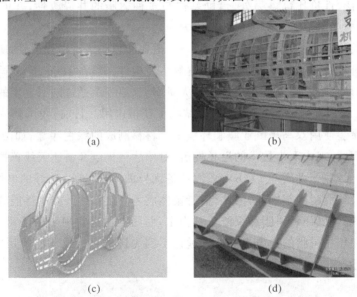

图6-5 聚醚酰亚胺树脂基复合材料在飞机上的应用
(a)货舱地板;(b)增压隔框;(c)方向舵复合材料肋片;(d)方向舵前缘翼肋

聚醚砜树脂基复合材料的高温尺寸稳定,比刚度和比强度高,耐蠕变性好,且外观透明,可长期在200 ℃以下工作环境中使用,相对最高使用温度可升至288 ℃,一般用于飞机热风通风管道。玻璃纤维增强聚醚砜树脂基复合材料首次在空客A340的机翼前缘实现了大规模应用,而其中最具代表性的是空客A340和A380飞机机翼热塑性树脂基复合材料固定前缘,通过玻璃纤维增强聚醚砜树脂基复合材料来替换原有的金属及热固性树脂复合材料混杂结构,将结构质量减少了20%。

聚醚醚酮树脂基复合材料则具有高强度、高耐热、尺寸稳定及耐环境性能好等特性，可用于发动机整流罩，相比于金属材料可减重30%。碳纤维增强聚醚醚酮树脂基复合材料用于空客A380和A400M的油箱口盖，性能非常稳定，可实现长时间服役。早在2009年，空客公司就联合荷兰德尔福特理工大学、福克公司和Tencate公司开展了飞机热塑性树脂基复合材料主结构件项目的研究工作，并通过技术攻关制备了长度达4 m的聚醚醚酮树脂基复合材料机身，为后续大型主结构件的制备奠定了理论和技术基础。图6-6为碳纤维增强聚醚醚酮树脂基复合材料在空客A350机舱门上的应用，其疲劳寿命、刚度及强度性能相比于传统铝合金材料均有大幅提升。

图6-6 聚醚醚酮树脂基复合材料在空客A350上的应用

图6-7 短切丝玻璃纤维形貌图

2. 纤维增强树脂基复合材料

(1)玻璃纤维及其增强的复合材料。玻璃纤维是通过快速抽拉熔融液态玻璃而制成的细丝，如图6-7所示。不同于传统的脆性玻璃材料，玻璃纤维具有一定的柔韧性，可以采用不同的纺织工艺制成玻璃纱或玻璃布。根据玻璃纤维中钾元素和钠元素的含量，可以将玻璃纤维分为有碱($>10\%$)玻璃纤维、低碱($2\%\sim6\%$)玻璃纤维、无碱($<1\%$)玻璃纤维和特种玻璃纤维，其中低碱玻璃纤维的强度相对较高，耐水性能好，同时具备优异的电绝缘性，应用较为广泛。

玻璃纤维具有优异的力学性能，特别是抗拉强度，直径在10 μm以下的纤维单丝抗拉强度高达$1\times10^3\sim3\times10^3$ MPa，弹性模量高达5×10^4 MPa。一般情况下，玻璃纤维直径越细，其对应的强度就越高。玻璃纤维的玻璃化转变温度相对较低，在250℃左右玻璃纤维就开始软化，不能在较高温度下使用。玻璃纤维具有较强的化学稳定性，除了氢氟酸和浓碱，能够在大部分化学介质中保持单丝形貌。但是玻璃纤维的脆性仍然较大，在拉应力作用下容易发生脆断，其延伸率仅有3%左右。

玻璃纤维增强复合材料是通过玻璃纤维及其制品为增强相与树脂基体复合而成的。树脂基体的性能实现了质的提升，其密度一般为$1.5\sim2.0$ g/cm^3，大约是普通钢的1/4，比铝合金还轻1/3，但是比强度超过普通钢，甚至超过个别特种合金钢，能够耐一定的酸碱腐蚀，同时其绝电抗磁和隔音隔热性能优异，可用于制作化工领域的管道、阀门、贮罐等，交通运输领域的车顶、车身、发动机罩和船舶零件，航空领域的飞机螺旋桨、副油箱、雷达罩等。

玻璃纤维增强复合材料在汽车行业具有较大的应用市场，汽车行业的发展与进步也极大地促进了玻璃纤维增强复合材料制造技术的革新。采用玻璃纤维增强复合材料可以减轻汽车重量,提高汽车的机动性能,同时降低汽车零部件的制造成本,已在汽车仪表板支架、车底防护板、前端组件、内门饰板、隔音保护板、保险杠支架等部件上成功实现应用。图6-8为玻璃纤维增强复合材料在汽车上的应用部位。

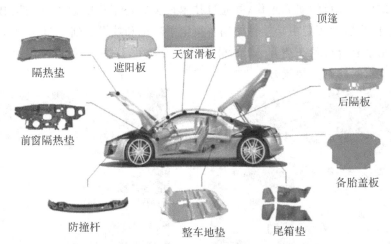

图6-8　玻璃纤维增强复合材料在汽车上的应用部位

(2)碳纤维及其增强的复合材料。碳纤维是以聚丙烯腈纤维、沥青纤维为原材料,通过预氧化处理、碳化处理及石墨化处理得到的一种以碳为主要元素的特种纤维,具有耐腐蚀、耐摩擦、耐高温、导热、导电等特性,专门用于航空航天等高精尖领域的结构部件。

碳纤维的制备流程一般包括预氧化、碳化和石墨化。以聚丙烯腈纤维为例,预氧化过程是对聚丙烯腈纤维进行空气加热,一般设置温度为250 ℃,保温时间为2 h,使聚丙烯腈纤维由线型链结构转化为耐热梯形六元环结构。其主要目的是使纤维分子间形成稳定的化学键合,以提升纤维的热稳定性,并能够在后续的制备过程中维持纤维状态。

碳化过程是碳纤维生成的主要阶段,一般将预氧化后的聚丙烯腈纤维置于1 000~2 000 ℃的惰性环境进行加热处理,所用惰性气体一般为高纯氮气、氩气或氦气。碳化过程的主要目的是去除聚丙烯腈纤维中大量的氮、氢、氧等非碳元素,使得纤维中的氮、氢、氧等元素逸出,从而改变纤维结构,制得含碳量约为75%~95%的碳纤维原丝。此阶段纤维的强度最高。

石墨化过程是将碳纤维原丝在惰性环境下加热至2 500~3 000 ℃并维持数秒至数十秒,不断施加压力,使纤维中的结晶碳向石墨晶体转变,且使其与纤维轴方向的夹角不断缩小,有效提高碳纤维的弹性模量。此时,纤维中的含碳量达98%以上,纤维转变成石墨晶体(该纤维也被称为石墨纤维),其强度略低于碳纤维原丝,但是弹性模量有较大提升。由聚丙烯腈制造碳纤维的过程如图6-9所示。

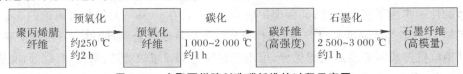

图6-9　由聚丙烯腈制造碳纤维的过程示意图

碳纤维保留了碳素材料的原有特性,密度小,能够在无氧环境下耐受2 000 ℃以上的高温,同时耐化学腐蚀性能优异,导电性能和耐摩擦性能优良。另外碳纤维的晶体取向有一定的方向性,具有显著的各向异性特性,并在纤维轴向上表现出较高的强度。通过编织工艺可将其制成各种织物结构,与基体进行复合可得到结构性能优异的碳纤维增强复合材料。

碳纤维增强树脂复合材料的抗拉强度是钢的7~9倍,可达3 500 MPa以上,抗拉弹性模量也远远高于钢材料,一般为23 000~43 000 MPa,且由于其低密度特性,比强度高达2 000 MPa·$(g·cm^{-3})^{-1}$,远远高于Q235钢,其比模量也远远高于钢,是一种力学性能非常优异的结构复合材料。

碳纤维的应用范围广泛,从航空航天、航海到轻工、建筑、汽车等各个领域,且随着科技的迅速发展,碳纤维的用途更多元化,性能也更多样化,在特定应用环境具有无可比拟的优势。因此,目前碳纤维增强复合材料成为航空航天飞行器领域应用范围最广、技术水平较高的复合材料。同时,在战斗机、导弹、舰船等国防军事领域,碳纤维及其复合材料也是国家重点发展的战略材料之一,特别是应用于发动机壳体和战略导弹弹体时,碳纤维可显著减轻结构重量,增加导弹的远距离攻击能力。表6-2显示了国内外碳纤维增强复合材料在运载火箭各个部件上的具体应用,包括固体发动机壳体结构、箭体级间段、有效载荷支架、蒙皮、面板和低温贮箱等部件。当发动机工作时,固体发动机壳体结构除了承受来自内外部的压力外,还要面临轴压、弯曲、扭转及横剪等外部载荷,因此对碳纤维的强度、模量都提出了非常高的要求。目前应用较多的是日本东丽T800级、T1000级和美国赫氏IM7材料等,其纤维强度在5.5 GPa以上,模量在290 GPa左右。在新一代战斗机上,碳纤维增强复合材料也得到了大量使用,其在美国第四代战斗机F-22上的用量约为24%,保障了战斗机的超视距打击、超级隐身能力、超机动性及超声速巡航性能,是改变局部战局的关键因素之一。

表6-2 国内外碳纤维增强复合材料在运载火箭上的应用

序号	应用区域	应用实例
1	固体发动机壳体	美国飞马座火箭、德尔它-7925助推器、大力神-4助推器,中国CZ-3火箭
2	箭体级间段	日本H-2火箭连接级间段
3	有效载荷支架	美国大力神-4适配器、西班牙阿瑞安-4适配器
4	蒙皮	美国X-34、DC-X/DC-XA火箭
5	面板	日本Hope-X试验轨道飞行器
6	液氢贮箱	日本富士重工天地往返系统

在航空航天领域,我国碳纤维增强复合材料刹车片的技术水平已经达到了国际领先水平,并在国内多种机型上实现了应用。高性能刹车片是飞机、汽车等领域必不可少的关键材料之一,不仅影响交通设备的驾驶稳定性,还关乎驾驶人员的生命安全。20世纪70年代,美国、英国、法国等发达国家开始大量使用碳/碳复合材料飞机刹车盘,相比于国内使用磨损量大、使用寿命短、抗高温变形能力差的粉末冶金刹车盘,前者具有耐高温、耐磨损、长寿命等特性,基本垄断了国际市场,并对中国禁运,实行技

图6-10 碳纤维增强复合材料刹车片

术封锁。在我国科研工作者的技术攻关下,我国第一套碳刹车机轮在1998年实现首次应用,90年代末,碳纤维增强复合材料刹车片首次应用于新舟-60飞机并试飞成功,实现了我国民机碳刹车技术应用零的突破,填补了我国在该领域的技术空白,打破了国外技术垄断和封锁。图6-10为国产定制化的飞机制动系统碳纤维增强复合材料刹车片。

(3)硼纤维及其增强的复合材料。硼纤维是重要的高科技纤维之一,硼是以共价键结合的,其硬度非常高(仅次于金刚石材料),且硼的熔点高达2 050 ℃,因此将硼直接做成硼纤维非常困难。一般通过化学气相沉积法制备硼纤维:通常以钨丝和石英为芯材,通过电阻丝加热至1 093 ℃左右,然后在反应管上部通入氢气和三氯化硼的化学混合物,使其在炽热的钨丝表面反应,置换出无定形的硼并沉积于钨丝表面,再将其导出缠绕在丝筒上就能得到硼纤维了。其制备工艺如图6-11所示。硼纤维的密度约为2.62 g/cm³,断裂强度高达280~350 kg/mm²,弹性模量比玻璃钢高5倍,绝缘性能优良,耐大部分酸、碱及有机溶剂侵蚀,性能十分优异。

图6-11 硼纤维制备工艺流程图

硼纤维增强复合材料是指以硼纤维为增强纤维,以金属或树脂为基体的复合材料。树脂基体以环氧树脂为主,具有密度低、力学性能好的优点,相比于碳纤维增强环氧树脂基复合材料,还具有热膨胀系数大、不易与铝合金发生反应等特性。市面上销售的硼纤维增强树脂基复合材料大多为连续硼纤维改性环氧预浸带,硼纤维一般为非定向排列,约占复合材料的50%,常用于航空航天飞行器的承力构件及高尔夫球杆等高端体育用品。金属基体以钛合金、镁合金及铝合金为主。密度和力学性能是硼纤维增强金属基复合材料最突出的优势,其密度为2.6 g/cm³,拉伸强度为1.25~1.55 GPa,模量为200~230 GPa,比强度和比刚度约为合金钢、铝合金及钛合金的3~5倍,在200~400 ℃工作环境下仍能保持较高的强度。

最初,美国空军增强材料研究室开发硼纤维的目的是制备轻质高强度增强用纤维材料,并实现其在尖端飞机上的使用。因此,硼纤维增强复合材料的主要作用是制造对重量和刚度要求相对较高的航空航天飞行器部件。美国普惠公司在波音737-JT8D飞机发动机上使用硼纤维增强铝基复合材料来取代原来的钛合金叶片,可减重10%。其在J-29、F-100、F-14等多种型号发动机、风扇叶片、机尾水平稳定器上都有应用。另外,硼纤维增强铝基复合材料是飞机结构件缺陷部位的主要修理材料之一,其热膨胀系数较大,尺寸变形小,修理后结构残余应力较小,对缺陷处的影响较小,同时其不易与铝合金发生反应,不形成电耦合,因此不存在因硼修理而引起飞机结构腐蚀的问题。虽然硼纤维增强复合材料的性能优异,但是其制造成本远高于其他纤维复合材料,在民用领域的应用较少。

(4)晶须及其增强的树脂基复合材料。一般将高纯度单晶生长得到的短纤维称为晶须,其直径一般为微米级,不存在晶界、位错、空穴等缺陷,原子排列高度有序,强度接近相邻原子间成键理论值,因此,晶须具有比纤维更优异的高温性能和抗蠕变性能。其延伸率与玻璃纤维比较接近,弹性模量与硼纤维材料相当,同时还具有磁、光、电、超导、导电、介电等性质。

晶须一般通过固体、溶液、熔体或过饱和气相生长得到,原材料包括各类金属、陶瓷及高分子材料三大类,按照晶须的类型可分为无机和有机两大类。无机晶须主要包括硼酸镁和碳化硅等陶瓷基晶须、碳酸钙和硫酸钙等无机盐晶须、氧化锌和氧化铝等金属晶须。图6-12为碳酸钙晶须和氧化锌晶须的显微照片。陶瓷基晶须和无机盐晶须主要应用于陶瓷复合材料和聚合物基复合材料,而金属晶须则主要用于增强金属基体。有机晶须主要包括聚(4-羟基苯甲酯)晶须、聚(丙烯酸丁酯-苯乙烯)晶须及纤维素晶须等,一般在聚合物中的应用较为广泛。

(a)   (b)

图 6-12 不同类型晶须的显微照片
(a)碳酸钙晶须;(b)氧化锌晶须

在复合材料中,晶须主要起到强化作用,一般通过载荷传递、弥散强化、残余应力等机制对基体材料进行增强改性。晶须的另外一个作用是增韧,可通过偏转效应、搭桥效应、微裂纹效应大幅改善脆性材料的韧性。正是这些优异性能,使得晶须及其复合材料在多个领域得到了应用。

硼酸镁晶须具有优异的耐腐蚀性能、耐热性能及力学性能。采用硼酸镁晶须增强的铝基复合材料能够在压缩机气缸、发动机活塞、连杆等耐热和耐磨部件上得到应用。而填充硼酸镁晶须的塑料的成型流动性得到较大改善,其表面平滑,成型精度高,部件尺寸稳定性好,其复合材料可作拉锁、轴承、凸轮及滑轮等体育用品,也可用于制备照相机和手表内部零件等超薄壁精细零部件。硫酸钙晶须的尺寸较为稳定,具有高韧性、高强度、高耐磨、耐高温、抗腐蚀及绝缘特性,能够实现表面改性,与塑料和橡胶的亲和力强,因此,硫酸钙晶须增强聚丙烯复合材料具有力学性能优良、耐热性良好、化学性能稳定及抗龟裂等特性。氧化锌晶须为立体四针状单晶体,可有效改善材料各个方向的力学性能,同时氧化锌晶须的耐高温性能和低的膨胀系数,能够提高基体材料的高温尺寸稳定性。例如采用氧化锌晶须增强的聚对苯二甲酸丁二醇酯树脂、尼龙树脂及聚甲醛树脂,其热变形温度、弯曲模量、拉伸强度均有大幅改善,能够满足实际应用环境的使用要求。

3. 金属基复合材料

金属基复合材料是以金属或非金属为增强相,以金属及其合金为基体的复合材料。金属增强相一般为金属丝,而大多非金属增强相为硼、石墨、碳及陶瓷等无机材料。金属基复合材料的主要优点是尺寸稳定,层间剪切强度和横向机械性能优异,不老化,不吸湿,工作温度高，热膨胀系数小，还具有耐磨、导电、导热等优点，但是其制备工艺较复杂，对设备和技术要求高，生产成本较高。

按照金属或合金基体的类型，金属基复合材料可分为铝基、铜基、镁基、钛基、金属间化合物基、高温合金基和难熔金属基复合材料，按照增强体类型，可分为颗粒增强、晶须增强及连续纤维或短切纤维增强金属基复合材料。其性能主要由金属或合金基体及增强体决定，在金属基体中加入高强高模纤维、晶须及颗粒增强体，可明显提高其力学性能。例如加入质量分数约为30%~50%的高性能纤维，金属基复合材料的比模量和比强度就远远高于其基体本身，具有显著的提升效果。

金属基复合材料以金属基体为主，以具有良好的导电和导热性能，通过添加高导热性的增强体可进一步发挥金属材料在该方面的技术优势。金属基复合材料最突出的性能优势在于其耐高温性能，其能够耐受350~1 200 ℃的温度范围，极大地拓展了复合材料的服役温度上限。

金属基复合材料被视为航天领域的高温关键材料之一。其在航天器上最著名的应用是美国航空航天局（NASA）采用硼纤维增强铝基复合材料作为航天飞机轨道器中段机身构架桁架的管形支柱，取得了巨大成功。另外，哈勃太空望远镜的高增益天线悬架要求材料具有足够的轴向刚度和超低的轴向热膨胀系数，能够在太空运行中保持正确位置，且对材料的导电性也提出了一定要求。60%石墨纤维增强的铝基复合材料成功地在该望远镜上实现了应用，如图6-13所示。美国佛罗里达州的材料公司成功开发了一种以多元合金为基体的新型非连续增强铝合金复合材料，该材料的强度高达630 MPa，室温延展性为7%，具有优异的高温强度特性，成功地在宇航飞行器以及火箭制造领域实现了应用。

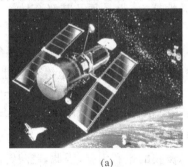 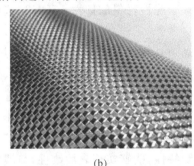

(a) (b)

图6-13 纤维增强的铝基复合材料及其应用

(a)哈勃太空望远镜；(b)纤维增强的铝基复合材料

4. 碳化硅陶瓷基复合材料

碳化硅陶瓷基复合材料以陶瓷作为基体，以碳化硅纤维为增强体，实现了增强增韧的目的，是极具应用前景的高温热结构材料之一。碳化硅陶瓷基复合材料的耐高温性能优异，其长期工作温度可达1 200 ℃以上，耐高温性能的提高可有效减少冷却空气用量，进一步提高涡轮前燃气温度和效率。同时其密度仅为高温合金的30%，大幅减小了发动机重量，降低了油耗率。因此，将陶瓷基复合材料结构应用于航空发动机，可以有效提高发动机的推重比，实现新一代战机马赫数的突破。

20世纪50年代到60年代初,铸造高温合金是航空发动机的主要原材料,该材料的使用温度为800~900 ℃。随着飞机马赫数的不断提升,发动机热端部件温度不断上升,70年代中期,使用定向凝固高温合金来替代铸造高温合金,前者可以耐受接近1 000 ℃的高温环境。而在80年代以后,通过热障涂层技术进行增强,可将其使用温度提高到1 200~1 300 ℃。后续,为了进一步提高涡轮进口温度,研究人员通过各种冷却技术对发动机热端部件进行结构设计,但是该方法对整体结构提出了更苛刻的设计要求,同时对于薄壁件难以进行孔道设计,因而该方法有一定的局限性。

碳化硅陶瓷基复合材料既继承了碳化硅陶瓷基体耐高温、高强度、耐冲击、耐腐蚀、抗氧化的性能特点,又提高了碳化硅纤维对基体的增强增韧作用,解决了传统碳化硅陶瓷脆性大、抗冲击性能差及断裂韧性低的固有问题。其使用温度达1 300 ℃以上,在其表面制备一层热障涂层时,最高工作温度可继续增加至1 480 ℃,极大地提升了发动机热端部件的使用温度。同时结合冷却技术,可进一步提高陶瓷基复合材料的使用温度,促进发动机推重比的提升。初步统计,采用陶瓷基复合材料制备的高压涡轮叶片可使发动机燃油消耗率降低6%左右,同时若燃烧室高温衬垫也采用陶瓷基复合材料,可大幅减少冷却气量,并控制氮氧化物的生成概率,控制氮氧化物的排放。由碳化硅陶瓷基复合材料制成的发动机结构如图6-14所示。

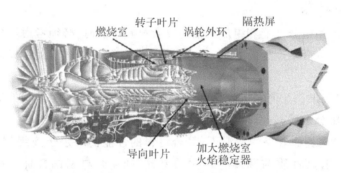

图6-14 由碳化硅陶瓷基复合材料制成的发动机结构图

20世纪80年代,西北工业大学张立同团队及中科院硅酸盐研究所、国防科技大学、中航工业复材中心等单位陆续立项研究碳化硅陶瓷基复合材料,并取得了许多代表性成果。总装"九五"预研计划仅用5年时间就完成了碳化硅陶瓷基复合材料的制备工艺研究,并在发动机试验台上进行了模拟考核验证,实现了由制造工艺研究到构件考核的跨越式发展。针对高推重比航空发动机,张立同带领西北工业大学超高温复合材料实验室制备的碳化硅陶瓷基复合材料燃烧室浮壁模拟件和尾喷管调节片构件分别在发动机试验台和发动机上得到初步验证。经过多年的努力,西北工业大学超高温复合材料实验室自行研制成功了拥有自主知识产权的化学气相渗透法制备碳化硅陶瓷基复合材料的工艺及其设备体系,整体研究水平已达到国际先进水平。但是,碳化硅陶瓷基复合材料的关键技术在于碳化硅纤维,该技术仍被日本碳素公司和美国道康宁公司所垄断,部分领域只能采用碳纤维进行替换,在一定程度上阻碍了碳化硅陶瓷基复合材料在高温长时热力氧化环境中的应用。

6.1.2 复合效果

由不同组分形成的复合材料,根据组分特点和复合特点,有着不同的复合效果,可以大致归结为以下几个方面。

6.1.2.1 组分效果

组分效果是指在复合材料各组分机械性能确定的情况下,不考虑组分几何形态、分布状态和尺度等复杂变量影响,仅把相组成作为变量,考虑相组成对应的不同效果。

通常用体积分数和质量分数来表示组分在复合材料中的组成。加和特征是组分效果的一级近似,即复合材料的某一性能是各组分性能按体积分数加和的平均值。复合材料的某些基本物理参数,如密度、比热容等往往是近似具有加和作用的组分效果。

例如,复合材料的总体积为 V 或总质量为 W,由组分1和组分2构成,组分1的体积分数为 V_1 或质量分数为 W_1,组分2的体积分数为 V_2 或质量分数为 W_2,那么根据加和特征,就有

$$V = V_1 + V_2$$
$$W = W_1 + W_2$$

6.1.2.2 结构效果

结构效果是指用组分性能和组成来描述复合材料性能时,必须考虑组分的几何形态、分布状态和尺度等可变因素产生的效果,且这类效果往往可以用数学关系描述,结构效果一般可分为以下方面。

(1)几何形态效果。几何形态效果主要表示相是否连续。对于结构效果,其决定因素是连续相。对于零维分散质,若分散质是大小相等的球状微粒,则紧密排列构成的复合材料体积为 0.74,在不考虑界面效果的情况下,复合材料的性能仍决定于连续相性质。当分散质为一维连续相时,若其性质与基体有较大的差异,则复合材料的性能主要由分散质性能决定。

(2)分布状态效果。对于不同构型的复合结构,增强体或功能体的几何取向对复合材料性能有着明显的影响。对于一维纤维增强的三维连续相,在增强体的轴向与径向上,复合材料性能差异明显。对于双组分层状叠合而成的复合结构,在平面平行和垂直方向上的性能截然不同。

以双组分层状叠合而成的复合结构为例,当在增强体所在平面垂直方向上施加外力时,构成串联式结构,弹性模量可表示为

$$1/E_c = V_m/E_m + V_f/E_f$$

式中:E 为弹性模量;V 为各组分体积分数;下标 m、f、c 分别代表基体、增强体和复合材料。

而在平行于增强体平面施力时,形成并联式结构,此时弹性模量可表示为

$$E_c = V_m E_m + V_f E_f$$

(3)尺度效果。分散质表面的物理化学性能会因尺寸大小的变化而改变。例如,复合材料的性能会随分散质表面自由能、比表面积、表面应力分布和界面状态的改变而改变。

一般情况下,二氧化硅粉末材料经硅烷偶联表面活性剂处理后强度会大大提升,但是当二氧化硅粉末半立径减小到 500 nm 以下时,处理反而导致材料强度的下降。主要原因在于,在二氧化硅粉末粒径减小到一定尺度后,其比表面积和表面能显著提高,表面活性大大增强,其与基体的结合强度大幅提升,造成颗粒对材料的增强效果下降。

6.1.2.3 界面效果

界面效果是影响基体与功能体或增强体复合效果的主要因素,也决定了复合材料的综合性能。物理结构和化学结构等界面结构的变化会极大地改变复合材料的性能。例如,当采用不同的处理剂对玻璃纤维进行表面处理时,其增强的不饱和聚酯树脂在同一界面层会表现出不同的应力传递能力和应力梯度。

界面层不仅是复合材料的一个组分,而且会极大地影响复合材料的性能,其物理结构、化学结构及其尺度的变化都会有不同于其他组分相的作用。例如,针对碳纤维增强水泥基复合材料,当碳纤维经过热碱处理后,其表面会富集钙离子,从而致使复合材料的强度、浆体的流变特性发生改变。

6.1.3 复合材料增强原理

根据增强材料的种类和性能,复合材料的强化机制可分为纤维增强机制和颗粒增强机制两种。

6.1.3.1 纤维增强机制

纤维增强复合材料中的纤维是主承力相,主要承受由基体传递来的有效载荷,而基体是次承力相,主要通过界面将载荷有效传递至增强相。

为了达到纤维增强的效果,必须遵循以下原则:

(1) 增强纤维的弹性模量和强度要远高于基体,以保证复合材料受力时主要由纤维受力。

(2) 纤维和基体之间有界面存在,保证纤维能够通过界面承受基体所受载荷,防止纤维发生脆性断裂。

(3) 纤维的排列方向与构件的受力方向保持一致,以发挥增强作用。

(4) 纤维和基体之间不能发生使结合强度降低的化学反应。

(5) 纤维和基体的热膨胀系数应匹配,不能相差过大,否则在热胀冷缩过程中会引起纤维和基体的结合强度降低。

(6) 纤维体积分数、纤维长度、纤维直径及长径比必须满足一定要求。

6.1.3.2 颗粒增强机制

颗粒增强复合材料是由尺寸较大($>1\ \mu m$)的坚硬颗粒和基体复合而成的,其直径一般为 $1\sim 50\ \mu m$,体积分数大于 20%。在外力的作用下,复合材料的基体主要承受载荷,而弥散均匀分布的增强粒子将有效抑制由基体塑性变形而产生的位错运动,使变形抗力增加,强度提高。

为了达到颗粒增强的效果,必须遵循以下原则:

(1)粒子与基体应有一定的结合强度。
(2)粒子增强的效果与粒子相的体积分数、分布和粒子直径有关。

6.2 复合材料制造工艺

6.2.1 复合材料制造工艺的特点

不同结构的复合材料,其制造工艺各有特点,另外,由于复合材料性能上的不同,其制造工艺与金属材料有较大差异。复合材料制造工艺最大的特点有以下几方面。

(1)结构成型与材料成型同时完成,使得复合材料成型工艺控制格外重要。其直接影响构件性能和生产成本,工艺控制难度较大。

(2)成型工艺包含成形与固化两个阶段,成形阶段赋予构件形状,要求在该阶段确定复合材料的几何尺寸,而固化阶段固定构件形状,一般赋予复合材料结构件力学性能。

(3)复合材料结构可实现整体成型,采用共胶接、共固化等技术可大量减少零件和紧固件的数量,大幅度降低装配费用,还可改善构件使用性能。

(4)结构复合材料制造成本高。航空航天结构复合材料以热压罐工艺为主,其制造成本较高,工艺周期较长。

6.2.2 常见的复合材料制造工艺

6.2.2.1 手糊成型工艺

手糊成型工艺是以手工作业方式在模具上交替铺贴玻璃纤维织物和树脂,然后固化成型得到玻璃钢制品的方法,该工艺方式出现较早,后来虽然复合材料的成型工艺方法不断涌现,但是手糊成型工艺至今仍是生产各种玻璃钢制品的主要技术手段。

手糊成型工艺的流程示意图如图6-15所示,具体为:先将含有固化剂的树脂混合物涂刷在模具上;然后将剪裁好的纤维织物铺贴在树脂混合物上方,用刮刀、压辊或刷子挤压、排除织物中的气泡;接着再进行树脂混合物的涂刷以及第二层纤维织物的铺贴,根据具体需求设计复合材料的厚度;最后将上述模具放入压力容器中,采用加热固化成型或利用树脂体系固化放出的热量成型,脱模即得到复合材料最终制品。

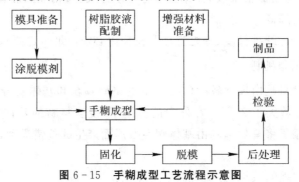

图6-15 手糊成型工艺流程示意图

手糊成型工艺是发展较早也是经常使用的复合材料制造工艺,其优点是成型制品不受产品形状和尺寸限制,适宜形状复杂的大尺寸、小批量产品制备,且对成型设备要求较低,前期投入较少,生产工艺简单,适宜乡镇企业的发展。同时,手糊成型制品的树脂含量高,耐腐蚀性能好,后续容易对破损部分进行增补,很少受制品形状及尺寸制约。手糊成型工艺的缺点则是生产效率低,生产周期长,不适合大批量构件生产,同时产品的力学性能较差,批次稳定性难以达到要求,且生产环境恶劣,对工人师傅的身体伤害较大。图 6-16 为手糊成型工艺制备预浸毛坯件示意图。

对于手糊成型工艺,常用的主要原材料为增强材料、固化剂、脱模剂、色浆、合成树脂、促进剂和填料等。手糊成型后还需对复合材料的尺寸进行加工修正,去除毛刺和边角料。对于尺寸精度要求高的产品,还要考虑产品的收缩和变形,并对穿孔、气泡、裂纹等产品缺陷进行加工修整,以保证后黏结的填充物与产品的接触界面结合良好。

图 6-16 手糊成型工艺制备预浸毛坯件

6.2.2.2 热压罐成型技术

热压罐成型技术主要用于制造高质量的复合材料构件,能够制备出大部分热固性复合材料、蜂窝夹芯结构以及胶接结构,可用于航空航天等高精尖领域的主承力件或次承力件,也是目前成熟度较高、技术水平较高的材料成型技术之一。

热压罐成型技术的工艺流程是:先采用密封袋将模具上的复合材料毛坯或胶接结构密封并置于热压罐中,根据材料性能要求,设置真空或非真空状态;然后升高温度,提高内部压力,在所需温度段保温一段时间后进行降温和卸压,从而得到所需的形状和质量状态。其工艺优点包括以下几方面。

(1)热压罐成型工艺使用气体对构件加压,压力通过真空袋沿法向作用于制品表面,各点压力大小相等,使得制品在同一压力下成型。

(2)热压罐内部通过循环热气流对制品进行加热,制品各处温度差异较小。同时配置温度调控系统,可将温度控制在一定范围内,实现温度均匀可控。

(3)热压罐成型工艺对模具的要求较低,适用范围较广,既适合于大面积板、壳等复杂型面构件的成型,也适用于管、块、棒等简单形状的制品制备。

(4)热压罐成型工艺各参数可调,可通过压力和温度控制确保制品成型过程中的质量可控,保证同一工序下前后批次的性能稳定性。

(5)热压罐成型工艺可通过模具以及工装设计确定构件的几何边界,制备出尺寸较大且形状复杂的高质量构件。

热压罐成型工艺的缺点主要是前期设备投资较大,成本较高,且成型过程中不仅需要密封胶条、真空袋等辅助材料,还要消耗电、气、水等能源,这在一定程度上限制了该技术的发展与应用。图6-17为热压罐成型设备。另外,在热压罐成型过程中,复合材料构件与金属模具之间的热膨胀系数不匹配会导致构件的尺寸偏差与翘曲。在热胀冷缩效应的作用下,模具与构件之间会出现相互作用力,并在其界面垂直方向产生应力梯度,最终在复合材料构件内部形成固化残余应力。同时,在树脂固化过程中,会因真空袋内部气体不断被抽空而在模具内外产生压差,也会加大模具对构件的作用力。

图6-17　热压罐成型设备

6.2.2.3　模压成型技术

模压成型技术是,先将由连续纤维毡、织物或短切纤维毡增强的预浸料或预混料做成制品形状,然后将其放入模具型腔中闭模、加压升温,冷却去除热应力后开模,得到固化后制品,最后进行去飞边、抛光处理等后处理工艺,制造出目标要求的制品。模压成型工艺制备流程如图6-18(a)所示,图6-18(b)为所得到的模压制品。该工艺适合生产尺寸精度要求高、生产量大的复合材料制品,是航空复合材料制造的主流技术之一。

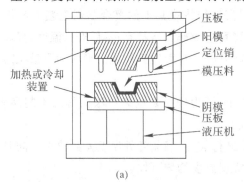
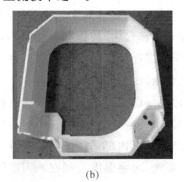

(a)　　　　　　　　　　　(b)

图6-18　模压成型工艺图及模压制品

(a)模压成型工艺图;(b)模压制品

在模压成型制备过程中,模压压力、模压温度及模压时间等模压成型工艺参数的选择对成型后的制品形状和性能有较大影响。首先是模压压力,其主要取决于模压料的工艺性能和成型条件。通常模压料的流动性越小,固化速度越快,压缩率越大,压制深度越大,制品的形状越复杂,所需的模压压力就越大。其次是模压温度。不同模压料组分的固化温度有差异,同时模压料是否预热、内外层温度是否均匀、流动性是否良好等均会影响模压温度。最后是模压时间,其主要与模压料的固化速度相关,而固化速度取决于模压料的种类,另外,制品的形状、厚度、模压温度及模压压力也会对模压时间产生一定影响。

模压成型工艺发展至今已较为成熟,因成型设备和模具工装简单,生产控制方便,在热固性复合材料的成型中被大量使用。该工艺能够制备出形状复杂的零部件,适用于模制复杂高强度玻璃纤维增强复合材料,与传递模塑及注射成型工艺相比,其成本相对较低。此外,其对原材料的利用率较高,可用于生产电器制品、机械零部件以及日用制品。虽然模压成型工艺得到的制品内应力较小,稳定性较好,不易变形,但是该工艺生产周期较长,生产效率低,且复杂制品对模具的尺寸精度要求较高,难以实现生产自动化。

6.2.2.4 拉挤成型技术

拉挤成型技术主要用于生产恒定截面的连续复合型材:在牵引设备的作用下,连续纤维在浸渍树脂后通过固定模具成型,并加热固化得到连续型材制品。其工艺流程如图 6-19 所示,该工艺可简要概括为三个步骤:浸润、成型和固化。该工艺是生产各种不同截面玻璃钢型材(如门窗、叶片等空腹型材以及工字形、槽形、方形、管、棒等实体型材)的主要手段之一,也是一种较为经济的生产方式。

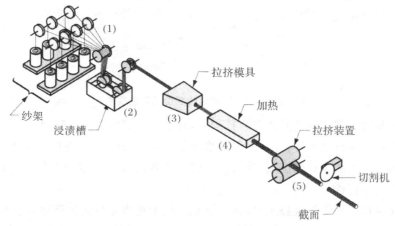

图 6-19 拉挤成型工艺流程示意图

拉挤成型工艺的主要优点包括以下方面。

(1)与传统铺层复合材料技术相比,拉挤成型技术可直接使用增强纤维与预浸料带进行生产;原材料的利用率高,无需对纤维或预浸料带进行裁剪,同时在制备过程中产生的废料基本上可以忽略不计。

(2)拉挤成型技术可实现型材的连续自动化生产,型材制备过程含成型与固化功能,拉挤速度可达 10 m/min,型材生产效率高。

(3)在型材制备过程中,可通过自动化设备精准控制型材牵引力、拉挤速度、缠绕预紧力、树脂注入压力等工艺参数,从而确保型材整体质量的稳定可控。另外,型材在外模具内腔包覆下固化,其表面质量高,整体尺寸公差较小。

(4)采用拉挤成型技术可根据使用需求对纤维增强材料及基体树脂进行设计,也根据复合材料的性能特点对拉挤成型技术进行微调,最终制备出不同结构和性能的型材、制品。

(5)拉挤成型技术对工艺设备及技术人员的要求较低,在模具、原材料及工艺参数确定的前提下,可在其他产线生产出结构性能相近的型材。

6.2.3 先进复合材料制造工艺

6.2.3.1 纤维缠绕成型技术

纤维缠绕成型是,先在回转芯模上缠绕浸渍树脂的纱或丝束,然后在室温或较高温度下常压固化得到复合材料。其工艺流程如图6-20所示。纤维缠绕成型常用的增强材料有芳纶纤维、碳纤维和玻璃纤维等,常用的树脂基体包括聚酸酯、乙烯酯、环氧树脂及双马来酰亚胺树脂等。根据树脂基体的物理化学状态,纤维缠绕成型技术可分为湿法缠绕、干法缠绕和半干法缠绕三种。

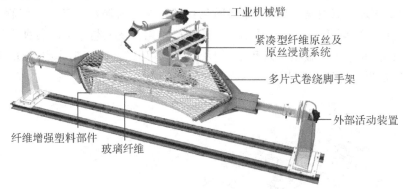

图6-20 纤维缠绕成型工艺流程图

(1)湿法缠绕。湿法缠绕是在张力控制下,在芯模上直接缠绕浸胶后的纤维集束。其特点是成本较低,纤维排列平行度好,生产速度可达200 m/min。当进行湿法缠绕时,纤维受到树脂胶液保护,可减少纤维磨损;缠绕张力还能将树脂胶液中多余的气泡挤出,使空隙填满,提高制品的气密性。

(2)干法缠绕。干法缠绕技术是,在缠绕机芯模上缠绕加热软化至黏流态的预浸纱。其能够准确控制树脂含量和预浸纱质量,进而实现对产品质量的精确控制。该技术的生产速度可达100~200 m/min,生产效率高,产品质量好,但是对缠绕设备要求较高,需额外增加预浸纱制造设备,同时得到的制品层间剪切强度较低。

(3)半干法缠绕。半干法缠绕是,通过增加烘干设备的方式去除纤维浸胶缠绕的过程中浸胶纱中的溶剂。与湿法相比,半干法缠绕可使制品中的气泡含量进一步降低;与干法相比,半干法缠绕不需要预浸胶工序和设备。半干法缠绕技术对人工操作要求较少,采用自动化或机械化生产,缠绕速度快(可达240 m/min),同时制品的产品质量稳定。其主要优点在于能够充分发挥纤维的强度,同时大大减轻压力容器的重量,大幅提高比强度。

6.2.3.2 自动铺放技术

复合材料自动铺放技术是使用铺放机器,用计算机自动控制技术代替手工铺叠,由机器压实系统把预浸带铺放在模具表面的技术,按需布局,精确给出自动铺放控制参数,最大限度地发挥复合材料本身所具有的组件质量稳定、可设计性好和易整体成型的优点。复合材料自动铺放技术方法包括单向带缠绕技术、自动铺带技术以及自动铺丝技术等,其可节省50%~60%的工时,效率提高40%以上,废料率降低80%以上,成本降低50%以上,是实现低成本高性能复合材料制品制备的重要手段之一。

1. 自动铺带技术

自动铺带技术是针对壁板构件、机翼等中小曲率大尺寸部件开发的一种复合材料自动化制造技术。其采用数控技术完成预浸带的定位、剪裁、铺叠、辊压,具有位置准确、表面平整、质量稳定、速度快、精度高等优点,适用于手工铺叠困难的变截面大中型尺寸厚蒙皮的制造。其典型应用是曲率不大的大型机翼壁板、尾翼壁板等部件的制造,常规铺贴头限制角度不超过水平面30°,可以在模具上完成铺层铺叠后再直接通过热压罐工艺进行固化。

自动铺带机起源于70年代末80年代初,随着大型运输机及商用飞机复合材料用量的增加,计算机、自动控制、检测等技术的快速发展,并且在国防需求和经济利益的驱动下,美国Cincinnati Machine公司、法国Forest-Line公司、西班牙M-Torres公司等有实力的数控设备制造商开始设计、制造自动铺带设备,并推出了商品化的多坐标自动铺带设备(见图6-21),先后投入大中型飞机复合材料构件制造。

图6-21 多坐标自动铺带设备

欧美国家经过不断发展和完善,其自动铺带技术已接近成熟,并在航空复合材料结构件上实现了大规模应用制造。例如,欧洲采用上述技术生产了A330和A340水平安定面蒙皮、A340尾翼蒙皮、A380安定面蒙皮和中央翼盒等部件;美国则采用自动铺带技术制备了相应的蒙皮材料,并在B-1B轰炸机、F-22战斗机、波音777飞机、C-17运输机及波音787飞机上实现了应用。

2. 自动铺丝技术

为了实现大曲率曲面和一些复杂构件的自动化制造,自动纤维铺丝技术应运而生。其通过丝束铺放头将数根预浸丝集束成一条宽度可变的预浸带,然后将其铺放在芯模表面,再加热软化后压实定型。该技术综合了自动铺带和纤维缠绕技术的优点,可以在铺层阶段实现预浸丝束的切割及预浸丝束根数的增减,并根据实际局部开口位置、铺层递减及加厚/混杂需求进行铺层剪裁。采用自动纤维铺丝技术可独立输送各预浸丝束,增大了铺放轨迹自由度,可实现凹面及凸面等复杂型面结构设计,实现了低成本、高性能要求和设计制造一体化。

20世纪70年代,美国波音公司、Hercules公司等在纤维缠绕和自动铺带技术的基础上发展了用于复合材料机身结构制造的纤维丝束铺放技术,并于20世纪80年代后期对该技术进行了完善。1989年,美国Cincinnati Machine公司设计并投用了第一台纤维丝束铺放机;1995年,美国Ingersoll公司研制出了第一套纤维丝束铺放设备。美国的研究机构、飞机部件制造商及设备制造商也在不断开发纤维丝束铺放技术。经过20余年的发展,纤维丝束铺放技术在美国和欧洲已经成熟,在航空航天领域的应用也越来越广泛。

近年来,随着大型客机的迅猛发展,国外开展了大量关于复合材料构件制造技术的研究,对相关配套工艺投入了大量人力、物力、财力,并制造出了自动化程度较高的纤维丝束铺放设备。其中比较著名的厂商包括法国Forest-Line公司、美国Cincinnati Machine公司、西班牙M-Torres公司等,这些大型纤维丝束铺放设备分散在世界各地,并应用于各种型面的复合材料构件的整体化制造,极大地促进了纤维丝束铺放技术的发展。

6.2.3.3 树脂传递模塑技术

树脂传递模塑技术是一种在闭合模具中注入低黏度树脂,浸润增强材料并固化成型得到复合材料的方法,一般先在模腔中铺放好与制件结构形式一致的增强材料预成型体;然后在一定的温度、压力下,采用注射设备将低黏度的液态树脂注入闭合模腔中;树脂在浸渍预成型体的同时,置换出模腔中的全部气体;在模具充满模腔后,通过加热使树脂固化,然后脱模获得产品。树脂传递模塑技术如图6-22所示。

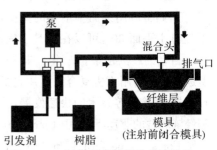

图6-22 树脂传递模塑技术示意图

树脂传递模塑技术是一种适合生产高质量、中批量、多品种复合材料制品的生产成型技术,目前已经广泛应用于航空航天、交通、通信、建筑等领域。在航空领域,树脂传递模塑工艺凭借高减重和低成本优势,在先进飞机的承力及非承力结构中得到了广泛应用。

树脂传递模塑技术具有以下特点:

(1)树脂传递模塑工艺主要有预成型体加工及树脂固化两个阶段,可根据具体性能要求进行组合和设计。

(2)树脂传递模塑工艺采用近净尺寸材料预成型技术,一般采用低黏度快速固化的树脂,纤维被树脂浸润后即可完成固化。另外,可通过外部加热来改善产品质量,提高生产效率。

(3)预成型体的增强材料一般是三维编织物、三维针织物、无皱折织物、纤维布、连续纤维毡或短切毡,可通过夹芯、预埋、混杂、局部及择向设计来实现复合材料性能的增强。

(4)树脂传递模塑工艺采用闭模注入树脂的方式,可有效减轻有害成分对操作人员的危害。

(5)树脂传递模塑工艺一般采用低压注射技术,有利于制备两面光洁、外形复杂的大尺寸整体结构,且不需要对制品进行后处理。

为进一步降低生产成本、提高生产效率,在此基础上又衍生出包括真空辅助树脂传递模塑技术、树脂浸渍模塑成型工艺及树脂膜渗透成型工艺在内的新型树脂传递模塑技术。

1. 真空辅助树脂传递模塑技术

真空辅助树脂传递模塑技术是在排出口接真空泵抽真空的树脂传递模塑技术。与传统的树脂传递模塑技术相比，由于模腔内抽真空，减小了内部压力，可实现更轻型、可设计型模具的应用，从而延长了模具的使用寿命，同时用真空袋材料取代了原先的金属模具，简化了工序，且高真空可进一步提高玻璃纤维与树脂的比例，大大改善了模塑过程中纤维的浸润性，优化了树脂和纤维的结合界面，实现了制品强度增强。

2. 树脂浸渍模塑成型工艺

树脂浸渍模塑成型工艺的原理是，在真空状态下排除纤维增强复合材料中的气体，通过树脂的流动及渗透作用浸渍纤维。其成型模具要先用真空袋密封再利用真空吸注胶液。与传统的树脂传递模塑工艺相比，树脂浸渍模塑成型工艺只需一半模具和一个弹性真空袋，因此可节省一半的模具成本，且成型设备简单。同时由于真空袋的作用，在纤维周围会形成真空，可提高树脂的浸湿速度和浸透程度，且由于只需在大气压下浸渍固化，真空压力与大气压之差为树脂注入提供了推动力，从而缩短了成型时间。另外，浸渍主要通过厚度方向的流动来实现，可浸渍厚而复杂的层合结构，甚至含有芯子、嵌件、加筋件和紧固件的结构也可一次注入成型。该工艺适用于中大型复合材料构件，施工安全，生产成本较低。

3. 树脂膜渗透成型工艺

树脂膜渗透成型工艺采用单模和真空袋来驱动浸渍过程。首先将树脂铺放在模具上，再铺放纤维预成型体，并用真空袋封入模具；然后将模具置于烘箱或热压下加热并抽真空，达到一定温度后，树脂膜熔融成为黏度很低的液体，在真空或外加压力作用下树脂逐步浸润预成型体，完成树脂的转移；最后继续升温使树脂固化，最终获得复合材料制品。

与现有的成型技术相比，树脂膜渗透成型工艺不需要复杂的树脂浸渍过程，成型周期短，能一次性浸渍三维结构的缝编、机织等预制件；树脂膜在室温下黏结性较高，可黏着弯曲面，同时成型压力低，不需额外的压力，因此对设备和模具的要求较低，模具制造与材料选择的机动性强。

6.2.3.4 低温固化技术

低温固化技术是在低于 100 ℃ 的温度下，通过烘箱/真空袋固化降低固化压力，实现自由状态下固化处理的技术。该技术可大大降低成型模具、高能耗设备和高性能工艺辅料的生产成本。同时低温固化复合材料构件的固化残余应力小，尺寸精度高，适合制备复杂形状的大型复合材料构件。其设备如图 6-23 所示。

低温固化高性能复合材料技术研究始于 20 世纪 90 年代。英国 ACG 公司研制了 LTM10 和 LTM40 系列

图 6-23 低温固化技术设备

低温固化高性能复合材料，并将其应用于 X-34 复合材料机翼等航空复合材料构件。美国 Hexcel 公司和 3M 公司在美国空军材料实验室的资助下进一步发展了低温真空压力固化树脂体系 46-1、639-07、HX-567 和 PR-377，它们主要用于复合材料结构的修补。德国 Cytec 公司发展了 60～70 ℃ 真空压力固化的树脂体系 CycomX5215，获得了孔隙率低且性能优良的复合材料。中国航发北京航空材料研究院合成了在 80 ℃ 固化温度下高活性、在室

温存贮下低活性的新型潜伏型固化剂,再根据分子结构与力学性能和耐热性的关系,通过综合、优化发展了具有良好工艺性和耐热性的 LT 系列低温固化高性能复合材料体系,并将其应用于无人机复合材料机翼、大型飞机复合材料方向舵和腹鳍等,使复合材料构件成本降低了 25%～40% 以上。如 LT-01 低温固化复合材料已经用于制造大型飞机复合材料腹鳍、歼击机 S 形蒙皮、卫星百叶窗和反射镜等,LT-03A 低温固化复合材料已经应用于直升机和无人机构件。和采用中温固化复合材料相比,低温固化复合材料腹鳍的制造成本降低了 26%,副翼制造成本降低了 42%。LT-02 低温固化模具材料成功应用于新型复合材料模具结构中,制备得到了高刚度、轻质量的无人机复合材料机翼盒段成型模具。

除了航空航天复合材料结构件和模具构件外,低温固化复合材料在汽车和舰船等领域也得到了广泛应用。如福特 MUSTANG 汽车 50% 的结构采用了低温固化 LTM26EL 预浸料制造,包括引擎盖、前格栅板、前后底裙、后尾灯板、顶部侧板等。英国 RIBA 等多家单位采用低温固化复合材料制备了海上游艇的梯子、桅杆、壳体等结构件,如 ERICSSON3 和 ERICSSON4 赛艇以及 IRC60 轻舟的桅杆、船体和甲板就是采用 VTM264 预浸料制备的。

6.2.3.5 电子束固化技术

电子束固化技术是辐射固化技术的一种,其通过电子加速器产生的高能电子束引发树脂聚合或交联,可以实现室温/低温固化,材料固化收缩率低,有利于减小固化残余应力,提高尺寸制件精度。同时,电子束固化技术可以采用低成本的辅助材料,制造周期短,固化速度快,适用于制备大型复合材料构件。

该技术是 20 世纪 90 年代发展起来的一种低成本制造技术,早期的工作基本上局限于对丙烯酸酯环氧树脂基体的研究。丙烯酸酯环氧树脂虽然容易实现辐射固化,但却有玻璃转化率不高、收缩率大、耐湿热性能差等缺点,因此,大多数研究人员把电子束固化树脂的研究方向集中在工艺性好并且性能优良的阳离子环氧树脂方向。90 年代中期,美国启动了两个电子束固化研究工作:一个由美国国防部高级研究计划局倡导,旨在提高航空航天结构材料电子束固化的工艺性和降低其制造成本;另一个由美国橡树岭国家实验室和 10 个工业伙伴联合倡导,目的在于促进电子束固化复合材料的发展。据报道,上述两项计划已经开发了数百种增韧和不增韧的电子束固化树脂体系,并在该领域申请了若干专利。

在应用方面,法国于 20 世纪 90 年代将该技术应用于火箭发动机壳体,并用电子束固化碳纤维增强双马来酰亚胺复合材料制造了直升机构件。美国陆军在远程光纤制导导弹的整体燃料箱及其发动机进气道上应用了电子束固化工艺制造的样件,美国橡树岭制造技术中心和美国空军采用电子束固化复合材料研制了 T-38 喷气教练机风挡框。加拿大 ACSION 公司与美国洛马公司的臭鼬工厂主要从事 X-33 的液氢箱和液氧箱的生产,其尺寸可以达到 30 m×16 m,用电子束固化成本降低了 35%。此外,加拿大 ACSION 公司采用电子束固化技术为西班牙航天局生产了尺寸高度稳定的复合材料卫星反射器。北京航空材料研究院成功研制了 EB-99 系列电子束固化复合材料体系,其综合力学性能与热压罐固化复合材料的水平相当。

电子束固化技术与自动铺放、缠绕、树脂传递模塑、编织等多种制造工艺结合,可进一步降低复合材料的制造成本。在自动铺带过程中,通过位于铺带头上方的电子枪照射,可实现预浸料的原位固化,而电子束仅需穿透几层预浸带,因而可以采用功率约为 0.3 MeV 的低能电子枪。诺格公司用自动铺带电子束原位固化生产了 C-17 运输机的水平安定面,以生产 100 件估算,采用原位电子束技术比热压罐成型技术成本降低了 22%。

6.3 复合材料在航空领域的应用进展

复合材料以更加优越的综合性能逐渐取代了传统结构材料在航空航天领域的地位,有效减轻了飞机本身的重量,降低了结构的复杂性,成为目前航空结构中应用最广泛的材料,同时复合材料巨大的用量使其开始成为影响航空航天事业的一个重要因素。目前复合材料在航空结构上的用量接近 20%,随着时代的发展和航空技术的不断进步,航空结构对复合材料的需求量将持续扩大。

6.3.1 国外复合材料在航空领域中的应用

6.3.1.1 第一代复合材料

第一代复合材料以玻璃纤维增强塑料复合材料为代表,快速发展时期为 20 世纪四五十年代。第二次世界大战中,美国空军用玻璃钢制造飞机构件,50 年代到 60 年代初期,美国把玻璃纤维增强复合材料大量应用于导弹武器和航天飞行器,代表机型为 DC-10。其也在 A310、MD82、B757、B767、MD11、MD90、B727/737 等机型的非承力结构上实现了应用,但是此阶段复合材料的用量一般在 10% 以下,具体的应用部位包括副翼、方向舵、扰流板、整流罩等。

在此期间主要的研究内容如下:
(1) 复合材料和飞机结构的基础科学和工程技术。
(2) 次承力复合材料结构设计、制造和试验验证。
(3) 机翼和机身主承力结构探索研究。
(4) 碳纤维复合材料 T300/5208 的性能等。

6.3.1.2 第一代或第二代韧性复合材料

第二代复合材料以碳纤维增强塑料复合材料为代表。由于玻璃纤维增强复合材料的比刚度低、耐热性和耐候性等性能还不够理想,难以满足工作条件更为苛刻的尖端技术领域的使用要求,因此,为了提高复合材料的性能,在 20 世纪 60 年代,人们研究开发出了多种新型纤维和晶须,如芳纶纤维、氧化铝纤维、碳化硅纤维、硼纤维、碳纤维,以及碳化硅晶须、氧化铝晶须等。用这些纤维或晶须作为增强材料制作的树脂基复合材料具有更好的性能,在航空航天领域实现了应用,代表机型为 A320,其也在 A321、A330、B777 等机型的次承力结构实现了应用。此阶段复合材料的用量一般为 10%~15%,主要应用于副翼、方向舵、扰流板、整流罩、平尾、地板、雷达罩、前起舱门、发动机吊架、内外襟翼等。

在此期间主要的研究内容如下:
(1) 解决了第一代复合材料韧性差的问题。

(2)第一代或第二代韧性复合材料获得应用。

(3)第三代韧性复合材料得到发展。

(4)扩大了复合材料在飞机上的应用。

6.3.1.3 第三代及以上韧性复合材料

随着科学技术的迅速发展,人们对材料性能的要求越来越高,特别是在刚度和高温性能方面。进而发展了第三代韧性复合材料,代表应用机型为 A380 和波音 787,复合材料的用量达到了 20%～50%。

在此期间的主要研究内容如下:

(1)第三代及以上韧性复合材料获得应用。

(2)采用了先进的复合材料成型技术和制造工艺。

(3)复合材料在飞机上的用量大幅提升。

6.3.2 国内复合材料在航空领域的应用

我国航空材料的研究起步较晚,国内的树脂基复合材料经过了几十年的发展,逐渐形成了一定的规模和基础,达到了一定的规模和水平,目前主要在军机上实现了应用。目前,我国研制的高性能树脂基复合材料主要有阻燃环氧基体、双马来酰亚胺树脂基体以及中温固化环氧树脂基体等,已广泛用于航空领域的制造生产中。北京航空材料研究院推出的 5428 和 5429 等高韧性双马来酰亚胺复合材料,其冲击后的压缩强度达到了 260 MPa 和 290 MPa,长期恒定使用温度约为 150～170 ℃。可见这两种双马来酰亚胺复合材料的性能之优良,韧性和抗高温能力之强。另外,北京航空材料研究院研制的 QY8911 系列树脂基体也具备良好的综合力学性能,是高性能雷达罩的关键材料之一。随着我国航空事业的发展,复合材料的研究水平得到了很大的提高,目前已经将其应用于国产机的生产制造中,众多复合材料被用于飞机(包括机尾、鸭翼、垂尾、机翼、腹鳍、方向舵、内外侧升降副翼以及垂直安定面),重量可减轻 15% 左右。

大型客机对安全性、经济性、舒适性及环保性提出了苛刻的要求,必须使用大量先进复合材料。但是,当前复合材料在国内大型客机上的运用技术成熟度和生产效率还有待提高,全自动专业化生产线还有待实现,液体成型技术也有待进入生产线正式展开应用。高性能、高效率、低成本将是未来原材料领域的主要发展方向。

国产宽体客机 C919 是中国自主设计的第二款国产大型客机。该机机翼、水平尾翼、中央翼盒使用了复合材料结构件,复合材料用量约为 12%,主要由次承力结构发展到主承力结构(如机翼、尾翼、后压力框、机身尾段等部位)上实现应用。大型客机 C919 复合材料结构占机体结构重量的比例从空客 A320 的 15% 扩大到 25%,并在目前空客 A320 的基础上增加了碳纤维增强复合材料的应用部位,包括后部气密球面框、中央翼、外翼盒段、客舱地板横梁等。通过扩大复合材料用量,大型客机 C919 大约可比目前空客 A320 重量减轻约 2.5%～3%。初步计划大型客机 C929 复合材料结构占机体结构重量的比例从目前 C919 的 12% 扩大到 50% 以上,主要使用碳纤维树脂基复合材料。但是,国内碳纤维复合材料主要依赖进口,而碳纤维进口受到限制,且价格较高,使得碳纤维复合材料生产制造成本很高,限制了先进复合材料在飞机结构上的进一步应用。

虽然国内复合材料的加工工艺得到了一定的发展,并在航空工程中的应用取得了阶段性成果,但是复合材料研究体系尚不完善,部分材料研究仍然处于探索阶段,后期还需进一步加大研究力度。

习　　题

1. 复合材料可以分为哪几大类?具体的分类依据是什么?
2. 列举生活中用到的结构性复合材料。
3. 叠层增强复合材料对纤维的排布以及铺层顺序有什么要求?
4. 为什么纤维增强复合材料有比较高的比强度和比模量?
5. 航空航天领域为什么要使用先进复合材料?先进复合材料有哪些优点?
6. 我国的高性能碳纤维材料发展受制于美国、日本等发达国家,主要原因是什么?如何改进?
7. 与粉末冶金刹车片相比,为什么说碳/碳复合材料刹车片具有抗高温、耐磨损、寿命长等优点?
8. 晶须增强树脂基复合材料和纤维增强树脂基复合材料相比,具有什么性能优势?
9. 金属基复合材料一般在哪些领域实现应用?对于金属基体有哪些具体要求?
10. 与其他复合材料相比,碳化硅陶瓷基复合材料能够在更高的环境温度下使用,其具体原因是什么?
11. 手糊成型工艺是最为古老的复合材料制造工艺,现在已经被淘汰了还是依然有用武之地?
12. 热压罐成型过程是否会对复合材料纤维或基体造成损伤?如何避免?
13. 模压材料对复合材料有什么具体要求?哪些复合材料适用于模压成型?
14. 我国在纤维缠绕成型方面的制备工艺以及生产设备水平如何?
15. 自动铺放技术在航空领域特别是军事国防上有什么特殊应用?
16. 在复合材料成型过程中,通过什么方式可以对过程参数进行实时监测?
17. 思考如何将现有的人工智能、大数据平台和复合材料制造工艺进行结合。
18. 飞机上的复合材料用量是越多越好吗?
19. 对于飞机上复合材料的应用,重点需要考虑哪些性能指标?其应用前景如何?并简述原因。

▶拓展阅读◀

C919 大飞机上复合材料的使用情况

2022 年 5 月 14 日,编号为 B-001J 的 C919 大飞机从上海浦东机场第 4 跑道起飞与降落,标志着中国商飞公司即将交付首家用户的首架 C919 大飞机首次飞行试验圆满完成。

由于大规模采用先进材料，C919整体减重7%左右。对于国产客机的研制，复合材料用量是判断民用客机先进性的重要标准。因此，C919被认为"在我国材料领域具有里程碑式的意义"。

下面，让我们来看看C919的选材之道。

1. 第三代铝锂合金

铝锂合金具有密度低、强度高且损伤容限性好等特点，用它替代常规铝合金材料，能够使飞机构件密度降低3%，重量减少10%～15%，刚度提高15%～20%，因此它被认为是新一代飞机较为理想的结构材料。C919大型客机采用的是第三代铝锂合金，该材料解决了第二代铝锂合金的各向异性问题，材料的屈服强度也提高了40%。C919大型客机的机身蒙皮、长桁、地板梁、座椅滑轨、边界梁、客舱地板支撑立柱等部件都使用了第三代铝锂合金，其在机体结构中的重量占比达到7.4%，获得综合减重7%的收益，在国际上属于领先水平。

2. T800级碳纤维复合材料

C919大型客机是国内首个使用T800级高强碳纤维复合材料的民机型号。相比T300级材料，T800级材料强度、模量更高，韧性更强，也具备更好的抗冲击性。C919上受力较大的部件，如后机身和平垂尾等都使用了T800级碳纤维复合材料。C919上使用的T800材料采用增韧环氧树脂基体，增强纤维为T800级碳纤维，拉伸强度和拉伸模量较T300级材料高50%左右，也是目前国际上民机主承力结构应用最为广泛的复合材料。

3. 玻璃纤维复合材料

相比碳纤维复合材料，玻璃纤维复合材料的力学性能稍差，但由于碳纤维介电常数较高，会影响雷达工作，所以C919大型客机的雷达罩使用了玻璃纤维复合材料。另外一些受力较小的部件，如襟翼也使用了玻璃纤维复合材料。因为玻璃纤维复合材料的成本比碳纤维复合材料低，在受力较小的部件上应用，既可以达到设计要求，又可以降低制造成本。

4. 芳纶蜂窝材料

C919大型客机舱门和客货舱地板使用了芳纶蜂窝材料，这是一种由酚醛树脂浸渍的芳纶纸制成的轻质高强非金属仿生芯材制品。它模仿蜜蜂的蜂巢设计，具有稳定、轻质的结构和很高的比强度。与泡沫芯材相比，它具有更高的剪切强度，与金属蜂窝相比，它更加耐腐蚀。同时，芳纶蜂窝材料还具有高韧性、良好的抗疲劳性能和防火性能，是一种比较理想的民机用复合材料。

5. 碳纤维复合材料及陶瓷基复合材料

航空发动机作为"航空之花"，可以说是航空技术和工业积累的完整体验。C919的发动机为LEAP-X1C发动机。它采用了18片赛峰公司研制的碳纤维复合材料风扇叶片以及美国通用电气公司研制的陶瓷基复合材料涡轮部件。

6. 芳砜纶纤维

芳砜纶（PSA）纤维由聚砜酰胺组成。其主要特点是具有优良的电绝缘性和耐热性，此外，其阻燃性高，极限氧指数超过30%，耐化学稳定性好，除了几种极性很强的溶剂和浓硫酸之外,在常温下对化学品均具有良好的稳定性。芳砜纶纤维不仅可以用来作多种耐高温滤材和高温高压电器中的绝缘材料,而且还可加工成运输工具中的高级阻燃织物等。

据悉,C919机舱内部首次启用芳砜纶纤维制作椅罩、门帘,使得飞机减重30 kg以上,每架飞机能够节省超万元的成本。

7. 橡胶化合物

其实飞机轮胎所使用的材料与汽车轮胎基本相同,主要区别是飞机轮胎采用了更高强度的橡胶化合物,以至于飞机轮胎能被充气到 200 lbf/in^2[①] 的气压,这相当于汽车轮胎气压的6倍。C919使用的就是来自米其林公司的 Air X 子午线轮胎。

国产飞机C919在雷达罩、机翼前后缘、活动翼面、翼梢小翼、翼身整流罩、后机身、尾翼等主承力和次承力结构上使用了复合材料,用量占全机结构总重的11.5%。这是中国民用航空制造领域第一次在主承力结构、高温区、增压区使用复合材料,并且实现了T800级高强碳纤维增韧复合材料的应用,可以说为复合材料在民机制造领域的应用积累了宝贵的工程实践经验。

来源:https://news.cctv.com/2017/06/24/ARTIZWtD1sZkz2st9xi3gQr1170624.shtml,有改动。

---

① 1 lbf/in^2=6.895 kPa。

下篇 制造工艺

第7章 钢的热处理工艺

热处理是指金属材料在固体状态下,通过在一定介质中加热、保温和冷却的手段,改变材料整体或表面的化学成分与组织,以得到所需性能的一种热加工工艺(见图 7-1)。当钢经历不同加热与冷却过程后,组织结构将会发生改变,从而其性能在热处理之后出现显著的变化。钢中组织变化的规律称作热处理原理。制订热处理工艺就是基于此原理确定相关工艺参数,即加热温度、保温时间和冷却方式。

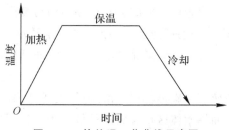

图 7-1 热处理工艺曲线示意图

金属材料经过热处理,材料潜力被挖掘,产品质量提高,使用寿命延长。因此,各类机械中大量的金属零件要经过热处理,航空零件几乎都要进行热处理。

7.1 热处理原理

7.1.1 钢在加热时的组织转变

根据 Fe-Fe$_3$C 相图可知,当给钢加热超过 727 ℃时就会形成奥氏体,此时形成奥氏体组织的化学成分、均匀度、晶粒尺寸等都将对奥氏体的冷却转变过程及转变后的组织和性能产生直接影响。因此,深入分析加热时奥氏体的形成过程是十分重要的。

7.1.1.1 奥氏体的形成

加热是热处理的第一步。其目的是获得成分均匀、晶粒细小的奥氏体,为冷却转变作准备。由铁碳相图可知,要获得奥氏体,需将共析钢加热至 A$_1$ 温度以上,而亚共析钢加热温

度应高于 A_3 和 A_{cm} 线,但这是平衡状态下的临界温度。实际中,钢加热产生的相变不是严格遵循相图显示的临界温度进行的,通常会出现一定的滞后。这意味着实际转变温度与平衡临界温度有所偏差,这种现象在冷却过程中同样存在。当加热和冷却速度增大时,这种滞后现象更为明显。图 7-2 显示了当钢加热和冷却的速度为 7.5 ℃/h 时对临界温度的影响。在通常情况下,加热时的临界温度标记为 A_{c1}、A_{c3}、A_{ccm} 等,而冷却时的临界温度则标记为 A_{r1}、A_{r3}、A_{rcm} 等。

共析钢加热到 A_{c1} 以上,经适当保温,原珠光体即转变为奥氏体。奥氏体的形成也是形核和核长大的过程,如图 7-3 所示,可分为四个阶段。

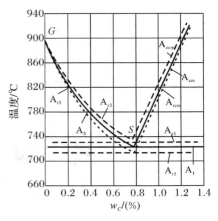

图 7-2 加热和冷却速度对临界温度的影响

(1)奥氏体形核。奥氏体晶核首先在铁素体和渗碳体之间的界面生成,这是由于界面处的碳浓度不均匀且原子排列不规则,导致其处于高能态,成为形核的有利环境。

(2)晶核长大。一旦奥氏体晶核形成,便开始生长。这个过程,通过铁、碳原子的迁移扩散促使铁素体不断转化为奥氏体,渗碳体逐步溶入奥氏体。

(3)残留渗碳体的溶解。因为铁素体的含碳量和结构与奥氏体较为接近,铁素体向奥氏体的转化速度通常超过渗碳体的溶解速度。因此,铁素体要先于渗碳体在转变中消失。在铁素体完全消失后,仍有一部分渗碳体未完全溶解。随时间延长,这部分渗碳体会持续溶入奥氏体,直到彻底消失。

(4)奥氏体均匀化。在所有渗碳体都完全溶解后,奥氏体内的成分存在不均匀性。原来的渗碳体区域含碳量较高,而铁素体区域含碳量较低。为了得到均匀的奥氏体,需进一步延长保温时间,依靠碳原子扩散实现奥氏体均匀化。

在亚共析钢与过共析钢加热温度超过 A_{c1} 并保温一定时间后,只能实现原始组织中珠光体向奥氏体的转变,而一些先共析铁素体或先共析渗碳体仍然存在。这种转化称为"部分奥氏体化"或"不完全奥氏体化"。要想获得完全均匀的单相奥氏体组织,必须将其进一步加热到 A_{c3} 或 A_{ccm} 以上温度并保温足够时间,这一过程称为非共析钢的"全面奥氏体化"。

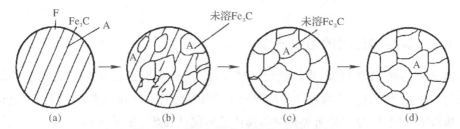

图 7-3 共析钢的奥氏体化过程示意图
(a)A 长大;(b)A 成核;(c)残余 Fe_3C 溶解;(d)A 均匀化

7.1.1.2 奥氏体晶粒大小及其控制

奥氏体形成后,随着温度的升高或保温时间延长,奥氏体晶粒会逐渐长大。晶粒的长大能减少晶界、降低界面能,在热力学上为一种自发过程。

奥氏体的晶粒尺寸对其冷却后的组织和性能都有显著影响。若奥氏体晶粒细小,其转变后的组织也细小,相应地,其强度和韧性会较强。因此,需要对奥氏体晶粒生长的规律进行深入讨论,从而在实际生产中有效控制晶粒尺寸,得到所需性能。

1. 奥氏体晶粒度的概念

珠光体刚完成向奥氏体转变时的晶粒尺寸称作初始晶粒度,这时的晶粒通常较为细小。在特定的加热条件下形成的奥氏体晶粒尺寸称为实际晶粒度,实际晶粒度对钢冷却后得到产物的组织和性能有直接影响。若加热温度过高,获得奥氏体的晶粒粗大,则导致冷却转变后的组织也较为粗大(见图 7-4),从而使其机械性能下降。在钢的加热过程中,总是希望形成均匀且细小的奥氏体晶粒。

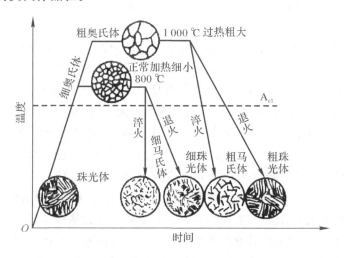

图 7-4 加热温度对组织的影响

钢的化学成分与冶炼条件的差异,会导致在加热过程中晶粒生长的倾向各不相同。用于表示奥氏体晶粒生长倾向的晶粒度称为本质晶粒度。对于某些钢,当加热温度上升时,奥氏体晶粒不易长大,这种钢被称为本质细晶粒钢;而另一些钢在加热温度上升时,奥氏体晶粒迅速生长,此类钢则被称为本质粗晶粒钢。

钢的冶炼方法及钢中所含的合金元素,对奥氏体晶粒长大倾向有影响。例如用铝和钛脱氧的钢,或在钢中加入钨、钼、钒和锆等元素时,钢中能形成高熔点化合物,并存在于奥氏体晶界上阻碍奥氏体晶粒长大,故晶粒长大倾向小;而当用锰脱氧时,奥氏体长大的倾向大。

2. 晶粒大小的评定方法

评价晶粒大小常用的方法是测量晶粒的平均直径,或计算单位体积或单位面积内的晶粒数量。然而,获取这些数据的过程是相当烦琐的。比较方便的方式是通过与标准金相图片(标准评级图,见图 7-5)进行对比,从而评估晶粒的等级。通常将晶粒大小分为八个等级,其中,1 级为最粗,8 级为最细;1~4 级为粗晶粒度,5~8 级属于细晶粒度。为了区分本质粗晶粒钢还是本质细晶粒钢,无需测定晶粒大小随温度的变化曲线。常用的标准测试方法是将钢加热至(930±10)℃并保温 3～8 h,然后测量奥氏体晶粒大小。如果晶粒大小为 1～4 级,则为本质粗晶粒钢;如为 5～8 级,则为本质细晶粒钢。需要注意的是,当温度超过 930 ℃时,本质细晶粒钢也可能生成较大的奥氏体晶粒,甚至比同温度下的本质粗晶粒钢的晶粒还大。因此,本质晶粒度只表示 930 ℃以下奥氏体晶粒长大的倾向。

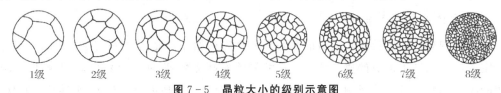

图 7-5　晶粒大小的级别示意图

3.奥氏体晶粒大小的控制

在钢的奥氏体化过程中,合理地控制奥氏体晶粒的尺寸,必须要考虑并控制那些影响晶粒大小的主要因素。

(1)加热温度和保温时间。随着加热温度的升高和保温时间的延长,奥氏体晶粒会变得更加粗大,这主要与原子的扩散有关。要得到一定尺寸的奥氏体晶粒,就需要合理调控加热温度和保温时间。其中,加热温度的影响尤为显著,因此应对其进行严格控制。

(2)加热速度。当加热速度较快时,过热度会增大,奥氏体实际形成温度也会升高,这时可以得到细小的初始晶粒。然而,随着温度继续升高,晶界自由能也会增大,导致小晶粒被吞并,从而使晶粒变得粗大,所以保温时间不宜过长。在实际生产中,为了细化奥氏体晶粒,常采用快速加热和短时保温的方式,有时甚至能够获得超细晶粒。

(3)钢的化学成分。在一定的含碳量范围内,奥氏体中含碳量增加可以提高碳在奥氏体中的扩散速度和铁原子的自扩散速度,从而提高晶粒长大的趋势。但是,当含碳量超出一定值(共析成分)时,由于在奥氏体化过程中仍有一些未溶的残留碳化物,且这些碳化物分布于奥氏体晶界上,抑制了晶粒长大,这样反而会减小奥氏体晶粒长大的倾向。

Ti、Zr、V、Nb、Al 等合金元素,能形成弥散、稳定的碳化物和氮化物。这些化合物在晶界上的分布,可以阻碍晶界的移动,进而控制奥氏体晶粒的生长,利于获得本质细晶粒钢。而 Mn 和 P 则是促进奥氏体晶粒生长的元素。

7.1.2　钢在冷却时的组织转变

钢的奥氏体化是热处理的一个关键步骤,目的是为接下来的冷却转变做准备。鉴于许多机械部件都是在常温下工作的,钢材的性能主要决定于奥氏体冷却转变后的组织结构,因此,研究和掌握奥氏体在不同冷却条件下的转变规律尤为重要。

根据铁碳相图可知,当高于临界转变温度时,奥氏体的组织稳定,不会发生转变。当其被冷却到临界温度以下时,处于热力学不稳定状态,倾向于发生转变。这种在临界温度以下不稳定存在且即将发生转变的奥氏体,称为"过冷奥氏体"。它的转变产物取决于冷却的转变温度,而转变温度与冷却的方法和速度密切相关。在热处理过程中,常见的冷却方法有以下两种。

等温冷却:将钢快速冷却到其临界温度以下的某一温度,然后在此温度下进行保温,以确保其在该温度下进行稳定的转变,此过程如图 7-6 的曲线 1 所示。

连续冷却:将钢以一定的冷却速度逐渐冷却,确保其在低于临界点的温度范围内进行连续转变,此过程如图 7-6 的曲线 2 所示。

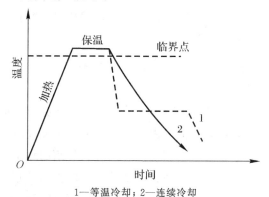

1—等温冷却;2—连续冷却

图 7-6　热处理的两种冷却方式

7.1.2.1　过冷奥氏体的等温转变

1. 共析钢的过冷奥氏体等温转变曲线

当共析钢在奥氏体化后迅速冷却到低于临界点温度的某一温度并保持恒定时,通过测量奥氏体转变量与时间的变化关系,就可绘制出奥氏体的等温转变动力学曲线。

图 7-7(a)展示了共析钢在不同温度下的等温转变动力学曲线。将每个温度下的转变起点和转变结束时间标记在温度-时间的坐标系中,并连接这些点,便得到图 7-7(b),即共析钢的过冷奥氏体等温转变曲线。由于曲线的形态与字母"C"类似,被称作 C 曲线或 TTT 图。它既呈现了在不同温度下过冷奥氏体转变量与时间的关系,也指明了过冷奥氏体的等温转变产物。

在 C 曲线上方的水平线 A_L 表示奥氏体与珠光体的平衡温度,A_L 线之上为奥氏体稳定区。在 C 曲线下方,有分别标记奥氏体转变马氏体的起点温度 M_s 点和奥氏体完全转变成马氏体的终点温度 M_f 点的水平线,这两条线之间是马氏体与过冷奥氏体的共存区域。A_L 线到 M_s 线之间以及转变起点曲线以左的区域,是过冷奥氏体区;而转变起点曲线到转变终点曲线之间则是奥氏体与珠光体或奥氏体与贝氏体的过渡区域;转变终点曲线以右是珠光体或贝氏

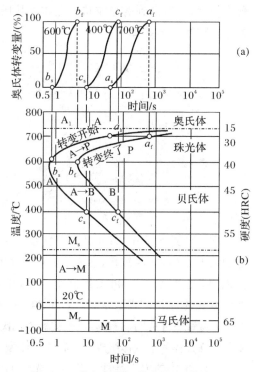

图 7-7　共析钢等温转变图(C 曲线)
(a)不同温度下的等温转变动力学曲线;
(b)等温转变图(C 曲线)

体区域。

过冷奥氏体等温转变开始时所需的时间为孕育期,它的长度代表了过冷奥氏体的稳定性。图7-7显示,共析钢在约550 ℃时有最短的孕育期,此时的过冷奥氏体是最不稳定的,这一点在C曲线上被称为"鼻尖"。在这个鼻尖上方,孕育期随着温度升高而延长;而在鼻尖下方,孕育期则随着温度降低而延长。

2.共析钢过冷奥氏体等温转变产物的组织和特性

C曲线包括以下三个转变。

(1)高温转变。在 A_1～550 ℃温度区间进行恒温时,会发生珠光体转变,生成由铁素体和渗碳体组成的两相混合物,即珠光体。由于这种转变发生在较高温度,因此也被称为高温转变。在珠光体转变时,新形成的两个相之间以及其与母相的化学成分存在显著差异,晶体结构也有很大不同。因此在转变中,必然会出现碳原子的重新分布和铁晶格的改组。此外,由于这种相变发生在高温区域,铁原子和碳原子都可以充分扩散,所以珠光体转变属于扩散型相变。

1)珠光体的组织形态。珠光体组织主要存在两种形态:片状珠光体和球状或粒状珠光体。当奥氏体化时,剩余渗碳体充分溶解并实现碳的均匀分布,冷却时所形成的珠光体往往为片状,其微观组织显示出铁素体与渗碳体之间层状交错排列,如图7-8所示。而当奥氏体化温度相对较低,且成分分布不太均匀,特别是存在未完全溶解的渗碳体颗粒时,经过缓慢冷却后,一般得到的是粒状珠光体。从图7-9中可观察到,在这种组织里,渗碳体以颗粒态分布在铁素体基体中。

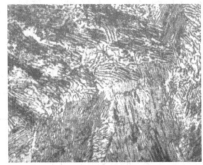

图7-8 片状珠光体组织 500×

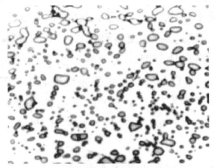

图7-9 粒状珠光体组织 1 500×

在片状珠光体中,基于片层间距的差异可以将其划分为三种形态:首先,在 A_1～650 ℃范围内形成的,片层较粗,在光学显微镜下可以清晰地辨别,此种被命名为珠光体,并用"P"标识;其次,在650～600 ℃区间生成的,片层较细,需在高倍显微镜下进行观察,这种形态被称作索氏体,用"S"来表示;最后,在600～550 ℃范围内形成的片状珠光体片层非常微小,只在电子显微镜下才能明确看到,此种被称为托氏体,并用"T"进行标记。珠光体、索氏体与托氏体都属于由铁素体和渗碳体组成的片状珠光体型组织,不同之处主要是片层的粗细程度。

2)珠光体的力学性能。片状珠光体的性能主要与其片层间隔有关。片层间隔越小,它的强度、硬度就越高。例如,粗片状珠光体硬度约为5～25 HRC(170 HB),索氏体达到25～35 HRC,而托氏体则为36～42 HRC。同时,片状珠光体还具有较好的塑性和韧性。

当形成粒状珠光体时,其转化温度越低,渗碳体的粒径就越小,钢的强度、硬度则进一步增大。在相同的硬度条件下,粒状珠光体的机械性能明显优于片状珠光体。原因在于粒状渗碳体减少了应力集中和裂纹的产生。

(2)中温转变。在 550 ℃~M_s 温度范围内,过冷奥氏体发生转变,形成的转变产物是贝氏体(B),此过程称作贝氏体转变。由于该转变温度介于珠光体与马氏体转变温度之间,因此也称之为中温转变。由于温度降低,发生贝氏体转变时只有碳原子扩散,而铁原子不能扩散,故形成的贝氏体为碳化物(渗碳体)分布在碳过饱和铁素体基体上的两相混合物。贝氏体转变属半扩散型转变。

1)贝氏体的组织形态。按照转变温度的不同,贝氏体可分为上贝氏体和下贝氏体两类。

上贝氏体主要在 500 ℃(所谓鼻子温度)至 350 ℃ 的区间生成。在光学显微镜下,上贝氏体表现出典型的羽毛状形貌[见图 7-10(a)]。利用电子显微镜进一步观察,发现它主要由多条平行的铁素体条带以及条带之间断续的短杆状渗碳体构成[见图 7-10(b)]。

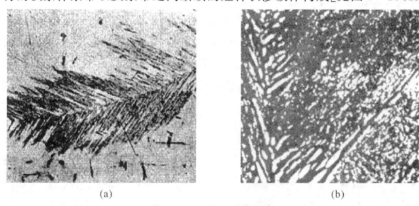

图 7-10 上贝氏体形态
(a)光学显微照片 600×;(b)电子显微照片 1 500×

下贝氏体在 350 ℃~M_s 的温度范围内形成。在光学显微镜下,下贝氏体呈现出黑色的针状或类似竹叶的形态[见图 7-11(a)]。电子显微镜研究表明,在针状的铁素体内部整齐地分布有微小的碳化物[见图 7-11(b)]。需要强调的是,在下贝氏体中的针状铁素体实际上是含碳的过饱和固溶体。

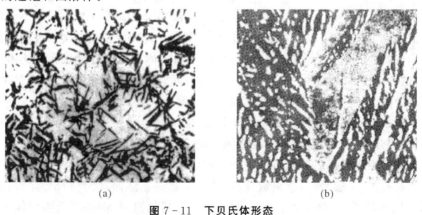

图 7-11 下贝氏体形态
(a)光学显微照片 500×;(b)电子显微照片 10 000×

2)贝氏体的力学性能。贝氏体的组织形态决定了其力学性能。上贝氏体转变的温度相对较高,其铁素体条更为粗大,因而抵抗塑性变形的能力较差,并且渗碳体主要集中于铁素体条之间,易导致断裂,所以上贝氏体在强度和韧性上均表现较差。而下贝氏体的转变温度较低,铁素体更为细小且分布均匀,其内部含碳过饱和度高,位错集中,细小的碳化物呈弥散分布,因此,下贝氏体的强度高、韧性好,具备良好的综合机械性能。

(3)低温转变。当温度低于 M_s 点(230 ℃)时,发生马氏体转变,这一过程称为低温转变。由于温度低,铁原子和碳原子都无法扩散,故浓度不会发生变化(马氏体和奥氏体的化学成分一致),只有铁的晶格结构发生改变,从面心立方转变为体心立方。

马氏体转变被认为是典型的无扩散相变过程,是通过共格切变的形式进行的,因此也称作切变型相变。

马氏体是碳与 α-Fe 构成的过饱和固溶体,有着很高的强度和硬度。故马氏体转变是强化金属材料性能的重要手段之一。

1)马氏体的组织形态。马氏体的组织形态多种多样,但大量的研究结果表明,钢中马氏体有两种基本形态:板条马氏体和片状马氏体。当过冷奥氏体向马氏体转变时,是形成板条状马氏体还是片状马氏体,主要取决于奥氏体中的含碳量。当 w_C 在 0.25% 以下时,基本上形成板条状马氏体(也称低碳马氏体),其显微组织是由许多成群的、相互平行排列的板条组成的,如图 7-12 所示。

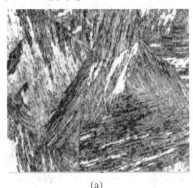 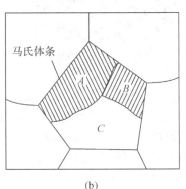

(a) (b)

图 7-12 板条马氏体组织形态

(a)1 000×;(b)板条马氏体示意图

在高倍电镜下观察,可以发现板条马氏体内部存在着大量位错缠绕形成的亚结构,因此它也被称作位错马氏体。当含碳量超过 1.0% 时,奥氏体主要转变为片状马氏体(亦称针状马氏体)。这种结构在显微镜下表现为针状或竹叶状,如图 7-13 所示。由高倍透射电镜分析可知,片状马氏体的内部亚结构多为孪晶,因此称为孪晶马氏体。

含碳量介于 0.25%~1.0% 之间的奥氏体,会转变为两种马氏体的混合组织。随着含碳量的增加,混合组织中板条马氏体的比例下降,片状马氏体的比例上升。

2)马氏体的力学性能。马氏体的显著特点是具有高硬度和高强度。高硬度主要与马氏体中的含碳量有关,一般来说,含碳量越高,硬度也越高。然而,需要指出,淬火钢的硬度不完全表示马氏体的硬度,这是因为淬火钢可能含有其他组织,例如二次渗碳体和残余奥氏体。只有当残余奥氏体量很少时,钢的硬度才与马氏体硬度接近。

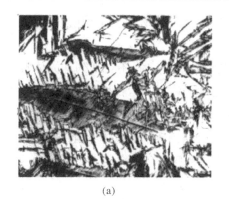 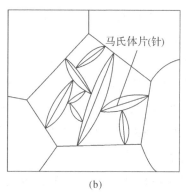

(a)　　　　　　　　　　　　　(b)

图 7-13　片状马氏体的组织形态

(a)1 500×；(b)片状马氏体示意图

马氏体之所以具有高强度和高硬度，主要在于碳原子在 α-Fe 点阵中的固溶强化、相变强化和时效强化。

碳原子固溶在 α-Fe 体心立方晶格的间隙中，使晶格点阵发生膨胀，导致点阵不对称畸变并形成强的应力场。这种应力场与位错的交互作用能显著增大马氏体的强度，此即为固溶强化。

在马氏体转变期间，晶体内部产生大量的亚结构，如板条马氏体内部的高密度位错网和片状马氏体的细微孪晶都会阻碍位错运动，从而强化马氏体，此即为相变强化。

时效强化也是一种重要的强化途径，因为马氏体形成后，碳和合金元素原子趋向于在位错或晶体缺陷处扩散偏聚或者析出，对位错产生钉扎，阻碍位错运动，从而进一步强化马氏体。

当发生马氏体转变时，原始奥氏体晶粒越细小，得到的马氏体板条束或马氏体片尺寸越小，马氏体的强度也越高。这是因为马氏体相界面越多，对位错运动的阻碍作用就越大。

此外，马氏体亚结构是其塑性和韧性的主要影响因素。试验表明，在相同屈服强度条件下，板条(位错)马氏体的韧性远优于片状(孪晶)马氏体。尽管片状马氏体具有很高的强度，但其韧性较差，表现出硬而脆的性能特点。其成因主要是片状马氏体中含碳量高，产生的畸变大，在马氏体快速形成过程中片状马氏体相互碰撞会产生许多微裂纹。

7.1.2.2　过冷奥氏体的连续冷却转变

1. 过冷奥氏体的连续冷却转变曲线

实际生产中通常采用的冷却方法是连续冷却，因此了解钢在连续冷却过程中的组织变化具有重要的实际意义。

连续冷却转变曲线(CCT 曲线)是基于实验数据得到的。具体来说，是将钢加热至奥氏体区后以不同的速度进行冷却，并记录奥氏体转变开始点与转变结束点的温度及时间。在温度-时间(对数)图标出相应的点，将转变开始点和转变结束点分别进行连接，从而形成图 7-14 所示的 CCT 曲线。图中的 P_s 线表示过冷奥氏体转变为珠光体的开始线，而 P_f 线代表转变结束线。两条

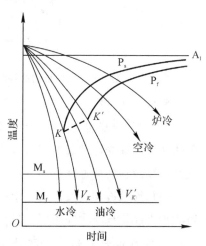

图 7-14　共析钢的连续冷却转变曲线示意图

线之间是转变的过渡区域。KK'线代表转变的中止线;当冷却达到此线温度时,过冷奥氏体的转变中止。

由图 7-14 可见,对于共析钢,当其冷却速度高于 V_K 时,不会遇到珠光体转变线,故形成的组织是马氏体。此速度称作上临界冷却速度。V_K 越大,钢中形成马氏体的可能性越大。当冷却速度低于 V_K' 时,钢完全转变为珠光体。V_K' 被称为下临界冷却速度。V_K' 越小,需要的退火时间越长。如果冷却速度介于两者之间,则残余奥氏体会暂停转变,直至温度低于 M_s 点,才开始转化为马氏体,并在 M_f 点后完成转变。

2. 连续冷却转变曲线和等温转变曲线的比较

在图 7-15 中,实线表示共析钢的等温转变曲线,虚线则表示连续冷却转变曲线。

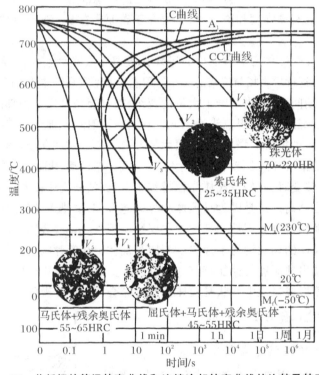

图 7-15 共析钢的等温转变曲线和连续冷却转变曲线的比较及转变组织

通过对比可知:

(1) 连续冷却转变曲线向等温转变曲线的右下方发生偏移。这表明,当连续冷却时,奥氏体转变为珠光体的温度相对较低,所需时间较长。经实验验证,等温转变时的临界冷却速度是连续冷却转变速度的 1.5 倍。

2) 在连续冷却转变曲线上未出现奥氏体至贝氏体的转变区域,因此,在连续冷却中,共析碳钢不能生成贝氏体组织。贝氏体组织只能通过等温冷却处理获得。

3. 冷却速度对组织和性能的影响

在热处理生产中,零件是连续冷却的。由图 7-15 可以看到,共析钢奥氏体化后以不同冷却速度通过 C 曲线不同位置时,会得到不同的组织与性能。

图中 V_1、V_2、V_3、V_4 和 V_5 分别表示钢在不同冷却速度时的冷却曲线,冷却速度由 V_1 到 V_5 依次增大。

V_1 的冷却速度很慢(常称为冷速),等同于热处理的随炉冷却(即退火处理)。该冷速与 C 曲线的转变起始线和终止线的上方相交,其转变产物为珠光体。

V_2 相当于在空气中冷却,比炉冷快,与 C 曲线相交于较低温度,得到索氏体组织,相当于热处理中的正火。

V_3 比空冷更快,相当于在强制流动空气中冷却,与 C 曲线相交于更低温度,转变产物是屈氏体。

V_4 相当于在油中冷却(即油中淬火处理),它与转变开始线相交,但并未与转变终了线相交,可以判断有一部分奥氏体来不及转变就被过冷到 M_s 以下并转变为马氏体,由此可见,以冷速 V_4 冷却后可得到屈氏体和马氏体的混合组织。(虽然 V_4 也穿过贝氏体区,但在共析钢连续冷却的 C 曲线中没有贝氏体区,所以共析钢在连续冷却时不会得到贝氏体。)

V_5 等同于水冷(亦称为水中淬火处理)。它未与 C 曲线相交,说明在此种冷速下,过冷奥氏体来不及分解就被过冷到 M_s 线温度以下,形成马氏体。

总之,奥氏体在连续冷却中的转变产物及性能,主要由冷却速度和转变温度决定。随着冷却速度增大,过冷度剧增,转变温度下降,获得的珠光体片层薄,硬度高。当冷却速度达到一定值时,奥氏体会转变为马氏体,其硬度显著增大,见表 7-1。

表 7-1　连续冷却速度对共析钢组织与性能的影响

冷却速度	水　冷	油　冷	风　冷	空　冷	炉　冷
组织	马氏体＋残余奥氏体	屈氏体＋马氏体＋残余奥氏体	屈氏体	索氏体	珠光体
硬度(HRC)	约 60	约 48	约 35	约 30	约 20

在图 7-15 中,还存在一条冷却曲线 V_K,该曲线与 C 曲线的转变起始线恰好相切。这代表奥氏体在此速度下不分解,而是完全过冷到 M_s 以下,然后转化为马氏体,此速度称作临界冷却速度。显而易见,只要冷却速度超过 V_K,就能获得马氏体组织,确保钢材中不含有珠光体。决定临界冷却速度的关键因素是钢的化学成分。碳钢的 V_K 较大,而合金钢的 V_K 较小,这一性质对于钢的热处理具有重要的意义。

4. 残余奥氏体

在钢的马氏体组织中,存在未转变的奥氏体,称之为残余奥氏体。残余奥氏体存在的原因,除前面所说的马氏体转变不完全之外,还包括当含碳量在 0.4% 以上时,钢的 M_f 点降到室温以下,而且随着碳量增加(和钢中加入合金元素),M_f 点可降到 0 ℃ 以下。然而钢的冷却一般只冷到室温,所以马氏体组织中通常含有残余奥氏体。

残余奥氏体一方面降低了钢的硬度、强度和耐磨性,另一方面有利于提高塑性和韧性。此外奥氏体的比容比马氏体小得多,适当控制残余奥氏体的量就可以控制零件在热处理中的变形。但由于残余奥氏体在使用中有转变为马氏体的趋势,使零件尺寸精度降低,这对于精密零件是不允许的。通常需要采用回火或冷处理来消除残余奥氏体。

7.2 钢的常规热处理工艺

现在根据钢加热、冷却过程中组织与性能的变化规律,讨论调控钢件性能的常规热处理的工艺特点、组织与性能的变化及这些工艺的应用范围。

7.2.1 钢的退火和正火

退火或正火是使钢经过加热达到特定温度后保温一定时间,然后进行缓慢冷却,从而使其达到或趋近平衡状态组织的热处理方法。工业中,退火或正火的应用旨在改善组织、消除应力、提高加工性,同时也为后面工序的进行打下基础。因此,退火和正火被认为是基础工艺,起到承上启下的作用,亦将它们称为预备热处理。对于那些承载不大、性能要求不高的工件以及一些普通的焊件和铸件,退火或正火也可以作为最终的热处理手段。

7.2.1.1 退火

退火是将钢加热到一定温度,保持足够时间,然后以缓慢的速度冷却(通常是随炉冷却)的一种金属热处理工艺。

退火可以:降低金属硬度,改善其切削加工性;细化晶粒,消除组织缺陷;减少残余内应力,稳定尺寸,降低变形与开裂倾向;使材料组织、成分均匀化,改善材料性能并为后续的热处理做准备。

在生产中,退火工艺应用很广泛,且种类繁多,工件要求不同,退火的目的也不同。不同退火方式的加热温度及工艺曲线如图 7-16 所示。

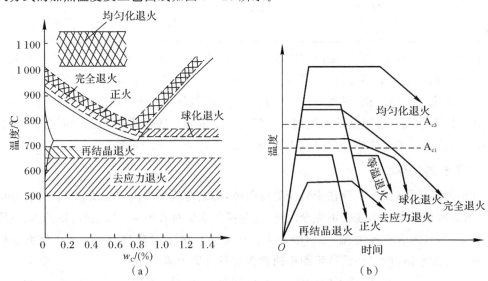

图 7-16 碳钢各种退火和正火规范示意图
(a)加热温度范围;(b)工艺曲线

1. 完全退火和等温退火

完全退火亦称重结晶退火,通常简称退火。其为将钢材加热至超过 A_{c3} 温度 20～30 ℃,保温足够时间后以缓慢方式冷却(随炉冷却或置于石灰和沙中冷却),以获得趋近平衡状态组织的热处理工艺。其主要适用于亚共析成分的碳钢和合金钢的铸件、锻件以及热轧材料,有时也被应用于焊接结构。退火的目的在于细化晶粒、减少内应力、使组织均匀并增强其性能。通常,这种退火处理可作为一些非关键件的最终热处理,或作为某些重要部件的预先热处理。

完全退火所需的时间很长,特别是那些过冷奥氏体较稳定的合金钢,完全退火可能需要几十小时。如果在 A_1 以下珠光体状态下某温度停留,使之进行等温转变,就称为等温退火。这样不仅可以缩短退火周期,还可获得更加均匀的组织和性能。

2. 球化退火

球化退火主要针对过共析钢,目的是将二次渗碳体及珠光体内的渗碳体转化为球状(在退火前可通过正火处理破碎网状渗碳体)。其有助于降低硬度,改善切削加工性,并可为后续淬火处理作准备。

球化退火工艺是将过共析钢加热至超过 A_{c1} 温度 20～40 ℃,保温一段时间后,在炉内缓冷至 500 ℃ 以下,然后出炉空冷,从而获得球状珠光体组织。

对于过共析钢,不能采取完全退火处理。原因在于,当加热温度超过 A_{ccm} 时,过共析钢转变为单相的奥氏体组织。若进行缓慢冷却,最终的组织将为片状珠光体+网状渗碳体,网状渗碳体的存在会使钢的韧性显著下降。若球化退火前钢中含有大量的网状渗碳体,应先进行正火处理进行破碎,确保球化退火质量。

3. 扩散退火

扩散退火是将钢加热至超过 A_{c3} 温度 150～250 ℃(一般为 1 100～1 200 ℃)范围,长时间保温,由于通过高温扩散可使钢的组织成分均匀化的热处理工艺,所以亦称之为均匀化退火。其主要用于解决铸钢的成分偏析、晶粒粗大和铸造应力等问题。

当铸钢扩散退火时,由于长时间高温处理,奥氏体晶粒会显著长大。因此,扩散退火后的铸件,必须再次进行完全退火或正火处理,以改善晶粒组织。

4. 去应力退火

去应力退火又称低温退火,是将钢加热到 500～650 ℃,保温一段时间后,随炉缓冷到 200～300 ℃ 以下出炉的热处理工艺。此退火过程中钢的组织未发生变化,其目的是消除如铸件、锻件、焊件、热轧和冷拉部件等的残余应力(可减少约 50%～80% 的应力)。若不消除这些应力,钢件可能在一定时间后或切削加工时发生变形,若应力过大甚至会导致钢件开裂。

7.2.1.2 正火

正火是将钢加热至 A_{c3}(亚共析钢)或 A_{ccm}(过共析钢)以上 30～50 ℃,经过一定时间保温后,在空气中自然冷却的热处理工艺。

针对亚共析钢,正火与退火可以使用相同的加热温度,但过共析钢则必须确保加热温度

高于 $A_{c_{cm}}$。这样才能使网状渗碳体完全溶入奥氏体,得到单一奥氏体组织。在后续的自然冷却阶段,由于冷却速度较快,渗碳体来不及在奥氏体晶界上析出,从而避免了脆性很大的网状渗碳体的形成。

由于与退火相比正火冷却速度稍大,根据 C 曲线可知,这两种处理后的组织有所不同,正火的组织较为细小,强度和硬度更高。

正火的应用表现在以下方面:

(1)使奥氏体晶粒细化,组织均匀;降低亚共析钢中铁素体的含量,增加并细化珠光体,从而提高钢的强度、硬度和韧性;可用作一些不重要结构件的最终热处理。

(2)可作为预先热处理。对于具有较大截面的合金结构钢,在进行淬火或调质处理前,通过正火消除魏氏组织和带状组织,使组织更加细小均匀。在过共析钢中,可以抑制或消除网状二次渗碳体,进而在后续的球化退火中形成优质的球状珠光体组织。

(3)对于退火后硬度过低的低碳钢或低碳合金钢,正火能够提高其硬度,改进其切削加工性能。

7.2.2 淬火

淬火是将钢加热至相变温度以上,保温一段时间后迅速冷却(如水冷或油冷)的热处理工艺。其目的是得到马氏体组织。淬火是钢最重要的强化手段,其本质是马氏体转变。然而,淬火获得的马氏体并不是热处理要求的最终组织,淬火马氏体只有经过适当的回火才可使用,因此,也可认为淬火是为回火处理做组织准备。

7.2.2.1 淬火规范

1. 淬火温度的选择

从 C 曲线上可以看出,只有奥氏体能够转变成马氏体,所以淬火时首先要把钢加热至临界温度以上,使其组织变为奥氏体组织。亚共析钢的淬火温度必须超过临界温度 A_{c3} 以上 30~50 ℃,这样才能使其组织全部转变成奥氏体,淬火后才有可能获得马氏体组织。如果加热温度仅在 A_{c1} 或 A_{c3} 之间,则钢的组织除奥氏体外,还有不能变为马氏体的铁素体,因此,淬火后的组织除马氏体外还将有很软的铁素体,钢的硬度就比较低。但是加热温度也不能高于 A_{c3} 太多,因为温度过高会导致奥氏体晶粒过大,淬火后形成粗大的马氏体组织,从而降低钢的力学性能。

过共析钢与亚共析钢有所不同。其淬火温度超过 A_{c1} 30~50 ℃,但不能高于 $A_{c_{cm}}$,如图 7-17 所示。得到的淬火组织主要为马氏体,并伴有少量渗碳体。这种高硬度的渗碳体

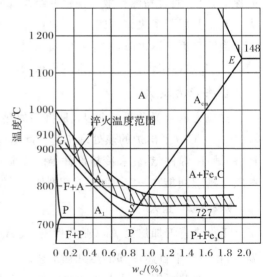

图 7-17 淬火加热温度

有助于增强钢的耐磨性,从而延长工具(通常由过共析钢制成)的使用寿命。

若加热温度超过 A_{ccm},渗碳体就会全部溶解而变为单一的奥氏体组织,它的含碳量将比加热温度在 $A_{c1} \sim A_{ccm}$ 之间的奥氏体(这时钢中还有渗碳体)含碳量高。如前所述,含碳量高的奥氏体淬火后钢中残余奥氏体较多,会使硬度较低,这就是过共析钢的淬火温度不能超过 A_{ccm} 的原因。

综上所述,亚共析钢的退火、正火及淬火的加热温度相近,均需要超出 A_{c3}(GS 线)30~50 ℃。而过共析钢的情况有所区别,其退火和淬火的温度都需超出 A_{c1} 30~50 ℃。但在利用正火消除网状渗碳体时,必须加热到 A_{ccm}(SE 线)之上。

合金元素对钢的临界温度是有影响的,具有同样含碳量的合金钢与碳钢的淬火温度不同。各种钢的具体淬火温度,可以从相关金属材料及热处理手册中查出。图 7-17 所示的只是碳钢的淬火加热温度。

研究表明,与传统的看法不同,一些低、中碳合金钢经预处理(一般是淬火)或不预处理而进行"亚温"(在 $A_{c1} \sim A_{c3}$ 之间)加热淬火后,均可得到较好的强韧度,而且钢的冷脆转化温度降低,回火脆性敏感度减小。

某些中碳合金钢,使用比正常加热温度高的"高温淬火",也可以得到较强的韧性,且其断裂韧度提高。这一原理已成功地用于热锻模,使模具使用寿命提高。

2. 保温时间的确定

保温时间是指将工件装入炉中,从炉温升高到淬火温度开始计算,直至工件取出所需的时间。其不仅包括工件热透的时间,还包括工件内部组织转变所需的时间。若工件加热后炉温下降不显著,可以目视观察工件表面颜色变化:当其颜色与炉膛接近时,即可开始计算保温时间(或从装炉起开始计算保温时间)。

3. 冷却介质的选择

淬火操作过程较为复杂,主要是因为要形成马氏体,其冷却速度必须超过钢的临界冷却速度(V_K),而快速冷却又容易导致很大的内应力,造成钢材变形和开裂。为了能够最大限度地得到马氏体又减少变形和裂纹,可以从两方面考虑:一是选择理想的淬火介质,二是改善淬火冷却方式。

根据共析钢的等温转变曲线可知,要得到完全的马氏体组织,无需在整个冷却阶段都实施快速冷却。关键是在 C 曲线鼻端附近(约 550 ℃)的温度范围内实施快冷,并使冷却速度超过临界冷却速度,防止冷却时奥氏体分解为非马氏体组织;而在其他温度下,如 M_s 点(300~200 ℃),应避免快冷。这样可以减小工件表面和心部的温度差异,从而降低热应力(热胀冷缩造成)和组织转变应力(马氏体转变比容增大造成)。理想的淬火冷却速度如图 7-18 所示,但现有的淬火介质还不能完全达到这一要求。

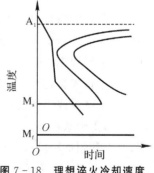

图 7-18 理想淬火冷却速度

常用的淬火介质如水和油多少都具有上述特性,但仍满足不了实际生产的要求。例如,水能保证在 550 ℃左右其冷却速度极快,可是在钢件形成马氏体的温度(300 ℃)以下,尽管冷却速度已减慢,但仍太快,工件易被淬裂。在 300 ℃以下,油的冷却速度很慢,工件淬裂的危险性大为减小,但在 550 ℃左右时其冷却速度又过慢,一般的碳钢这样淬火就淬不硬了。水和油是最为通用的淬火介质,但由于它们的冷却特性不能完全满足工业生产的需求,所以人们长期以来一直在寻求新的更理想的淬火介质。近年来,有不少新的淬火介质已用于生产,如用于碳钢淬火,冷却能力介于水、油之间,可防止零件产生裂纹的三硝淬火剂(成分为 25% $NaNO_3$、20% $NaNO_2$、35% H_2O,均为质量分数)和可以减小工件开裂变形的聚乙烯醇(塑料)水溶液淬火剂,以及某些合金钢零件淬火油的代用品等。

7.2.2.2 冷处理

在 7.1.2.2 节奥氏体连续冷却转变中已提到,含碳量较高的钢淬火组织中往往含有残余奥氏体,这对某些零件来说是不利的,需要采取措施消除。消除残余奥氏体最有效的方法是冷处理。

冷处理就是将淬火后的钢件在低温下连续冷却,使残余奥氏体转变为马氏体的工艺。生产上通常采用干冰(固态 CO_2)与酒精混合,获得 -70 ℃左右的低温,某些特殊情况需采用更低温度的介质(如液氮)。冷处理应紧接着淬火进行,时间相隔过长,效果变差。冷处理主要用于低碳合金钢渗碳淬火后,提高零件表面硬度和耐磨性,延长工具的使用寿命,以提高量具的精度和尺寸稳定性。

7.2.2.3 淬火缺陷及其预防

在淬火过程中,高温加热及不均匀冷却常常导致零件产生缺陷。以下列出这些缺陷及其预防措施。

1. 淬火后硬度低或存在软点

产生这些缺陷的主要原因有:亚共析钢的加热温度过低或保温时间不足,导致有淬火组织中仍有铁素体残留;钢件表面在加热过程中发生了氧化和脱碳,导致有部分非马氏体组织形成;冷却速度过慢或冷却不均,导致未全部形成马氏体;因淬火介质污染或工件表面不洁净而影响冷却速度,导致没有完全淬硬。

2. 变形和开裂

这两种缺陷是由淬火应力引起的。淬火应力包括由钢件内部温度不均匀导致的热应力和钢件各部分转变为马氏体时体积膨胀不均匀带来的组织应力。当淬火应力超出钢的屈服强度时会导致钢件变形,超出钢的强度极限时则会引起开裂。变形量小的工件,可在淬火和回火后进行校直,变形大或开裂的工件则直接报废。

为了减少或避免变形、开裂,可以实施以下措施。

(1)正确选材并进行合理设计。对于复杂形状或截面变化大的工件,应选择淬透性好的钢,便于利用油冷淬火。结构设计中应尽量减少结构不对称、避免尖角等。

(2)在淬火前采用退火或正火工艺,使晶粒细化,组织均匀,并减少淬火导致的内应力。

(3)在淬火加热时,严格控制温度,避免过热使奥氏体晶粒过大,也可减少淬火产生的热应力。

(4)选择适当的冷却方法,如双介质淬火、分级淬火或等温淬火等。尽量使工件冷却均匀,特别是对于厚薄不一或形状复杂的工件。

(5)淬火后应尽快回火,消除应力并增加工件的韧性。

7.2.3 回火

回火是钢件淬火后必不可少的后续工序,是将淬火钢重新加热到临界温度 A_{c1} 以下某一温度,经保温后冷却到室温的热处理工艺。

7.2.3.1 回火的目的

(1)消除内应力。淬火马氏体组织的脆性很大,并伴有内应力,会导致工件变形或开裂,通过回火可以消除这些应力。

(2)稳定组织和尺寸。淬火得到的马氏体组织和残余奥氏体是不稳定的,在应用中会产生分解,造成工件尺寸变化、精度下降。通过回火可使组织变得稳定,从而提高其尺寸稳定性。

(3)获得要求的机械性能。淬火钢硬度高,但脆性大,易碎。在实际应用中,必须利用回火来增强其塑性和韧性。

7.2.3.2 回火时的组织与性能变化

淬火的共析钢在室温下主要为不稳定的马氏体组织与残余奥氏体,这些组织倾向于转变为更稳定的铁素体和渗碳体。通过在 A_1 点温度以下进行回火加热,可以促进这种自发转变过程。所以,回火加热温度对回火转变有着重要影响。基于回火温度,马氏体回火后的组织可以分为以下几种。

1. 回火马氏体

淬火钢在低于 100 ℃ 回火时,只发生马氏体中碳原子的微小移动(偏聚)。当回火温度为 100~200 ℃ 时,马氏体开始分解,马氏体中的碳原子发生不均匀析出,形成微小的片状 Fe_xC(称为 ε 碳化物)。马氏体的含碳量在 Fe_xC 附近有所降低,而远离 Fe_xC 处,含碳量仍很高。这类分布有微小碳化物,成分不均匀,且过饱和度有所降低的马氏体称为回火马氏体。通过光学显微镜观察可见,高碳回火马氏体呈现黑色针状,而低碳回火马氏体则为暗板条状,中碳回火马氏体则是这两种形态的结合。只有在电子显微镜下,回火马氏体中极细的 ε 碳化物粒子才可以看到(见

图 7-19 回火马氏体 15 000×

图 7-19)。低碳板条马氏体回火后看不到析出物,因为只有碳原子的偏聚,其形态基本不变。

当回火温度为 200~300 ℃ 时,除马氏体分解为回火马氏体外,还有残余奥氏体向下贝氏体或回火马氏体的转变。在此阶段回火可以减少或消除残余奥氏体,使钢件硬度提高。

2. 回火屈氏体

当回火温度升高至350～500 ℃时,马氏体继续分解,过饱和α固溶体的含碳量进一步下降,至400 ℃,α固溶体变成正常含碳量的铁素体(称针状)。其位错数量和内应力进一步下降。同时,随着温度升高,Fe_xC形成了细粒状的渗碳体。这一阶段回火组织为铁素体＋细粒状渗碳体,称为回火屈氏体。在光学显微镜下,回火屈氏体仍有马氏体形貌特征,呈现针状马氏体,但渗碳体与铁素体无法区分清楚。利用电子显微镜观察,可以注意到渗碳体相对于回火马氏体中的碳化物变得粗大[见图7-20(a)];并且,细粒状渗碳体按照一定方向进行排列[见图7-21(b)]。

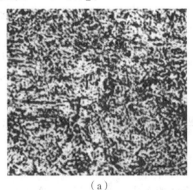 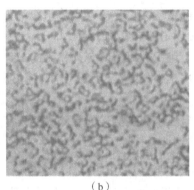

(a) (b)

图7-20 回火屈氏体

(a)500×;(b)1 000×

3. 回火索氏体

当回火温度为500～650 ℃时,回火组织中的渗碳体会明显粗化。同时,回火屈氏体中类似变形组织的针状铁素体在500 ℃以上会发生再结晶,成为等轴状的铁素体。此阶段的回火组织为等轴晶铁素体＋粒状渗碳体,称为回火索氏体。如图7-21所示。

从上述描述中可知,随着回火温度的升高,钢内部组织发生了不同转变,导致其性能也产生了相应变化。其趋势表现为,随着回火温度升高,钢的强度、硬度降低(见图7-22),塑性、韧性提高。

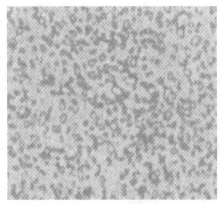 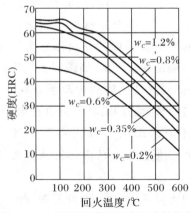

图7-21 回火索氏体 500× 图7-22 钢的硬度随回火温度的变化

出现这种变化主要是因为随着回火温度升高,马氏体中的碳不断析出,晶格畸变减小,位错数量减少,内应力下降,以及粒状渗碳体变粗。然而,如果回火温度超过650 ℃,由于组织粗化过度,则会造成塑性下降。从图7-22中也可以观察到,在较低的回火温度下,硬度的下降趋势较为平缓,对于高碳钢,硬度甚至略有增加。这是因为,在较低温度下回火,会析出弥散的ε碳化物,提高了对塑性变形的抗力,使硬度提高。此外,残余奥氏体转变为回火马氏体也使硬度下降变得平缓。

必须强调,通过淬火和回火处理得到的回火马氏体和回火索氏体,与直接由奥氏体转变得到的屈氏体和索氏体一样,均为铁素体和渗碳体的混合物。但比较两者发现,在相同的强度、硬度条件下,前者的塑性、韧性更优。这是因为回火组织中的渗碳体为粒状,而由奥氏体直接转变的屈氏体和索氏体中的渗碳体则为片状。

7.2.3.3 回火种类与应用

生产中,重要的机械零件都必须经淬火和回火处理,其机械性能取决于淬火质量与回火的合理性。在确保淬火后获得细小均匀马氏体组织的前提下,机械零件的性能主要由回火温度决定。根据回火温度和零件所需性能,通常将回火分为以下三类:

(1)低温回火。低温回火的温度范围为150~250 ℃,一般保温1~3 h,然后在空气中冷却,形成回火马氏体;旨在减少淬火引起的应力,增强韧性,并确保淬火后的高硬度(通常在50~64 HRC范围内);主要适用于高碳钢工具、模具、滚动轴承以及经过渗碳和表面淬火处理的零部件。

(2)中温回火。中温回火的温度范围为350~500 ℃,经过保温后空气冷却,形成回火屈氏体;具有高的弹性极限和屈服强度,以及一定的韧性,其硬度保持在35~45 HRC之间,主要用于各种弹簧的处理。

(3)高温回火。高温回火的温度范围为500~650 ℃,保温后在空气中冷却(某些合金钢可选择油冷或水冷),形成回火索氏体;具备优良的综合机械性能,强度、塑性和韧性均较好,如图7-23所示,硬度通常在25~35 HRC之间。生产中将淬火+高温回火称为调质处理,它被广泛应用于各种关键的机械零件,特别是承受交变载荷作用的零部件,例如连杆、轴、齿轮等。它也可以作为某些精细部件如测量工具、模具的预处理方式。

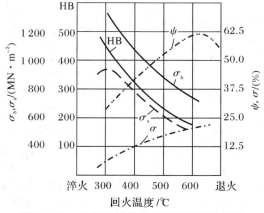

图7-23 40钢机械性能与回火温度的关系

经调质处理的钢,与正火相比,其表现出强度高,塑性、韧性好。这与其微观组织密切相关。调质处理后的回火索氏体,其内部渗碳体表现为粒状,而正火后形成的索氏体,其渗碳体呈片状。与片状渗碳体相比,粒状渗碳体抑制裂纹扩展的作用更大。

7.2.3.4 淬火+回火在工艺流程中的安排

生产中常根据淬火、回火后硬度是否便于切削加工来安排淬火+回火的工艺程序。

对于回火后要求硬度较高(HRC>35)的零件,由于切削加工困难,淬火+回火应放在切削加工之后,其工艺流程如下:

下料或锻造后正火→粗加工→精加工→淬火+回火→磨削

对于淬火+回火后硬度要求低(HRC<35)的零件,切削加工不困难,淬火+回火应放在粗加工之后精加工之前,其工艺流程如下:

下料或锻造后正火→粗加工→淬火+回火→精加工→磨削

7.2.4 淬透性及其影响因素

淬透性反映了钢在淬火时获得马氏体的能力。通常采用圆柱形试样的淬透层厚度或沿截面的硬度分布曲线来描述。

7.2.4.1 钢的淬透性与淬硬性

钢的淬透性表征的是钢在淬火中形成马氏体的能力,它是钢本身的固有属性。在淬火过程中,工件截面不同部位的冷却速度并不相同。其表面冷却最快,而越往心部冷却越慢。只有当表面和心部的冷却速度都超过钢的临界冷却速度时,整个工件才能完全转变为马氏体组织,即工件已被淬透。如图7-24所示,当心部冷却速度低于临界冷却速度时,表面形成马氏体,而心部则是马氏体与珠光体的混合组织,说明工件未淬透。因此,钢的淬透性也可认为是钢在淬火后获得一定深度淬透层的能力。

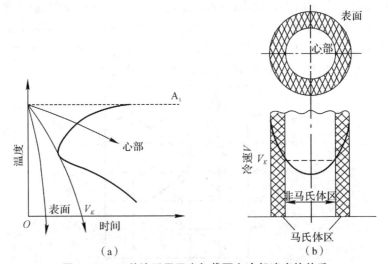

图7-24 工件淬透层深度与截面上冷却速度的关系
(a)零件截面不同冷却示意图;(b)未淬透区的示意图

理论上,淬透层深度为工件完全转变为马氏体的深度。但实际操作中,由于马氏体中混入了少量的非马氏体组织,通过显微分析以及测试钢的硬度都无法检测出来,钢的半马氏体硬度(50%马氏体+50%屈氏体,质量分数)主要由钢的含碳量决定,如图7-25所示。因此淬透层深度通常采用由工件表面到半马氏体层的距离表示,一般可以通过测试硬度的方法来确定淬透层深度。值得注意的是,淬透性与淬硬性是两个独立的概念。淬硬性表示淬火后钢可以达到的最大硬度,也称可硬性,主要与马氏体的含碳量有关。钢的淬透性高并不意味着淬硬性也高。如,碳素工具钢的淬透性较差,但淬硬性很高;低碳合金钢淬透性好,但淬硬性却低。

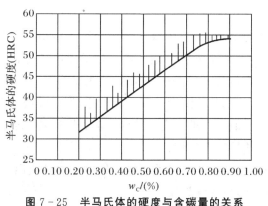

图7-25 半马氏体的硬度与含碳量的关系

7.2.4.2 影响淬透性的因素

任何能增强过冷奥氏体稳定性或使C曲线向右偏移,降低临界淬火速度的因素,都可以提高钢的淬透性。因此,奥氏体的成分、晶粒尺寸、均匀程度、非金属杂质以及未溶碳化物等因素,都会对淬透性产生影响。

1. 合金元素

除Co和Al($w_{Al}>2.5\%$)以外的合金元素,都可在不同程度上提高奥氏体的稳定性,从而增强钢的淬透能力。其中Mn的影响最为显著,其次为Mo、Cr、V、Si、Ni等。含有微量的B(质量分数在百万分之几范围内)可以显著增强钢的淬透性。但当B超过一定含量(如$w_b>0.001\%$)时,其效果不再提升,过量的B可能还会使淬透性下降。

2. 含碳量

图7-26为含碳量对钢临界冷却速度所产生的影响。对于亚共析钢,随着含碳量增加,临界冷却速度降低,淬透性增强;而对于过共析钢,含碳量升高导致临界冷却速度提高,淬透性减弱。当含碳量超过1.2%~1.3%时,淬透性显著下降。

3. 奥氏体化温度

增加奥氏体化温度会使奥氏体晶粒变大,成

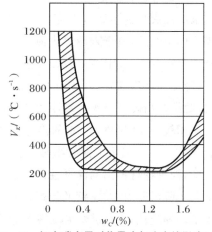

图7-26 钢中碳含量对临界冷却速度的影响(V_K)
实线表示碳素钢;
阴影线范围表示中、低合金钢

分更加均匀,进而使珠光体形核率下降,钢的临界冷却速度降低,淬透性提高。

4. 钢中残留第二相

钢内未完全溶入奥氏体的碳化物、氮化物及其他非金属夹杂物都可成为奥氏体分解的非均匀形核核心。这会导致临界冷却速度增大,淬透性下降。

7.2.4.3 零件设计与淬透性

设计零件时,应根据零件受力情况及其他条件来确定对淬透性的要求。注意以下几种情况:

(1)对于整个截面均匀受拉、压应力或受大的冲击载荷的零件,如螺栓、连杆和锤杆等,考虑钢材淬透性时,应使整个截面淬透。因为淬透了的工件,整个截面性能均匀一致。若中心未淬透,则性能不均匀,特别是中心冲击韧性明显下降。

(2)实心轴类零部件,特别是受到弯曲和扭转作用,以及需要承受冲击且表面要求具有良好耐磨性的模具,心部一般不要求极高的硬度。淬透层达到半径的1/2或1/4,这种深度就已足够,因此可选择淬透性较差的钢材。

(3)对于焊接零部件,一般不使用淬透性好的钢材。如果使用,焊缝及其热影响区会形成马氏体,脆性增大,容易形成焊缝裂纹。

(4)当工件尺寸大,而选用的钢件淬透性又不很好时,粗切削加工应在淬火前进行,否则淬透层可能被加工掉。

(5)当零件尺寸大,而钢的淬透性很差时,不采用淬火,因为在这种情况下,甚至连工件表面也淬不硬。此时可用正火,得到的性能相似,且更为经济。

7.2.4.4 淬透性的测定和表示方法

针对淬透性的测定有众多方法。普遍都采用国家标准《钢淬透性的末端淬火试验方法(Jominy试验)(GB/T 255—2006)》所定义的末端淬火法对碳素结构钢和一般低、中合金结构钢的淬透性进行测定。

末端淬火法的主要步骤为:取 $\phi25$ mm×100 mm 的标准试样,将其在炉中加热至转变为奥氏体组织后,置于末端淬火测试设备上从下端进行喷水冷却,其水柱高度为65mm,并保持水温在30℃,如图7-27(a)所示。由于从末端喷水,该处的冷却速度最大,沿试样纵向往上,冷却速度逐渐降低,从而硬度相应减小。然后,测量并记录试样纵向不同位置的硬度值,据此绘制出硬度与水冷端距离的对应关系曲线,如图7-27(b)所示,称该曲线为淬透性曲线。相较于40Cr钢,45钢的淬透性曲线中硬度下降更快,由此可见40Cr钢的淬透性更好。图7-27(c)展示了钢的半马氏体区硬度与其碳质量分数间的关系。由于钢化学成分的波动,同种钢材得出的淬透性曲线往往呈现为一个区域,而非单一曲线,此称作淬透性带。图7-27所示即为40Cr钢的淬透性带。可以使用"JHRC/d"来表示钢的淬透性值,其中J代表末端淬透性,d 为距离水冷端的长度,HRC为相应位置的硬度。利用淬透性曲线决定淬透性的方法如下:以 45 钢为例,由图 7-27(c)可知,45 钢的半马氏体区的硬度为43HRC,再由图7-27(b)查出43HRC的位置距水冷端的距离约为3 mm,利用距离及硬度表示 45 钢淬透性的大小,即为 J43/3。

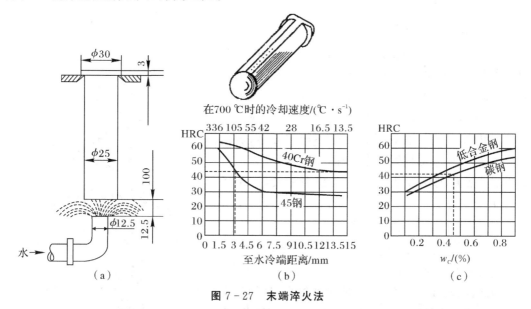

图 7-27 末端淬火法

(a)喷水;(b)淬透性曲线举例;(c)钢的半马氏体区硬度与钢中碳质量分数的关系

在实际生产中,经常使用"临界直径"来描述钢的淬透性,它是指在特定淬火介质中,圆形钢棒所能达到的最大淬透直径(对一般结构钢而言,是心部达到半马氏体组织时的最大直径),标记为 D_0。在相同的冷却条件下,D_0 值越大,钢的淬透性越好。但需要注意的是,淬透性是钢的一种固有属性,在相同的加热条件下,同一钢种的淬透性是相同的;但同一种钢在不同的冷却介质中或外形尺寸不同下淬火,会产生不同的淬硬层厚度。例如,在相同的奥氏体化条件下,同一种钢的水淬深度比油淬更深,小型部件的淬硬层比大型部件更深。但这并不意味着同种钢的水淬淬透性总是好于油淬,或小件的淬透性始终优于大件。只有当其他条件完全一致时,淬硬层的深度才能作为评估钢淬透性大小的标准。

7.3 钢的表面处理强化

7.3.1 钢的表面热处理强化

表面热处理是一种只针对钢材表面进行加热和冷却,而不改变其成分的热处理工艺,亦称作表面淬火。该工艺将工件表面迅速升温至超过临界温度以上,使表层组织快速转变为奥氏体。当热量尚未到达心部时,立即进行淬火,表层即转变为马氏体组织。随后,通过低温回火获得回火马氏体,而心部仍保持原始的组织和性能。

按照加热方式的不同,目前最常用的加热方法有感应加热和火焰加热两种,其中感应加热应用最为广泛。此外,用能量高度集中的激光和电子束加热,进行局部选择性表面淬火,也可大大提高工件的耐磨性。

7.3.1.1 感应加热表面热处理

1. 感应加热的原理

当交流电通过感应线圈时,会在感应线圈内及其周围产生一个与电流相同频率的交变磁场。将工件放置在磁场中,工件内部会产生感应电流,进而因电阻效应产生热量作用于工件表面。因交流电的集肤效应,感应电流在工件的截面上呈不均匀分布,表面电流密度大,而心部接近于零,如图 7-28 所示。电流穿透工件表层的深度主要与电流频率相关,对于碳钢,有以下关系式:

$$\delta = 500\sqrt{f}$$

式中:δ——电流透入深度,mm;
f——电流频率,Hz。

因此,电流频率越高,其穿透深度越小,且加热层也相对较薄。通过频率的选择,可以实现不同的淬硬层深度。例如,为达到 2~5 mm 的淬硬层深度,频率可在 2 500~8 000 Hz 之间选择频率,使用中频发电机或可控硅频率转换器;对于 0.5~2 mm 淬硬层深度的工件,可用电子管式高频电源,频率为 200~300 kHz。

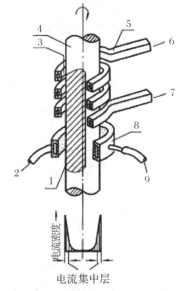

1—加热淬火层;2,6—进水口;3—间隙;
4—工件;5—加热感应圈;7,9—出水口;
8—淬火喷水套

图 7-28 感应加热表面淬火示意图

对于要求淬硬层为 10~15 mm 以上的工件,可以使用频率为 50 Hz 的工频发电机。

2. 适用感应加热的钢材类型

中碳钢和中碳低合金钢如 45、40Cr、40MnB 钢等,通常适宜采用表面淬火工艺进行表面处理。这些钢材经过预先热处理(如正火或调质处理)后,进行表面淬火,可使心部保持良好的综合机械性能,而表面具备高硬度(>50 HRC)和高耐磨性。高碳钢也可用于表面淬火,主要适用于需要承受较小冲击和交变载荷的工具和量具。

3. 感应加热表面热处理的特点

高频感应加热具有极快的相变速度,通常只需数秒到数十秒即可完成相变。与常规淬火相比,其组织和性能特点如下。

(1)在高频感应加热中,钢的奥氏体化在较高的过热度(超过 A_{c3} 80~150 ℃)下快速进行,会形成大量晶核,且晶核来不及长大,淬火后形成细隐晶马氏体。表面硬度高出一般淬火 2~3 HRC,并且脆性低、韧性好。

(2)当表层淬火获得马氏体后,由于体积膨胀,工件表面会产生较大的残余压应力,从而提高了工件的疲劳强度。尺寸小的工件疲劳强度可以提高 2~3 倍,而大型工件疲劳强度也能提高 20%~30%。

(3)由于加热快,且没有保温时间,工件氧化和脱碳现象少。此外,因为工件内部未被加热,其淬火变形也大大减小。

(4)加热温度与淬硬层厚度易于控制,方便进行机械和自动化操作。

因上述特点,感应加热表面淬火在实际生产中应用广泛。但其缺点是设备成本高,且处理复杂形状的工件存在一定难度。

经感应加热后,根据钢的热传导特性,可以合理选用水、乳化液或聚乙烯醇水溶液进行淬火。完成淬火后,再进行 180～200 ℃低温回火以减少淬火应力并保持高的硬度和耐磨性。在实际生产中,也常用自回火方法,即在工件冷却到约 200 ℃时停止喷射水,利用工件内部余热达到回火的目的。

7.3.1.2 火焰加热表面热处理

火焰加热表面淬火是利用乙炔-氧或煤气-氧火焰对工件表面进行加热。这是由于火焰可产生超过 3000 ℃的高温,能够迅速将工件表面加热至淬火温度。此后,工件表面被水流喷射冷却,如图 7-29 所示。通过调整烧嘴与工件表面的距离及其移动的速度可以得到所需的淬硬层厚度。当烧嘴接近工件表面,且移动速度减慢时,表面过热度增大,可以得到较厚的淬硬层。此外,调整烧嘴与喷水管的距离也可以影响淬硬层的厚度。火焰加热表面淬火的工艺参数通常是基于试验数据来确定的。

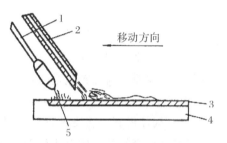

1—喷嘴;2—喷水管;3—淬硬层;
4—工件;5—加热

图 7-29 火焰加热淬火示意图

相比于高频感应加热表面淬火,火焰加热表面淬火的设备简单,成本低,但其生产效率低,零件表面会有不同程度的过热,质量控制有一定困难。火焰加热表面淬火通常适用于单件、小批量生产和大型零件(如大型齿轮、轴、轧辊等)的处理。

7.3.2 钢的化学热处理

化学热处理是在一定温度的活性介质中对钢进行保温处理,通过高温扩散使一种或多种元素渗入钢表面,从而改变其表面化学成分和组织,提高表面性能,并使其满足技术要求的热处理工艺。根据表面渗入的元素,化学热处理可以分为:渗碳、氮化、碳氮共渗、渗硼、渗铝等。通过化学热处理,可以显著增强钢表面的耐磨性、耐腐蚀性、抗氧化性及疲劳强度等。

在实际生产中,最常用的化学热处理是渗碳、氮化以及碳氮共渗。下面对其进行简要介绍。

7.3.2.1 渗碳

1. 渗碳的目的

为了提高表层的碳浓度并形成一定的碳浓度梯度,将钢件放入渗碳介质中进行加热和保温,这一过程被称为渗碳。通过渗碳,低碳(0.15%～0.30% C)钢表面能够达到高碳浓度($w_C \approx 1.0\%$),经过合适的淬火和回火后,其表面硬度、耐磨性和抗疲劳性能提高,并同时保持心部较高的韧性、塑性。因此,渗碳主要应用于受磨损和承受较大冲击载荷的零部件,如各类齿轮、活塞销、套筒等。

2. 渗碳方法

基于渗碳介质的形态,有固体渗碳、液体渗碳和气体渗碳三种方式。其中,气体渗碳是最常见的,而液体渗碳则极少使用。

(1) 固体渗碳。将零件与固体渗碳剂同时放入渗碳箱中,加盖后用火泥密封(见图7-30),接着加热到 900~950 ℃ 进行保温渗碳。固体渗碳剂通常由一定粒度的木炭与 15%~20% 的碳酸盐($BaCO_3$ 或 Na_2CO_3)混合而成。木炭提供活性碳原子,碳酸盐作为催化剂,起到加速渗碳作用。相关反应如下:

$$C+O_2 \rightarrow CO_2$$
$$BaCO_3 \rightarrow BaO+CO_2$$
$$CO_2+C \rightarrow 2CO$$

渗碳温度下的 CO 极不稳定,会在钢材表面分解出活性碳原子 $[C]$ ($2CO \rightarrow CO_2+[C]$),这些活性碳原子通过扩散进入钢表面形成渗碳层。固体渗碳的优势在于设备简易,容易操作,但其生产效率较低,工作环境不佳,且质量难以控制,所以现今应用逐渐减少。

(2) 气体渗碳。将工件置于封闭的渗碳炉内(见图7-31),加热至 900~950 ℃。接着,向炉内注入容易分解的有机溶剂(例如煤油、苯、甲醇等)或直接输入渗碳气体(例如煤气、石油液化气等),通过以下一系列化学反应产生出活性碳原子,碳原子渗入钢表面形成渗碳层:

$$2CO \rightarrow CO_2+[C]$$
$$CO_2+H_2 \rightarrow H_2O+[C]$$
$$C_nH_{2n} \rightarrow nH_2+n[C]$$
$$C_nH_{2n}+2 \rightarrow (n+1)H_2+n[C]$$

气态渗碳生产效率高、工作环境好,渗碳后可以直接淬火,渗碳进程可控,同时获得的渗碳层质量高,机械性能好。

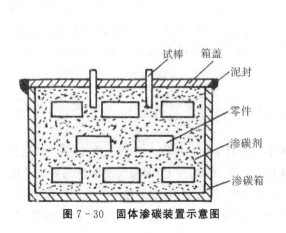

图 7-30 固体渗碳装置示意图

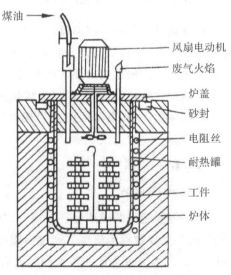

图 7-31 气体渗碳装置示意图

3. 渗碳工艺

渗碳的工艺参数主要有渗碳温度和渗碳时间。奥氏体具有较高的溶碳能力,因此渗碳的加热温度超过 A_{c3}。随温度升高,渗碳速度加快,形成的渗碳层增厚,生产效率也提高。为防止奥氏体晶粒粗化,一般推荐的渗碳温度为 900~950 ℃。渗碳层厚度则由渗碳时间决定。在 900~950 ℃ 条件下,保温时间延长 1 h,厚度大约增加 0.2~0.3 mm。表 7-2 列出了气体渗碳时在不同温度和保温时间下的渗碳层厚度。

低碳钢渗碳并缓慢冷却后的微观组织如图 7-32 所示。表层由珠光体和二次渗碳体(过共析组织)组成,心部是原始的亚共析组织(珠光体和铁素体),而中间部分为过渡组织。通常,将从表面到过渡层的中间处定义为渗碳层的厚度。工件的渗碳层厚度取决于其尺寸和工作条件,通常在 0.5~2.5 mm 之间。例如,齿轮的渗碳层厚度根据其实际工作需求和模数等因素来确定,表 7-3 给出了不同模数齿轮的渗碳层厚度。

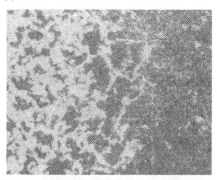

图 7-32 低碳钢渗碳缓冷后的显微组织

表 7-2 不同温度下气体渗碳时的渗碳层厚度与保温时间

保温时间 h	温度/℃				保温时间 h	温度/℃			
	850	900	950	1 000		850	900	950	1 000
	渗碳层厚度/mm					渗碳层厚度/mm			
1	0.4	0.53	0.74	1.00	9	1.12	1.60	2.23	3.05
2	0.53	0.76	1.04	1.42	10	1.17	1.70	2.36	3.20
3	0.63	0.94	0.30	1.75	11	1.22	1.78	2.46	3.35
4	0.77	1.07	1.50	2.00	12	1.30	1.85	2.50	3.35
5	0.84	1.24	1.68	2.26	13	1.35	1.93	2.61	3.68
6	0.91	1.32	1.83	2.46	14	1.40	2.00	2.77	3.81
7	1.00	1.42	1.98	2.55	15	1.45	2.10	2.81	3.92
8	1.04	1.52	2.11	2.80	16	1.50	2.13	2.87	4.06

表 7-3 汽车、拖拉机齿轮的模数和渗碳层厚度

齿轮模数/mm	2.5	3.5~4	4~5	5
渗碳层厚度/mm	0.6~0.9	0.9~1.2	1.2~1.5	1.4~1.8

4. 渗碳后的热处理

图 7-33 显示出,渗碳工件的淬火方法可以分为三种。

(1)直接淬火:渗碳后将工件直接进行淬火,如图 7-33(a)所示。这种方法工艺简单、效率高、节省能源、成本低,还可降低脱碳倾向。但是由于渗碳温度较高,产生较大的奥氏体组织,使得淬火后的马氏体晶粒粗大,并有较多的残余奥氏体,导致耐磨性较低和变形增大。

直接淬火主要适用于细晶粒钢或耐磨要求低及承载能力小的工件。为缓解淬火中的变形，常在渗碳后将工件预冷至830~850 ℃，然后进行淬火，如图7-33(b)所示。

(2)一次淬火：将渗碳后的工件缓慢冷却，然后再次加热至临界温度以上，保温后进行淬火，如图7-33(c)所示。针对心部组织要求高的合金渗碳钢，一次淬火的温度稍高于其心部的A_{c3}，以细化晶粒和形成低碳马氏体；对于承载不大但表面性能要求高的工件，建议淬火温度超过A_{c1}温度30~50 ℃，可使表层晶粒细化，但心部组织变化不大，性能稍有降低。

(3)二次淬火：针对机械性能要求高或本质粗晶粒钢可采用二次淬火，如图7-33(d)所示。第一次淬火旨在优化心部组织和消除表层网状渗碳体，其温度为高出A_{c3}温度30~50 ℃。第二次淬火的目的是细化表层组织，得到细小的马氏体和均匀分布的粒状二次渗碳体，加热温度在A_{c1}之上30~50 ℃。此法工艺较为复杂，形变大，成本高，效率较低。其主要适用于制造要求表面高耐磨和心部高韧性的工件。在渗碳和淬火后，通常进执行低温回火(150~200 ℃)，以消除淬火应力和增强韧性。

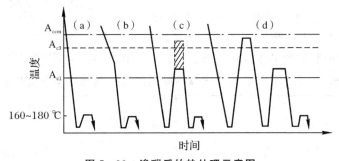

图7-33 渗碳后的热处理示意图
(a)(b)直接淬火；(c)一次淬火；(d)二次淬火

5.钢渗碳、淬火、回火后的性能

(1)表面硬度高，可达58~64 HRC以上，耐磨性好，但心部韧性好、硬度低。在未淬硬时，心部硬度为137~183 HB；淬硬后为低碳马氏体，硬度达到30~45 HRC。

(2)疲劳抗力高。表层的高碳马氏体与心部的低碳马氏体结合，使得在表层产生较大的压应力，增强了工件的疲劳抗力。

为保证渗碳件的质量，设计图纸上通常会明确标注渗碳层的厚度、硬度和心部的硬度。对于关键部件，还会标注渗碳层的显微组织要求。渗碳件中不允许过硬的部位(如装配孔等)，应在图纸上明确标注，并采用镀铜法防止渗碳或预留更多的加工余量。

7.3.2.2 氮化

氮化就是向钢件表面渗入氮的工艺。氮化的目的在于更大地(相比于"渗碳")提高钢件表面的硬度和耐磨性，从而提高其疲劳强度和抗蚀性。

1.氮化工艺

目前气态氮化技术已得到广泛应用。通过加热，氨可分解生成活性氮原子($2NH_3 \rightarrow 3H_2 + 2[N]$)，在一定的保温条件下，活性氮原子在钢表面吸附扩散形成渗氮层。

与气态渗碳技术相比，气态氮化技术有以下显著特点。

(1) 氮化温度低,通常在 500~600 ℃ 范围。由于氨在 200 ℃ 开始分解,且氮在铁素体中有一定的溶解度,因此无需将温度升至过高。工件进行氮化处理前必须先经调质处理,所以氮化的最高温度不能超过调质处理的回火温度。

(2) 氮化时间长,一般需 20~50 h,生成的渗氮层厚度为 0.3~0.5 mm。时间过长是该技术的主要劣势。为缩短时间,采取了分两个阶段进行氮化的方式,即二段氮化法,具体流程如图 7-34 所示。

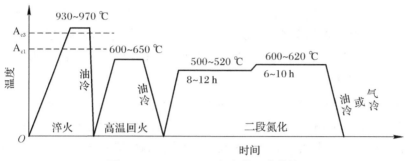

图 7-34　38CrMoAl 钢氮化工艺曲线

第一阶段的目的是提高表层的含氮量和硬度;第二阶段则在稍高温度下进行短时保温,以获得一定厚度的渗氮层。为了加快氮化过程,可使用催化剂如苯、苯胺和氯化胶等,这些催化剂能够将氮化速度提高 0.3~3 倍。

(3) 在氮化处理前,工件要经过调质处理,以提高其机械加工性并获得均匀的回火索氏体,并保证较高的强度和良好的韧性。对于那些形状复杂或精度要求高的工件,在精密加工后氮化处理前还需要进行消除内应力的退火处理,以降低氮化过程中的变形。

2. 氮化后的组织和性能

(1) 氮化后钢具有极高的硬度(1 000~1 100 HV),能在 600~650 ℃ 温度内保持硬度不变,因此表现出优良的耐磨性和热硬性。氮在铁素体与奥氏体中均可溶解,并与铁生成 γ' 相(Fe_4N)和 ε 相(Fe_2N)。氮化后,工件表面为白色的 ε 或 γ' 相的氮化物薄层,脆性很大,通常会通过精磨去除;表层内为暗黑色的含氮共析体($\alpha + \gamma'$)中间层;而工件的心部则为原始的回火索氏体组织(见图 7-35)。

(2) 钢件氮化后,渗氮层体积膨胀,产生压应力,从而显著提升了疲劳强度。

(3) 由于氮化所需温度较低,所以工件的变形较小。

图 7-35　38CrMoAl 钢氮化层的显微组织

(4) 氮化后工件表面形成了一层化学稳定性较高的致密 ε 相层,其具有高的耐腐蚀性能,在水、过热蒸汽和碱性溶液环境下都表现稳定。

3. 氮化用钢

碳钢经过氮化后,生成的氮化物是不稳定的,受热时容易分解并聚集粗化,导致硬度迅速降低。为解决这一问题,氮化钢中通常添加 Al、Cr、Mo、W、V 等合金元素。这些元素形成的氮化物如 AlN、CrN、MoN 等都具有很高的稳定性,并且在钢中分布均匀,因而提高了钢的硬度,在 600～650 ℃ 范围内也能保持不变。常用的氮化钢有 35CrAlA、38CrMoAlA、38CrWVAlA 等。

由于氮化工艺复杂,时间长,成本高,所以只用于耐磨性和精度都要求较高的零件,或要求抗热、抗蚀的耐磨件,例如发动机汽缸、排气阀、精密机床丝杠、钻床主轴、汽轮机阀门、阀杆等。随着新工艺(如软氮化、离子氮化等)的发展,氮化处理得到了愈来愈广泛的应用。

7.3.2.3 碳氮共渗

碳氮共渗是零件表面同时渗入碳、氮两种元素的化学热处理工艺,也可称为氰化。该工艺分为液体碳氮共渗和气体碳氮共渗两种。由于液体碳氮共渗污染环境、有毒且工作条件恶劣,已少有应用。气体碳氮共渗可分为高温与低温两种,其中低温共渗以渗氮为主,本质上是软氮化。

1. 高温碳氮共渗

与渗碳相同,工件被置入密闭的炉膛中,加热至共渗温度,同时向炉内注入煤油和通入氨气。保温一段时间后,工件表面形成具有一定厚度的共渗层。高温下共渗主要是渗碳,但加入氮后可使碳浓度迅速提高,从而降低共渗温度和缩短时间。共渗温度为 830～850 ℃,时间为 1～2 h,共渗层厚度为 0.2～0.5 mm。

工件在碳氮共渗后进行淬火,然后低温回火。共渗温度相对较低,不会导致晶粒长大,通常采取直接淬火。

2. 碳氮共渗后的机械性能

(1)碳氮共渗后淬火获得了含氮马氏体,其耐磨性优于单纯渗碳工艺。

(2)相较于碳渗层,碳氮共渗层具有更高的压应力,从而获得了更高的疲劳强度和更好的耐蚀性。与渗碳工艺相比,共渗工艺具有生产效率高、变形小、表面硬度高等优点。但共渗层相对较薄,主要适用于形状复杂和要求变形小的小型耐磨零部件。

7.3.2.4 表面热处理和化学热处理工艺的比较

表 7-4 给出了表面淬火、渗碳、氮化和碳氮共渗等热处理工艺的特点和性能。在实际操作中,根据零部件的工作环境、几何结构和尺寸等因素,选用热处理工艺。

(1)高频感应淬火通常适用于耐磨性和硬度要求一般,且形状简单、变形要求小的部件,如曲轴、机床齿轮等。

(2)渗碳主要适用于耐磨性要求高、承受重载和大冲击载荷的工件,例如汽车齿轮和爪式离合器等。

(3)碳氮共渗主要适用于要求高耐磨、变形小、形状复杂的中小型部件。

(4)氮化主要适用于耐磨性要求高,且对耐蚀性和精度有高要求的部件,如精密机床主轴、螺杆等。

表 7-4　几种表面热处理工艺和化学热处理工艺的比较

处理方法	表面淬火	渗碳	氮化	碳氮共渗
处理工艺	表面加热淬火，低温回火	渗碳，淬火，低温回火	氮化	碳氮共渗，淬火，低温回火
生产周期	很短，几秒至几分	长，约 3~9 h	很长，约 30~50 h	短，约 1~2 h
表层深度/mm	0.5~7	0.5~2	0.3~0.5	0.2~0.5
硬度(HRC)	58~63	58~63	65~70 (1 000~1 100 HV)	58~63
耐磨性	较好	良好	最好	良好
疲劳强度	良好	较好	最好	良好
耐蚀性	一般	一般	最好	较好
热处理后变形	较小	较大	最小	较小

7.3.3　钢的表面处理改性技术

目前，热处理领域聚焦于对加热与冷却技术的不断创新，并引入新的表面热处理工艺。引入这些新工艺与新技术的目的是增强零件的强度和韧性，提高其疲劳强度与抗磨损能力。同时它们也在节能减排、降低成本和经济效益提升方面发挥了作用。针对热处理技术多元化的发展，本节简要介绍一些新的表面改性技术。

7.3.3.1　激光表面处理

1. 激光熔覆技术

激光熔覆技术是采用激光束在选定的工件表面熔覆一层特殊性能材料，以达到改善工件表面性能的技术。激光熔覆技术依据材料的添加方式不同，可分为预置涂层法和同步送料法两种。图 7-36 为激光熔覆原理示意图。其中预置涂层法工艺过程如图 7-36(a)所示：先采用一定的方式(如黏结剂预涂覆、喷涂、电镀等)在基材表面预置一层金属或合金，然后用激光使其熔化，获得与基材冶金结合的熔覆层。同步送料法是在激光束照射基材的同时，将待熔覆的材料送入激光熔池，经熔融、冷凝后形成熔覆层的工艺，如图 7-36(b)所示。

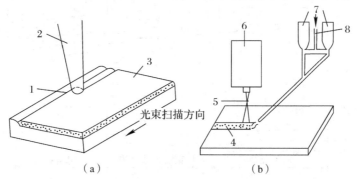

1—熔池；2,5—激光束；3—预置粉末层；4—熔覆层；6—激光器；7—送粉器；8—氧气入口

图 7-36　激光熔覆原理示意图
(a)预置涂层法；(b)同步送料法

激光熔覆技术的优势如下。

(1) 熔覆层的稀释率低,可精准调控,熔覆层的成分及性能主要由熔覆材料自身的成分和性能决定。

(2) 激光束能量密集,作用时间短,从而将基材的热影响区和热变形降至最低。

(3) 激光熔覆层组织致密,具有较高的结合力和良好的性能。

(4) 熔覆层的尺寸和位置能得到精准控制。

(5) 激光熔覆为环境友好型技术,无辐射,噪声低,工作环境好。

自激光熔覆技术推出后,其在工业制造业中的应用逐渐普及。具体应用案例包括:在发动机排气阀密封面和缸盖锥面上激光熔覆钴基合金;航空发动机的涡轮叶片表面,经激光熔覆制备出抗烧蚀涂层;汽轮机末级叶片的叶尖迎风面,通过激光熔覆制备耐水蚀合金涂层;等等。

2. 激光表面合金化技术

激光表面合金化技术与激光熔覆相似,用高能激光束,以预置涂层法或同步送粉法方式,将其他元素的物质熔入基材表面。表面合金化层的性质由激光合金化时基材的大量熔入与添加的元素混合两方面共同决定。

合金化层的成分均匀性是决定表面性能的关键因素之一。研究表明,控制成分均匀性的关键在于控制激光合金化熔池横截面的形状因子,即合金化层的宽度与深度之比。而合金化层的宽度一般决定于光斑直径,深度则取决于激光功率密度、扫描速度和合金化元素的加入方式与质量分数。

激光表面合金化能够提高材料表面的显微硬度和耐磨性,具有激光熔覆工艺的优点。但是,它要求基材的熔化程度高,要获得同样尺寸的表面改性层,需要的能量比激光熔覆时大得多。

7.3.3.2 离子注入表面强化技术

离子注入技术是指,在真空系统中从离子源中引出低能掺杂离子束,并将其加速注入固体材料表面,形成具有特殊性质表面层的材料改性技术。其具有原子冶金特征。离子注入过程原理如图 7-37 所示。

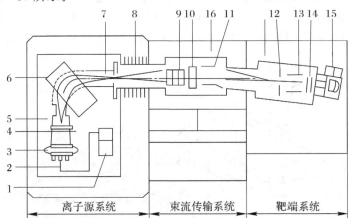

1—气罐;2—气管;3—离子源;4—A/D 电极;5—泵;6—磁分析仪;7—可变光栏;8—加速器;
9—四极透镜;10—Y扫描板;11—X扫描板;12—掩膜板;13—主法拉第杯;14—靶;15—真空锁;16—靶室

图 7-37 离子注入过程原理

离子束从离子源中引出,加速后获得很高能量;离子经过磁分析仪纯化,可进一步加速以提高离子能量;离子束通过二维偏转扫描器后均匀注入材料表面。经两次加速的离子束射入靶中,与靶中的晶格原子不断发生碰撞,能量逐渐损失,最后停留在靶内。采用电荷积分仪能精确测定注入离子的数量,通过调节注入离子的数量可以准确控制离子注入深度。依据注入离子的质量和能量差别,除可以将需要掺杂或者合金化的元素直接作为高能离子注入靶材表面外,在基材(或者衬底)表面还会产生注入、损伤和溅射效应。此外,可以先将待添加的合金元素预置于靶材表面,然后采用高能离子束将上述合金化元素"射入"基材。

离子注入技术具备以下特点。

(1)靶材和注入(或添加)元素的选择不受限制,几乎所有固态材料均可作为靶材,所有元素都能作为注入或添加元素。

(2)注入过程不受温度约束,根据需求可在高温、低温或室温条件下进行,相对于传统冶金过程具有明显优势。

(3)注入或添加的原子不受靶材固溶度、扩散系数或化学结合力的限制,能够实现在合金相图中不存在的合金体系,为新材料的研制提供技术途径。

(4)能够准确地控制掺杂数量、深度和位置,掺杂位置精度可达亚微米级别,掺杂浓度最低可以为 $5\times10^{15}\sim1\times10^{16}$ 个/cm³,从而实现低浓度掺杂。

(5)离子注入过程中,横向扩散基本可忽略,浓度分布均匀,掺杂纯度高,非常适用于半导体设备和集成电路的微细加工。

(6)离子直接注入不会改变工件的尺寸,特别适用于精密机械部件的表面处理。

大量实验数据证明,利用高能量离子注入设备将大量离子注入基材表面后,该表面的性质将发生显著改变,主要体现在强度、硬度增大,耐磨和抗疲劳性能增强。主要强化机制包括固溶强化、细晶强化、晶格损伤效应、弥散强化、晶格转变和压应力效应;

通过离子注入,可从以下两个方面改善材料的耐蚀性和抗高温氧化性。

(1)表面成分变化:离子注入可以改变材料表面成分,导致电极电势发生变化,并引发电化学腐蚀过程发生质变。特别是注入某些耐蚀元素(如 Cr、Mo 等),可在金属表面生成性能优良的氧化膜或形成具有不锈钢成分的亚稳态合金膜,从而显著提高金属的耐蚀和抗高温氧化性能。

(2)表面组织变化:通过选定合适的工艺参数,能形成远大于平衡浓度的单相固溶体,进而避免腐蚀微电池的产生。特别是对于某些合金,当工艺条件合适时,注入层甚至可以以非晶形态出现,从而大幅提升了材料的耐蚀性。

离子注入技术将对机械零件性能产生较大的影响。机械零件表面改性中,离子注入的主要元素有 N、C、Cr、Ti、Ta、Y、Sn、B、Mo、Ag、Co 等。离子注入技术可以提高机械零件的耐磨性、疲劳强度和耐蚀性。

离子注入提高零件耐磨性的途径主要有两种:一是降低零件的摩擦因数,二是提高零件表面的硬度。在 Ti6Al4V 合金表面注入 C、N 离子,可以使表面的摩擦因数降低 50%。在不锈钢表面注入 N 离子,可以使摩擦因数由原来的 0.8 降低到 0.6。如果注入的是 Ti 和 Ti+N,其摩擦因数可以降低到 0.2~0.4。

离子注入能显著增强零部件的抗疲劳性能。以轴承为例,它是传动机械中最核心的组成部分,延长其使用寿命是提升机械部件可靠性的重要途径。对轴承套的内圈、外圈、顶面,以及滚柱柱面和滚珠等采用离子注入技术,能显著提高其接触疲劳性能,从而在很大程度上延长轴承的使用寿命。

习　　题

1. 什么是热处理？热处理的目的是什么？
2. 钢经过正确加热后为什么能使晶粒细化？热处理时要求获得怎样的奥氏体？为什么？
3. 钢的等温转变C曲线表达了哪些方面的关系？亚共析、过共析钢C曲线与共析钢的C曲线有何异同？
4. 奥氏体等温转变产物、珠光体、索氏体、屈氏体的组织与性能有何异同？
5. 上、下贝氏体组织有何不同？生产中通常用什么办法获得下贝氏体组织？
6. 马氏体的本质是什么？比较低碳马氏体和高碳马氏体的组织形态、性能特征。
7. 退火、正火工艺的特点分别是什么？它们主要应用在哪些场合？
8. 请判断下列说法中哪些是对的。
(1) 不论什么钢,只要淬透就一定具有高的淬硬性。
(2) 马氏体中的碳质量分数越大,钢的淬透性越好。
(3) 钢的淬硬性取决于钢的含碳量,含碳量大淬硬性高。
(4) 在正常加热淬火条件下,亚共析钢的淬透性随含碳量的增大而增大,过共析钢的淬透性随含碳量的增大而减小。
(5) 碳钢淬火理想的冷却速度应该是在奥氏体等温转变曲线(即C曲线)的鼻部温度(650～500 ℃)时要快冷,以避免奥氏体分解,在其余温度不必快冷,以减少淬火内应力引起的变形或开裂。
(6) 为了消除加工硬化,以便进行进一步加工,常对冷加工后的金属进行完全退火。
(7) 完全退火可使亚共析钢、过共析钢的组织完全重结晶,获得接近平衡状态的组织。
(8) 低碳钢淬火后,只有经高温回火才可获得较为优良的力学性能。
(9) 发生加工硬化的金属材料,为恢复其原有性能,常进行再结晶退火处理。
(10) 淬火＋低温回火后,能保证钢件具有高的弹性极限和屈服强度,并有很好韧性,它应用于各类弹簧。
(11) 为改善低碳钢的机械性能及切削加工性能,常用正火代替退火工艺。
(12) 钢的过冷奥氏体越稳定,钢的淬透性越好。
(13) 高碳工具钢的淬硬性高,所以淬透性很大。
(14) 合金钢的淬硬性不高,所以淬透性很小。
(15) 同样形状、尺寸的工件,用不同的钢制造,在同样的条件下淬火,淬硬层较深的,淬透性较好。

9. 当零件机械性能要求高时,为什么要选用淬透性大的钢?钢淬火后为什么一定要回火?淬火钢回火时组织和性能变化的大致规律如何?

10. 碳钢可由奥氏体直接得到索氏体、屈氏体,为什么还要通过淬火+回火来得到回火屈氏体和回火索氏体呢?

11. 试比较 45 钢(状态为退火态),经下列不同热处理后硬度值的高低,并说明原因:
(1)加热到 700 ℃后,水冷。
(2)加热到 750 ℃后,水冷。
(3)加热到 854 ℃后,水冷。
(4)加热到 840 ℃后,随炉冷。

12. 下列零件应选用什么热处理(写出名称)?
(1)T12 钢制锉刀,要求 HRC>62;
(2)$\phi 6$ 的 60 钢丝绕制螺旋弹簧,要求 HRC 为 40~54;
(3)45 钢制的机床主轴。

13. 碳质量分数为 1.2% 的碳钢,其原始组织为片状珠光体+网状渗碳体,为了获得回火马氏体+颗粒渗碳体组织,应采用哪些热处理工艺?写出工艺名称及工艺参数(加热温度、冷却方式),并写出进行各热处理后得到的组织。(注:该钢 $A_{c1}=730$ ℃,$A_{ccm}=820$ ℃)

14. 用 T10A($w_C=1.0\%$,$A_{c1}=730$ ℃,$A_{c2}=800$ ℃)制造冷冲模的冲头,试制定预备热处理和最终热处理工艺(包括名称和具体参数),并说明热处理各阶段获得的组织(要求冲头具有高硬度、高耐磨性)。

▶拓展阅读◀

不锈钢论"克"卖,中国造出 0.015 mm 厚手撕钢

不知道大家是否知道,不锈钢也可以拿来剪纸,薄如蝉翼的"手撕钢"是如何制成的呢。

中国手撕钢发展历程

多年以来,中国的钢铁产量位居世界第一,是名副其实的钢铁大国。但是钢铁种类多样,生产技术也各有差异,在手撕钢方面,中国更是被德日等国家卡了多年脖子。

说到手撕钢,顾名思义,它是可以用手撕开的钢铁。简单来讲手撕钢是不锈钢箔的一种,也是目前全球最轻薄的不锈钢。手撕钢的厚度大约是 0.02 mm,相当于 A4 纸的 1/4 厚度,而中国目前已经攻克了 0.015 mm 厚度的手撕钢的生产难题。手撕钢对原料的要求并不高,普通的不锈钢便可以生产,但生产难度却不小。

过去很长一段时间内,中国一直未能掌握生产手撕钢的技术,只能够依靠从德国等国家的企业进口。

在我国还需要从海外进口手撕钢的时代,只有德日等国家的少数企业能够进行手撕钢生产,生产技术也被这些国家牢牢垄断。而手撕钢在多个领域有广泛的运用,我国要用到这种产品时只能够从海外不断进口。

最初,手撕钢卖出了天价,可以说是按"克"来卖的。每克手撕钢的价格达到四五块钱,

一片普通 A4 纸大小的手撕钢价格高达 400 元。当时中国每年都需要耗费数百亿美元从海外进口手撕钢，并且由于德国等国家对中国实行技术封锁，中国当时只能买到厚度超过 0.03 mm 的手撕钢。

为何在很长一段时间，中国这个制造业大国都无法生产手撕钢呢？其实还是由于技术受限于人。

从生产原理来看，手撕钢的生产并不复杂：只需要将一张较薄的钢材放到专业的生产设备里，然后像擀面皮一样将钢材的厚度擀至 0.02 mm 即可。

听到这里许多人是不是一拍大腿，觉得这简单，凭借多年包饺子的技术还不能把钢擀到 0.02 mm 吗？但实际远远比想象中的复杂。

首先，受制于钢的物理性质，钢材在进入设备进行冷轧时，极其容易发生硬化。想要不断降低钢材的厚度，必须要进行持续加工，这意味着硬化的程度会更加严重。因此无法继续对钢材进行压缩，自然也难以生产厚度达到 0.02 mm 的钢材。

其次，在生产手撕钢时，必须要保证整片手撕钢的厚度一致。生产期间，手撕钢会变得越来越薄，与此同时宽度也会不断变大，但是厚度却很难保持一致，极其容易出现同片手撕钢厚度不一的情况。

最后，手撕钢还要求表面光滑、平整，这对生产提出了更高的要求。

生产结束之后，需要给手撕钢降温。

另外，手撕钢还会经过光亮退火线，即要经过一条上百米的带钢抽带。在这过程中极其容易出现突然抽带断带情况，一旦发生这种情况，必须要对机器进行维修，有时候维修需要耗费十多个小时，导致产能无法提高。

此外，手撕钢退火时对温度有苛刻的要求，必须严格控制冷却的温度，降温速度需要精确到几摄氏度每秒，这些参数需要经过无数次试验才能够得出。

质量指标严格、生产工艺难度大等各种难题都摆在了中国的面前，让不少企业望而却步。

事实上，当时国际上少部分能够生产手撕钢的企业，也只能够生产宽度为 350～400 mm 的手撕钢，后来这种窄幅的手撕钢已无法满足使用需求。

面对重重难题，山西太钢不锈钢精密带钢有限公司（简称"太钢精带"）站了出来。太钢精带是山西知名的钢铁企业，一直都在从事钢铁生产，也是这家企业率先打破国外的垄断，生产出厚度达到 0.02 mm、宽度达 600 mm 的手撕钢。

太钢精带为了能够生产出世界最薄的手撕钢，斥巨资打造了一大批专业设备，还在 2016 年组建了一支专业团队。

但是日本等国家的企业不愿意向中国分享轧辊安装等技术，最终还是要由中国人自己摸索。

一开始团队也十分迷茫，有团队成员怀疑，太钢精带提出的手撕钢目标连外国都无法达到，我们可以吗。但是事实已经证明，只要愿意埋头苦干进行科技创新，中国的技术势必能够得到提高。

虽然团队最初有很多难题，但是团队没有退缩，因为他们知道，想要实现突破的最好办法是开展更多的实践。

团队开始进行分工,各个小组负责不同的部分,根据生产需求等确定材料,逐一解决生产难题。在团队的辛苦研究下,终于突破了产线工艺等多个技术难题,成功制造出世界上第一款宽度为 640 mm、厚度为 0.02 mm 的手撕钢。

该团队不仅打破了德日等企业的垄断,还成功生产出全球首批宽幅手撕钢。说到这里,确实应该给这家企业点个赞。

自 2018 年该团队取得重大突破之后,其手撕钢的产量超过 50 t。如今手撕钢已经做到了国产化,0.02 mm 的手撕钢国产化率达到 70%,每吨钢的利润可达到 500%。

现在看一片片薄如蝉翼的手撕钢售价为 400 元,但是当团队成员回想起整个研究历程时,仍然会十分感慨。

在刚开始,经常会出现断带的情况。在人们进行研究期间,时不时会听到车间传来类似放鞭炮的爆炸声,这是钢材断裂的声音。

每次钢材碎成粉末都会给公司带来重大损失,但是这对工人来讲也是一个极大的挑战。因为钢材碎成粉末之后,粉末会掉进设备里,而设备的构造比较特殊,想要成功清理这些粉末,必须要由身材瘦小的工人爬进设备用手清理。这一过程十分艰辛,工人在清理时经常满头大汗,就算看不清了也不敢揉眼睛,因为手上全部都是碎掉的钢材粉末。

要将厚度为 0.8 mm 的钢材轧薄到 0.02 mm,需要的轧薄量为 0.78 mm。但每要轧薄 0.01 mm,就要对 20 个轧辊进行重新配比。在这过程中还要考虑到锥度等变量,每次更换工装、设备都需要反复摸索。平均下来,研究团队每两天便会出现一次失败。桌上记录实验数据的本子越堆越厚,研究团队的信心也越来越不足,但是该公司的总经理却一再鼓励研究团队坚持下去。

经过长达两年的刻苦攻坚之后,该研究团队累计突破 175 个设备难题,解决了 452 个工艺难题。在此期间,研究团队累计经历了 700 多次失败,而正是这 700 多次失败才换来了手撕钢成功在中国实现量产。

太钢精带于 2018 年实现量产,自此之后,手撕钢获得无数荣誉。令全体中国人为之振奋的是,该研究团队的研发并没有就此停下。去年 8 月份,该研究团队成功突破 0.015 mm 的手撕钢生产技术难题。

手撕钢有何用处?

手撕钢一直以来都是各国重点关注的产品,太钢精带推出宽幅手撕钢之后便获得大量国际订单,就连美国也要排队从中国进口。那手撕钢到底有什么作用呢?

手撕钢具备耐腐蚀、强度高等优点,在诸多领域都有广泛的运用。

在航天领域,凭借手撕钢的高耐热性,可以用其生产发动机燃烧室叶片。利用手撕钢作为生产原料,能够有效避免高温对发动机产生影响,避免飞机的飞行出现问题。

在军工领域,因为手撕钢具备高屏蔽性等特点,可以用于生产一些屏蔽信号干扰装置的原料,这能够给予机密信息强有力的保障,发挥至关重要的作用。

在能源领域,具备耐腐蚀性、抗氧化等各种特点的手撕钢,是生产锂电池等的上好原料。随着各个国家加快推进能源改革,手撕钢在新能源行业的运用也会更加广泛。

在电子领域,当前市面上能够看到的折叠手机也有手撕钢的身影。手撕钢是折叠屏的重要原料之一,借助手撕钢的高韧性等特点,可以实现屏幕翻转。折叠手机可以折叠,更方便携带。使用时可以将手机翻开,屏幕会比原来大很多。

在医学领域,因为手撕钢具有高屏蔽性和高耐热性,可用于生产防护服。

除此之外,手撕钢在计算机等领域也有广泛的运用空间。比如手撕钢的发展推动技术创新,技术的创新又会引起计算机等诸多领域的革命。

从中国决定向美国等国家出口手撕钢可以看出,中国是一个具备大国风范的国家。

事实上,近些年来,中国一直在加大科研投入,国内也涌现出许多优秀的人才和企业,中国的科技也取得了许多突破。中国从掌握手撕钢生产技术到实现更大突破,是中国近几十年来发展的缩影,在这背后是几代中国人不懈努力的结果,但是中国的突破绝对不局限于此。

从"制造大国"迈向"制造强国"是一个艰难且漫长的过程,我们要继续努力,为实现更多突破奋斗终身。

来源:https://baijiahao.baidu.com/s?id=1713509415980325611&wfr=spider&for=pc,有改动。

第8章 成形工艺

在航空金属构件制造工艺中,液态成形技术的进步不仅有助于提高构件的性能,还能大幅度减少生产中的缺陷。塑性成形工艺通过对材料进行永久性变形处理,达到提升性能的目的,以满足航空产业的制造需求。塑性成形技术因其效率高、质量优和能耗低等优势在航空发动机制造中得到了广泛应用。除此以外,随着成形技术的不断进步,粉末冶金技术的应用范围也在逐渐扩大。这种技术不仅可以增强复杂航空构件的性能,还能有效提升生产效率并缩短研发时间。

8.1 铸造(液态成形)

铸造是一种重要的液态金属成形方法,是将熔化的金属浇注、压射或吸入与零件形状相适应的铸模型腔内,待其冷却凝固后获得具有一定性能零件的成形工艺。其特点包括:金属一次成形、工艺灵活,各种成分、形状和重量的铸件都可成形,以及成本较低。它尤其适用于几何形状复杂或内部结构复杂的毛坯或零部件,对于不适合进行锻压或焊接的材质,铸造技术具有独特的优势。由此,铸造在制造领域有着广泛的应用。

然而,铸造生产也存在一些明显的局限性,例如铸件组织晶粒粗大,常伴有如缩松、缩孔、气孔、砂眼等缺陷,因此铸造产品的力学性能通常不如锻造产品。此外,铸造生产工序较多,工艺过程控制相对复杂,导致废品率较高。同时,铸造的劳动强度较大,工作环境相对较差。如今,随着生产技术的进步,劳动环境已大大改善,铸造产品的性能和质量也得到了很大的提高。

8.1.1 铸造基础理论

在液态合金成形过程中,合金的铸造性能对于获得高品质铸件有着重要的作用。这些铸造性能包含液态合金的充型能力、收缩、偏析、氧化和吸气等方面。特别要注意的是,液态合金的流动性和收缩是评估铸件质量的两个核心指标。

8.1.1.1 合金的流动性

合金的流动性反映了液态合金的流动能力。良好的合金流动性不仅便于生产外形复杂、轮廓清晰的薄壁铸件,还有助于在凝固过程中使气体和夹杂物向液面上浮并排除,及时补缩,从而有效抑制铸造过程中出现冷隔、浇不足、气孔、夹渣和缩孔等缺陷。因此,合金的流动性可以视为判定合金铸造性能优劣的一个重要标准。

通常,合金流动性的判定是通过浇铸螺旋状流动性试样来完成的。首先在相同的浇注温度和过热度下,液态合金被浇成图 8-1 所示的试样,然后对各类合金试样的浇注长度进行比较。浇注试样越长意味着具有更好的合金流动性。表 8-1 列出了各种常用铸造合金流动性的对比结果,从表中可以明显看出,流动性最好的是灰口铸铁和硅黄铜,最差的是铸钢。

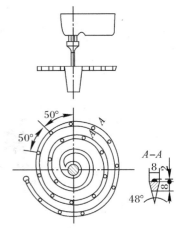

图 8-1 测定合金流动型的螺旋形试样

表 8-1 常用合金的流动性

合 金	造型材料	浇注温度/℃	螺旋线长度/mm
灰铸铁 $w_{C+Si}=6.2\%$	砂型	1 300	1 800
$w_{C+Si}=5.2\%$	砂型	1 300	1 000
$w_{C+Si}=4.2\%$	砂型	1 300	600
铸钢 $w_c=0.4\%$	砂型	1 600	100
		1 640	200
锡青铜 $w_{Sn}=8\%\sim12\%$ $w_{Zn}=2\%\sim4\%$	砂型	1 040	420
硅黄铜 $w_{Si}=1.5\%\sim4.5\%$	砂型	1 100	1 000
铝合金(ZL102)	金属型(300 ℃)	680~720	700~800

决定液态合金流动性的主要因素是合金的成分。纯金属和共晶成分合金属于恒温结晶,流动性最好。在结晶过程中偏离共晶成分的合金,会在铸件截面上呈现出固、液双相区域。初始形成的枝晶对剩余液态合金的流动造成阻碍,导致流动性差。随着合金的凝固温度范围增大,其流动性越来越差。因此,在铸造生产过程中,铸造合金应优先选用共晶成分、接近共晶成分或凝固温度范围小的合金。

此外,合金的物理属性,例如比热容、密度、导热性、结晶潜热和黏度等,也会对合金的流动性产生影响。液态合金的比热容和密度越大,热导率越小,结晶过程中释放的潜热越多,就越有助于合金在较长时间里维持液态,从而提高流动性。此外,提高浇注温度、减少铸型对液态合金的充型阻力与冷却能力,也是提高合金流动性的有效途径。

8.1.1.2 合金的收缩

在合金从液态冷却到室温的阶段,会出现体积和尺寸缩小的现象,将其称作收缩。这种收缩是铸造合金固有的物理属性,是铸件缩孔、缩松、热应力、变形以及裂缝等缺陷产生的根本原因。

合金从液态冷却到室温一般经过液态收缩、凝固收缩和固态收缩三个阶段。

液态金属由浇注温度下降至开始凝固温度所产生的体积缩小,称为液态收缩。该阶段金属呈液态,其体积缩小主要体现为型腔内液面下降。

凝固收缩指合金在结晶过程中出现的体积缩小,是形成缩孔和缩松的主要原因。结晶温度范围越大的合金,其凝固收缩越明显。单位体积的收缩量(即体收缩率)常用以表示凝固收缩。

固态收缩是合金由凝固终了温度冷却至室温的过程中所发生的收缩。在这一阶段合金体积缩减,铸件外形尺寸的收缩还受到直接影响。固态收缩会导致铸件产生铸造应力、形变和裂纹。

铸件收缩的程度主要受合金成分、浇注温度、铸型以及铸件结构的影响。

在常用铸造合金中,灰铸铁的体收缩率大约为7%,线收缩率为0.7%~1.0%;碳素铸钢的体收缩率为12%,线收缩率在1.5%~2%之间。二者区别的原因在于铸铁中的碳绝大部分以石墨形态存在,石墨具有较大的比容,其体积膨胀能补偿部分收缩。因此,在灰铸铁中提高碳和硅的含量、降低硫的含量都可以减少其收缩。

浇注温度高会增大合金的液态收缩,从而导致更大的体收缩。铸件的收缩与合金的自由收缩不同,它不仅会受铸件由各部分冷却速度不同而造成收缩不一致的影响,还会受到铸型和型芯的阻碍,因此属于受阻收缩。这也意味着铸件的实际线收缩率(受阻收缩)总是小于其自由线收缩率。

8.1.1.3 铸件缺陷

1. 铸件中的缩孔和缩松

(1)缩孔和缩松的形成。铸件在凝固阶段,合金的液态收缩与凝固收缩都超过了固态收缩,但没有得到合金液体的及时补给,结果在最后凝固的区域形成孔洞。具体而言,合金以逐层凝固方式进行凝固,最后会形成体积较大且集中的孔洞,称为缩孔;若采用中间凝固或糊状凝固的方式则会产生分散的细小孔洞,即为缩松。

图 8-2 显示了缩孔形成的过程。在液态金属充满铸型后[见图 8-2(a)],因铸型吸热和持续的散热作用,紧挨铸型表面的金属迅速凝固成为硬化外壳[见图 8-2(b)]。随温度不断降低,合金的液态收缩与凝固收缩导致液面下降,并与硬化外壳顶部分离[见图 8-2(c)]。这一过程持续进行,外壳逐渐增厚,液面逐步下移。最终,在合金全部凝固后,铸件上部出现一个倒锥形的缩孔[见图 8-2(e)]。

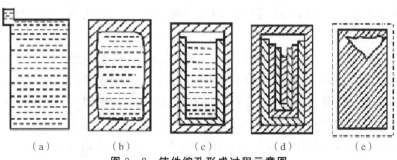

图 8-2 铸件缩孔形成过程示意图

图 8-3 显示了缩松的形成过程。对于凝固温度范围较大的合金,当其在铸件断面温度梯度较小的条件下凝固到最后时,心部较大区域内的合金液会同时凝固[见图 8-3(a)],初生的树枝晶将合金液分隔为多个小的封闭区[见图 8-3(b)]。由于这些小封闭区的液体收缩无法得到外部补充,因此形成许多细小分散的孔洞[见图 8-3(c)],即缩松。

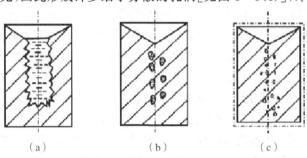

图 8-3　铸件缩松的形成过程

(a)凝固初期;(b)凝固中期;(c)全部凝固(形成缩松)

(2)缩孔和缩松的防止。无论是缩孔还是缩松,均能显著降低铸件的气密性、物理化学性能以及力学性能,甚至导致铸件报废。为防止出现缩孔和缩松,首先,在铸件的结构设计时要避免金属在局部积聚。其次,根据合金的凝固特性,在生产过程中使用顺序凝固法,将分散的缩松转化为集中的缩孔,然后再将集中的缩孔转移到冒口处,最后通过割除冒口获得无缺陷的铸件。

2. 铸造应力、变形和裂纹

铸件凝固后继续冷却至室温时,体积会进一步收缩,部分合金还可能因固态相变而导致体积收缩或膨胀。若这些体积变化受到阻碍或是铸件各部分相互牵制,都会在铸件内部诱发应力。这类内应力将造成铸件变形和产生裂纹。

(1)铸造应力。

铸造应力分为热应力和机械应力(或称收缩应力)两种。

在铸件凝固与冷却阶段,由于壁厚分布不均匀,不同区域的冷却速度不同,导致在同一时刻不同区域的收缩程度不同,因而在铸件内形成了内应力,此即为热应力。合金的固态收缩率越大,铸件壁厚差异越大,形状越复杂,产生的热应力就越显著。

在铸件收缩过程中,由于铸型、型芯以及浇注系统的机械阻碍而产生的应力称为机械应力。如果铸型或型芯具有良好的退让性,机械应力就小。铸件落砂后,机械应力可自动消除。此外,机械应力和热应力在铸型内同时起作用,增大了铸件出现裂纹的概率。

(2)变形和裂纹。

1)变形。当铸造应力大于铸件材料的屈服强度时,铸件就会发生变形。因此,厚度不均、截面不对称的铸件,尤其是形状细长或大而薄的铸件,更易发生变形。图 8-4 所示的平板铸件,尽管壁厚一致,但中心区域相对边缘处散热与收缩较慢,受到拉应力作用,而边缘处由于容易散热、收缩快而受到压应力,同时铸型上面的冷却速度大于下面的冷却速度,使平板铸件产生了图示方向的变形。

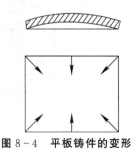

图 8-4　平板铸件的变形

为了解决铸件变形的问题,可采用同时凝固原则,并在设计时使铸件各处壁厚尽量均匀或者形状对称。在生产环节,对于形状规则、变形方向可预测的铸件,常采取反变形法,即模型制成与预计的铸件变形方向相反。这就需要精确计算铸件的预形变量,再用方向相反的预变形量来抵消由铸造应力产生的变形。

工程实践表明,尽管铸件冷却时发生了部分变形,但内应力并未完全消失。这些内应力在后续的机械加工中会重新分布,仍然会导致铸件变形,从而影响零件精度。因此,对于关键件和高精度铸件,需采用如去应力退火或自然时效等手段消除残余应力。如有需要,也可在粗加工后进行去应力退火或人工时效处理,然后再进行精加工,以保证零件精度。

2) 裂纹。当铸造应力大于合金的强度极限时,铸件将出现裂纹,分为热裂和冷裂两种。

热裂主要在凝固后期的高温中形成,其主要原因是收缩过程中遇到了机械阻力。这类裂纹的特点为形状短而曲折,裂纹宽,断面明显氧化,无金属光泽,并沿晶界生成和扩展,在铸钢和铝合金铸件中较为常见。

冷裂则在低温下产生,常出现在铸件受拉伸位置,特别是应力集中的区域。其裂纹细而直,裂缝内干净,略带轻微氧化。对于壁厚不均、形状复杂或体积大而薄的铸件,冷裂尤为常见。为避免铸件裂纹的产生,需采取适当的措施来减小铸造应力,如设计合理的铸件结构,严格控制铸钢和铸铁中的硫、磷含量等。

8.1.2 铸造工艺的分类及特点

铸造工艺通常分为砂型铸造和特种铸造两大类,进一步的细分如图 8-5 所示。

图 8-5 铸造工艺分类

8.1.2.1 砂型铸造

砂型铸造是一种利用砂型制作铸件的铸造工艺,适用于钢、铁及绝大多数有色金属合金的铸件生产。图 8-6 显示了其工艺过程。砂型铸造因造型材料成本低、易获取,以及铸型制作简易而得到普遍应用,尤其是适用于铸件的单件生产、批量生产以及大规模生产。

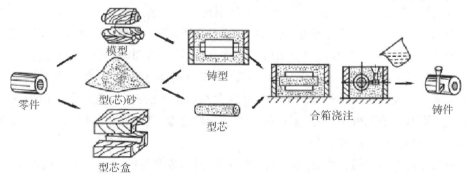

图 8-6 砂型铸造的工艺流程

在砂型铸造工艺流程中,首先根据零件图制作出铸件和模型的设计图。再依据这些设计,制出相应的模型和必要的工装设备。接着利用模型、砂箱等和预先准备好的型砂制成所需砂型。随后,将熔炼的合金液浇入砂型的型腔。等合金液在型腔中凝固并冷却后,破坏砂型将铸件取出。最后清理铸件表面的残留型砂和浇冒系统,经检验确认后,即得到所需铸件。

砂型铸造的生产过程是周期性循环的。在单件、小批量或批量不太大的现代铸造车间(但有一定的年产量)中,通常采用机械化的砂处理及输送系统,造型则采用手工造型、机器造型或手工结合机器造型的方式,铸型、合金液及铸件的搬运、浇注则采用起吊设备来完成,生产效率较低。在大批量生产的机械化铸造车间中,生产过程是流水线式连续进行的。型砂的处理及输送、造型、制芯、合箱、浇注、落砂及清理、砂箱、铸型、合金液及铸件的输送等绝大部分工作都是由机器来完成的。在机械化铸造车间,合理的组织架构能够促进生产效率的提高。然而,这种流水线方式并不适合生产厚壁或尺寸较大的铸件。由于所有造型机均只采用模型板进行双箱造型,因此铸件的几何形状受到限制,加上砂型铸造工序复杂,例如必须手动安装型芯,机械化生产在砂型铸造中仍然存在一定的局限性。

手工造型,即完全依赖手工或手动工具进行的造型。由于其操作灵活,能够生产各种复杂形状和尺寸的铸件,因此在砂型铸造中依然占有重要地位。

砂型铸造存在的主要问题是每个砂型仅能使用一次,但造型过程则要大量时间。为了生产1 t合格铸件,需要消耗4~5 t的型砂,而处理这些型砂相当耗费人力。除此以外,车间内还存在砂尘污染,劳动环境相对较差。然而,砂型铸造因适用于多种生产环境中多种合金铸件的生产,依然是当前最常采用的铸造技术。在航空产业中,许多关键部件如航空发动机的分油套和薄壁盘类铸件等,都是通过改进过的砂型铸造技术生产的。

8.1.2.2 特种铸造

1. 熔模铸造

熔模铸造,也可称为精密铸造,是一种依靠蜡料来制作模样的工艺。蜡模表面被涂以多层耐火材料,等其干燥硬化后,熔去蜡模即得到一个与原蜡模形状匹配的空腔型壳,将其高温焙烧再进行浇注即可获得铸件。由于该方法主要利用蜡质材料制作模样,因此也常被称作"失蜡铸造"。

(1)熔模铸造工艺过程。图8-7显示了熔模铸造的工艺过程。

母模[见图8-7(a)]是用于生成铸件的基本模样,通常采用钢材或黄铜机加工而成。其几何形状与铸件一致,但在尺寸上稍微大一些,以补偿蜡料和铸造合金的收缩量。

用于制作蜡模的特殊铸型称为压型[见图8-7(b)],压型需要具备很高的精度和较低的表面粗糙度以确保蜡模质量。对于高精度或大批量生产的铸件,压型通常由钢或铝合金加工而成。而对于小规模生产,压型可用熔点较低的合金(例如由Sn、Pb、Bi组成)、塑料或石膏直接在模样上浇注制成。

蜡模制作的原料包括石蜡、蜂蜡、硬脂酸以及松香,最常见的是由石蜡和硬脂酸各50%(质量分数)组成的混合料。在压制过程中,蜡料被加热至糊糊状[见图8-7(c)],然后在

0.2～0.3 MPa 的压力下被压入压型,冷却固化后从压型中取出并进行边缘毛刺修整,即得到单个蜡模[见图 8-7(d)(e)]。为了提高生产效率,通常需要将单个蜡模粘焊到预制好的蜡质浇口棒上,构成蜡模组[见图 8-7(f)]。

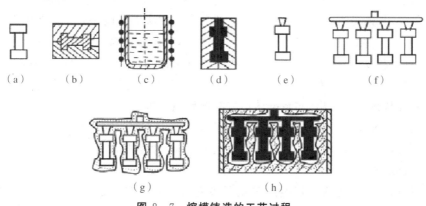

图 8-7 熔模铸造的工艺过程

(a)母模;(b)压型;(c)熔蜡;(d)制造蜡模;(e)蜡模、浇注;(f)蜡模组;(g)结壳、熔去蜡模;(h)造型

在壳体硬化过程中,蜡模首先被浸涂一层由水玻璃和石英粉混合配置的涂料;然后再在其表面撒上一层石英砂。接着将其浸入硬化剂(常为氯化铵溶液)中,使涂层固化。这几个步骤需要重复 3～7 次,直至形成 5～10 mm 厚的硬壳。

完成结壳后,将型壳置入 85～85 ℃的水中(或在高压釜中,在 0.2～0.5 MPa 压力的水蒸气中处理),以熔化蜡模形成铸型空腔[见图 8-7(g)]。

为防止浇注过程中型壳变形或破损,应提高其强度。可将型壳放置在铁箱内,周围用干砂填充紧固。

在 850～855 ℃下对铸型进行焙烧,以进一步去除残余的挥发性物质。

为了增强液态合金的充填能力并减少浇注缺陷(如浇不足),常在焙烧后立即进行高温(600～700 ℃)浇注[见图 8-7(h)]。铸件冷却后,毁掉铸型,切除浇口,清理毛刺,就得到所需铸件了。如果是铸钢件,还需要进行退火或正火处理。

(2)熔模铸造的特点及适用范围。相较于砂型铸造,熔模铸造具有更高的铸件精度和表面质量(精度范围为 IT14～ IT11,表面粗糙度 Ra 为 12.5～1.6 μm),从而显著减少了后续机械加工余量或可不进行机械加工,节省了材料。

熔模铸造适用于各种合金材料,能够生产出铜、铝等非铁金属合金以及各类合金钢铸件,特别适合铸造高熔点和难加工的合金,如耐热合金和磁性钢等。此外,其对生产量没有限制,从单件、小批量到大规模生产都可进行。通过熔模铸造可制得形状比较复杂的铸件,铸出的最小孔径可达 0.5 mm,壁厚最低可至 0.3 mm。有时,为节省后续机械加工时间和降低材料消耗,对于复杂的多部件组合零件,可以通过合理设计进行熔模铸造整体铸成。

然而,熔模铸造工艺本身比较复杂,难以精准控制,使用及消耗的材料成本较高。因此其主要应用于生产复杂形状、精度高或难以机械加工的小型部件。在航空工业领域,这一方法尤其适用于高温合金、钛合金和铝合金等材料的生产。其能够铸造出形状高度复杂的部件,如与连续定向凝固和单晶选晶法等工艺相结合生产出航空涡轮发动机实心和空心涡轮叶片等。

2. 金属型铸造

把金属液浇入由金属制成的铸型腔内以得到铸件的工艺称为金属型铸造。由于金属型可多次重复使用，这种方法也可称为永久性铸造。此方法极大地提升了铸造生产效率。

(1)金属型铸件的工艺特点。依据分型面的位置，金属铸型的结构可划分为整体、垂直分型、水平分型和复合分型等四种形式。因垂直分型式使用方便，所以应用最普遍。

金属铸型一般多由灰铁制成，但在恶劣的工作条件下则采用 Q235 钢制造。为方便在高温下将铸件从铸型内取出，多数金属型配有铸件顶出机构。

通常利用型芯来获得铸件内腔，有色金属铸件采用金属型芯，而高熔点合金（如铸钢和铸铁）或复杂薄壁件则用砂芯。为了方便取出型芯，金属型芯常常由几块组合而成，浇注后按先后顺序逐块取出。

目前，采用金属型铸造进行生产避免了砂型铸造的许多不足，但也引发了一些新的问题。例如，金属铸型导热较快，无退让性，导致铸件容易出现冷隔、浇不足和裂纹等缺陷，而灰口铸铁件通常会形成白口组织。为保证铸件质量和延长铸型寿命，金属型铸造必须实施以下措施。

1)浇注前金属铸型需要预热。因为金属型具有良好的导热性，无退让性，液态金属冷却快，流动性差，容易导致铸件出现各种铸造缺陷。因此，浇注前必须对金属铸型进行预热。若在工作中金属铸型吸热后温度过高，会导致晶粒粗大，机械性能下降，应对金属铸型进行强制冷却以延长其寿命。金属铸型的工作温度：铸铁件为 250～350 ℃，有色金属铸件为 100～250 ℃。

2)增强金属铸型的排气功能。由于金属铸型不透气，铸件容易出现气孔。分别在分型面和容易积聚气体的部位设置通气槽和排气孔，有助于排出气体。

3)在金属铸型的型腔表面喷涂耐火涂层。金属铸型的耐热性较差，在高温下金属液多次浇注，型腔容易损坏。喷涂耐火涂层能隔绝金属液与铸型接触，从而延长金属铸型的使用寿命。

4)应尽快开型将铸件取出。由于金属铸型无退让性，铸件中会形成较大的内应力和裂纹。铸件凝固后，应趁热及时取出。同时为了防止形成白口组织，实际操作中常常将铸件取出后就立刻进行高温退火，以消除白口组织。

5)预防白口组织的产生。控制铸铁件壁厚，不应太薄（通常大于 15 mm），并保持铁液中的碳和硅的总含量不低于 6%。采用孕育处理的铁液进行浇注能有效地防止白口组织形成，如果已经形成，则应利用出型后的余热及时退火。

(2)金属型铸造的特点及应用范围。相比于砂型铸造，金属型铸造能够"一型多铸"，不仅大大节省了造型时间和型砂消耗，也提高了生产效率，且生产的铸件具有高的力学性能。例如，使用金属型铸造制作的铝合金铸件与砂型铸件相比，其抗拉强度平均增加了 20%，而抗腐蚀性和硬度也有明显提升。这主要是因为金属型铸件冷却速度快，形成了更加致密的组织。另外，能够获得较高的铸件精度（可达 IT12～IT16），表面粗糙度 Ra 为 6.3～12.5 μm，从而减少或省去了后续的机械加工，进一步提高了金属材料的利用率，降低了加工成本。

然而,金属型铸造也存在一些问题和局限性。首先,金属型制造成本较高,制造周期相对较长,加之铸型的透气性差,没有退让性,容易导致铸件出现冷隔、浇注不足和裂纹等缺陷。其次,由于受到铸型的限制,其不适用于高熔点或重量过大的铸件生产。最后,该铸造方法通常需要机械化或自动化装置,否则工作环境将变得更为恶劣。因此,金属型铸造的应用具有一定的局限性。

金属型铸造主要适合于大批量生产的有色合金铸件,例如用于飞机、内燃机、汽车和摩托车的铝制活塞、气缸体、缸盖,以及油泵壳和铜合金轴瓦等。在一定条件下,该铸造方法也可用于制造形状简单的可锻铸铁或铸钢部件。

3. 压力铸造

压力铸造(也称高压铸造)是在高压下将液态或半液态金属快速注入型腔,使金属液在压力的作用下凝固形成铸件的方法。该方法的主要特点是高压和快速充型,通常压射比压范围为几千至上万千帕,填充速度为 0.5~100 m/s,时间在 0.01~0.2 s 之间。

(1) 压力铸造的工艺过程。压力铸造通常在专用的压铸机上进行。按照压射组件的特性,压铸机可分为热压室式和冷压室式两种类型。热压室式配备了用于储存液态金属的坩埚,压室直接浸在液态金属中,因此主要适用于压铸熔点低的合金,应用相对较少。目前普遍应用的是冷压室式压铸机。卧式冷压室式压铸机的工作流程如图 8-8 所示。

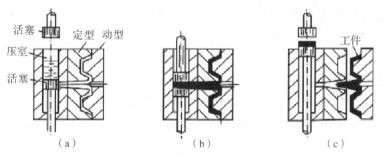

图 8-8 卧式冷压室式压铸机的压铸过程示意图
(a)合型浇注;(b)压射;(c)开型顶件

用于压铸的铸型通常称为压型或压铸模,由耐热钢制作。这种压型与垂直分型的金属铸型类似:其中一部分固定在压铸机上,称作定型;另一部分能够水平移动,称为动型。在压铸过程中,首先在很高的合型力(一般比压为 500~15 000 MPa)下将动型和定型合型。随后,液态金属被注入压室[见图 8-8(a)],接着压射活塞前进,以高速将金属液体压入型腔,并在高压作用下使其凝固[见图 8-8(b)]。开模之后,通过推杆将铸件和多余材料一并顶出[见图 8-8(c)],从而完成高压铸造过程。

(2) 压力铸造的特点及应用范围。与砂型铸造相比,压力铸造获得的铸件尺寸精准度更高(可达 IT11~IT13),具有良好的表面质量(表面粗糙度 Ra 通常在 3.2~0.8 μm,甚至能到 0.4 μm)。因此,这些铸件通常无需机械加工而直接应用。同时,其强度和硬度也更高。由于金属液在高压条件下凝固,冷却速度快,压力铸造铸件的微观组织更为致密,晶粒尺寸更小,抗拉强度通常比砂型铸造高 25%~30%,但延伸性稍有降低。压力铸造技术还能生产复杂形状的薄壁铸件,例如,铝合金铸件的最小壁厚可达 0.5 mm,最小铸出孔径可达 0.7

mm。此外,可以在压铸件内嵌铸其他材料(如钢、铁、铜合金,甚至钻石等)的零件,以节约材料成本和减少机械加工时间。嵌铸有时还能替代部分装配工序,生产效率高,通常每班能生产铸件 600~700 件,是目前生产效率最高的铸造方法。

虽然压力铸造是一种能够减少金属零件数量,达到无切削加工的有效手段,但其设备投资和压型制造成本较高,特别是当压铸高熔点合金(如钢和铸铁)时,压型寿命较短,这些因素限制了其应用范围。此外,金属液快速充型过程中会裹挟大量的空气,最终以气孔的形式存在于铸件内,因此,这类铸件不适宜进行大余量的机械加工,以防止气孔暴露而降低其使用性能。同时压力铸造铸件也不宜进行热处理,因为在高温下,气孔内的气体膨胀会导致铸件表面出现鼓泡。

目前,压力铸造是一种应用广泛的铸造方法,在航空工业中占有重要地位。它主要适用于大批量生产中小型、低熔点的有色合金铸件,如锌、铝、镁和铜铸件等。其特别适合生产航空涡轮叶片、大型薄壁航空铝合金铸件等。

4. 低压铸造

低压铸造是一种将液态合金在较低的压力(20~70 kPa)条件下,从下向上填充到型腔中,并在压力作用下凝固形成铸件的成型工艺,如图 8-9 所示。

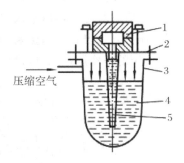

1—铸型;2—工作台;3—坩埚;
4—合金液;5—升液管

图 8-9 低压铸造示意图

低压铸造与压力铸造之间存在明显不同:首先是工作压力,压力铸造通常在 30~70 MPa 的压力下进行;其次是生产效率和应用范围有所不同。压力铸造更适于生产薄壁铸件且具有更高的生产效率,但铸件不致密、容易缩松,因此不宜生产要求气密性高的铸件。与之相比,低压铸造的铸件组织致密,有好的力学性能,尽管生产效率较低,但其适于生产要求高性能的铸件。

随着航空工业的发展,人们对航空零部件(尤其是气密性)有着更加严格的要求。低压铸造因其铸件良好的铸造性能和力学性能而得到了广泛应用。

5. 离心铸造

离心铸造是将熔融金属注入快速旋转的铸型中,借助离心力作用使金属液充满铸型后冷却凝固而获得铸件的一种铸造工艺。

离心铸造的铸型可分为两种:金属型和砂型。其中金属型离心铸造应用更为广泛。基于铸型旋转轴在空间的位置,离心铸造机可进一步分为立式和卧式两种类型。

在立式离心铸造机中,铸型绕着垂直轴进行旋转[见图 8-10(a)],主要用于制造高度小于直径的圆环状铸件。卧式离心铸造机的铸型则是绕水平轴旋转[见图 8-10(b)],主要用于生产长度大于直径的管状和套状铸件。

相较于砂型铸造,离心铸造工艺简单,特别是当铸造空心管状、筒状零件时,可省去型芯、浇口和冒口,从而减少金属和其他原材料的消耗。由于离心力的作用,液态金属可以充分充型并凝固。在这个过程中,低密度的气体和夹渣等都会集中在铸件的内表面,而金属呈现从外向内的方向性结晶。因此,所得铸件组织致密,没有缩孔、气泡和夹渣等缺陷,表现出良好的力学性能。

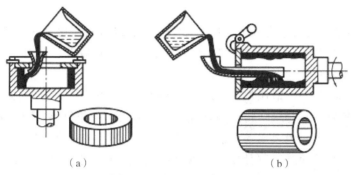

图 8-10 离心铸造示意图
(a)立式;(b)卧式

此外,离心铸造技术还适用于"双金属"铸件的生产,例如制作铜套挂衬滑动轴承,既满足了轴承的功能需求,也节约了昂贵的滚动轴承合金材料。

目前,几乎所有种类的铸造合金都可以采用离心铸造进行生产,高度机械化和自动化的离心铸造设备已经出现,机械化离心铸管厂的年产量可达到 10 万 t。

然而,离心铸造也存在一些不足,例如铸件内表面质量较差,孔径尺寸难以精准控制,但这并不影响其满足一般管道应用的基本需求。对于需要内孔加工的零件,解决方案通常是增大内孔的加工余量。

在航空产业中,离心铸造有着广泛的应用,特别是在铝合金、钛合金、镁合金等环形铸件的生产中占有重要地位。此外,这种方法也广泛应用于灰铁和球墨铸铁管、缸套和滑动轴承等中空件的大规模生产,以及采用熔模离心铸造制造生产刀具、齿轮等成形铸件。

8.1.3 铸造技术在航空工业中的应用

由于生产效率高和经济指标优良,金属液态成型技术在航空金属构件制造业中得到了广泛应用。铸造部件的年消费量呈明显上升趋势,特别是精密铸造技术的应用尤为广泛。我国在精密铸造通用零部件的生产和需求方面均居全球领先地位。

在航空构件制造中,尤其是常用的铝合金、镁合金和钛合金的精密铸造,诸如航空发动机内各种关键构件的铸造,都依赖精密液态成型技术。特别是对于关键热端构件,如复杂结构空心单晶叶片的制造过程的要求更加严格,这些也直接影响发动机整体性能。目前中国科学院金属研究所已具备单晶叶片批量生产的能力。

对于发动机的主要结构件——机匣,美国 P&W 公司已采用镁合金替代高密度合金,实现了既轻量又具有高比强度的目标,其质量只有 22 kg。美国的 CF6-80C2 型发动机和中国航发北京航空材料研究院研发的机匣都选用了钛合金为原材料。

综合当前趋势,航空金属构件液态成型技术的发展趋势是主要以轻量化精密铸造技术为导向。

8.2 锻压加工(塑性成形)

锻压加工是指金属材料在外力作用下,产生塑性变形,从而得到具有特定形状、尺寸和性能的毛坯或构件的加工成形方法。轧制、挤压、拉拔、锻造以及冲压都是锻压加工的常见形式,如图 8-11 所示。

相较于其他成形技术,锻压加工有助于改善金属的微观组织,提升其力学性能。经塑性变形的铸锭能得到细小的晶体结构,同时铸件的内部缺陷被修复,致密性增大。此外,该方法还可节约材料,这是因为金属的力学性能得到提高,在相同的受力与工作条件下,可以减小构件的截面尺寸,从而减轻重量并延长使用寿命。例如,美国 F-102 战斗机的整体大梁采用模锻方式生产后,取消了 272 个零件和 3 200 个螺钉,使飞机减轻了 45.5~54.5 kg。再者,大多数压力加工方法,如轧制、挤压和拉拔等,都可对金属进行连续变形,同时使变形速度加快,因此压力加工的生产效率很高。

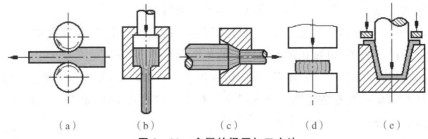

图 8-11 金属的锻压加工方法
(a)轧制;(b)挤压;(c)拉拔;(d)锻造;(e)冲压

然而,由于锻压加工是在固态下进行的,因此难以制造出具有复杂截面(特别是内腔)的产品。与铸造方法相比,其成本更高,成形难度也更大。

8.2.1 锻压加工基础

塑性变形是锻压加工的基础,大多数金属材料在冷或热的状态下都有一定的塑性,可以进行压力加工。施加的外力是使坯料转化为锻件的外部因素。在锻压的过程中,必须确保坯料有足够的塑性变形量而不发生断裂,即塑性是坯料变为锻件的内在条件。因此对脆性材料不可采取锻压加工。

8.2.1.1 金属的纤维组织

在热变形阶段,材料内部的夹杂物会沿着变形方向分布,表现为断续状细线的流线组织,称为纤维(或流线)组织。这种纤维组织具有高度稳定性,使钢材的力学性能呈现出各向异性。通过锻造工艺,使纤维组织在零件内合理分布,可以使零件工作时的最大正应力与纤维方向一致,最大切应力与纤维方向垂直,最大限度地让纤维方向沿零件的形状分布而不被切割。

图 8-12 显示了用不同方法生产齿轮时的纤维分布情况,其中图 8-12(d)中的零件形成"全纤维分布",因而寿命最长,因此许多关键零件都会采用精密模锻或挤压工艺生产。

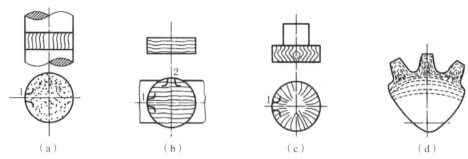

图 8-12 不同加工方法制成齿轮的纤维组织
(a)轧制钢切削而成;(b)厚钢板切削成形;(c)圆钢镦粗再切削成形;(d)合理锻造成形

8.2.1.2 金属的可锻性

可锻性,也称为金属的锻造性能,是评估材料承受压力加工难易度的工艺特性。塑性越高,变形抗力越小,其锻造性能越好;反之则越差。金属的可锻性与材料本质及变形条件密切相关,并受多种因素影响。

1. 金属的化学成分和组织结构

通常,纯金属比合金具有更好的锻造性能;合金元素越多,成分越复杂,锻造性能越差。含碳量增大,碳钢的锻造性能会降低,故低碳钢比高碳钢具有更好的锻造性能。

此外,不同的组织结构也会导致金属锻造性能的差异。固溶体组织有很好的锻造性能,而化合物增多会迅速降低金属的锻造性能;单相和细晶组织的金属锻造性能优于多相和粗晶组织,这是因为多相状态下各相塑性不一,变形不均,容易引发内应力甚至开裂。

2. 变形温度的影响

变形温度对材料塑性和变形抗力有显著影响。通常,在没有过热的前提下,变形温度提高则金属的塑性提高,变形抗力减小,从而金属的锻造性能提高。反之,金属的锻造性能降低。

在锻造过程中,起始锻造温度(始锻温度)与终锻温度之间的温度间隔需要合理控制。若锻造温度过高,可能导致"过热""过烧"以及脱碳和严重氧化等问题。其中,过热是由加热温度过高或者高温保温时间过长而导致的晶粒粗大。具有过热组织的材料,其力学性能和可锻性都不佳。若温度过低则使材料变形能力下降和变形抗力增加,进而降低其可锻性。

3. 变形速度

变形速度是指在单位时间内的变形度。变形速度与可锻性的关系如图 8-13 所示。变形速度低于临界值 V_c 时,随变形速度增加,金属的再结晶过程来不及消除金属变形所产生的加工硬化现象,残余的硬化作用逐渐积累,金属的变形抗力增加,塑性减小。当高于临界值 V_c 时,塑性变形产生的热效应(消耗于金属塑性变形的能量一部分转化为热能,使金属的温度升高)加快了再结晶过程,使金属的塑性提高,变形抗力减小,可锻性改善。高速锻造便是利用这一原理来改善金属

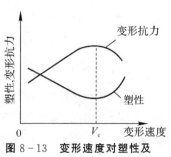

图 8-13 变形速度对塑性及变形抗力的影响

的可锻性的。

4. 应力状态

变形方法的差异会导致金属内产生的应力状态各不相同。即便是采用相同的变形方法,在金属内部不同区域的应力状态也可能有所不同。

如图 8-14 所示,挤压时是三向受压[见图 8-14(a)];拉拔时是两向受压、一向受拉[见图 8-14(b)];自由镦粗时[见图 8-14(c)],坯料内部处于三向压应力状态。在拉应力作用下,金属内部缺陷区会引起应力集中,从而让缺陷更易扩张,形成裂纹甚至锻裂。相反,压应力能促进缺陷压合,从而提高塑性。

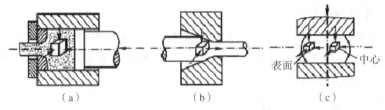

图 8-14 金属变形时的应力状态
(a)挤压;(b)拉拔;(c)镦粗

8.2.2 常用锻造工艺

8.2.2.1 自由锻造

自由锻造是一种常用的金属压力加工技术,它依靠通用工具或设备,在上、下砧铁间对金属坯料施加压力,使其发生塑性变形以获得特定形状、尺寸和性能的锻件。这一过程简称为自由锻。常见的自由锻设备包括空气锤、蒸汽-空气自由锻锤和水压机,如图 8-15 所示。

一般情况下,空气锤的冲击能量较小,仅适用于 100 kg 以下小型锻件的制作。蒸汽-空气自由锻锤更适合中型或大型锻件的加工。锻锤的吨位通常由其落下部件(包括活塞、锤杆和上砧)的质量来确定。水压机的吨位则是根据其产生的最大压力来量化的。由于水压机工作时变形速度较缓,有助于改善坯料的锻造性能,通常用于碳钢、合金钢等大型锻件的单件或小批量生产。

图 8-15 自由锻设备

1. 自由锻的基本流程

自由锻的操作流程可分为基本工序、辅助工序和修整工序。基本工序包括镦粗、拔长、冲孔、弯曲、切割、错移和扭转;辅助工序包括压钳口、倒棱和压痕等;修整工序则包括校正、滚圆和平整。表 8-2 列举了自由锻中应用比较广泛的基本工序的定义和用途。

第8章 成形工艺

表 8-2 自由锻基本工序的定义及应用

工序名称	定义	图例	用途
镦粗	1) 平砧镦粗 [见图(a)]; 2) 带尾梢镦粗 [见图(b)]; 3) 局部镦粗 [见图(c)]; 4) 展平镦粗 [见图(d)]	1) 镦粗：使毛坯的高度减小，横截面积增大的锻造工序； 2) 局部镦粗：对坯料上某一部分进行镦粗	1) 用于制造高度小、截面大的工件，如齿轮、圆盘； 2) 作为冲孔前的准备工序； 3) 增大拔长工序的锻造比
拔长	1) 普通拔长 [见图(a)]; 2) 芯轴拔长 [见图(b)]; 3. 芯轴扩孔 [见图(c)]	1) 普通拔长：使毛坯横截面积减小而长度增加； 2) 芯轴拔长：减小空心毛坯外径和壁厚，增加长度； 3) 芯轴扩孔：减小空心毛坯壁厚，增加内径和外径	1) 制造长而截面小的工件，如轴、连杆、曲轴等； 2) 制造长轴类空心件、圆环类件，如炮筒、圆环、套筒等
冲孔	1) 实心冲子冲孔 [见图(a)]; 2) 空心冲子冲孔 [见图(b)]; 3) 板料冲孔 [见图(c)]	冲孔：在坯料上冲出通孔或不通孔的工序	1) 制造空心件，如齿轮毛坯、圆环、套筒； 2) 对于锻件质量要求高的大型工件，可用空心冲孔去掉铸锭中心部分

2. 自由锻的特点

自由锻的工具和设备简单、通用性强、工艺灵活、成本较低。自由锻能制造各种尺寸的锻件，特别是大型锻件如轧辊、发电机转子、蒸汽轮机叶轮、大型多拐曲轴等，大多数会采用自由锻进行加工。因此，自由锻在重型机械制造业中具有重要的应用价值。然而，这一方法也有其局限性，如锻件的精度低，加工余量较大，生产效率不高，因此，其主要适用于锻造形状简单的单件和大型锻件，或进行小批量生产。

8.2.2.2 模锻

模锻是将金属放在专用模锻设备上,利用外力作用使毛坯充满模膛并成形,从而获得锻件的锻造方法。常见的模锻设备包括模锻锤、热模锻压力机、平锻机和摩擦压力机等。

相较于自由锻,模锻生产的锻件尺寸精确,加工余量较小,内部纤维组织分布更加合理,从而有助于延长产品的使用寿命。模锻具有生产效率高、操作简便的特点,且容易实现机械化和自动化。然而,这种方法需要的设备投资大,锻模成本高,生产准备周期也相对较长。另外,模锻件的质量通常受到设备吨位的制约,因此更适用于中小型锻件(一般小于150 kg)的成批量和大规模生产。图 8-16 为一些典型模锻件。

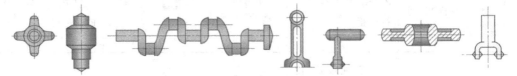

图 8-16　一些典型模锻件

根据所用设备的不同,模锻可进一步分为锤上模锻、曲柄压力机上模锻、平锻机上模锻、摩擦压力机上模锻、胎模锻造等。

1. **锤上模锻**

该方法主要使用蒸汽-空气模锻锤、无砧座锤(对击锤)和高速锤等立式锻压设备,锤头进行垂直往复运动。大多数工厂应用较多的是蒸汽-空气模锻锤。其工作原理与蒸汽-空气自由锻锤基本相同,图 8-17 为单模膛模锻示意图。由于模锻过程中受力大且对锻件的精度要求高,因此这类设备通常刚性好、导向精度高,从而使打击刚度和冲击效率提高。模锻锤的吨位通常在 1~16 t 之间。

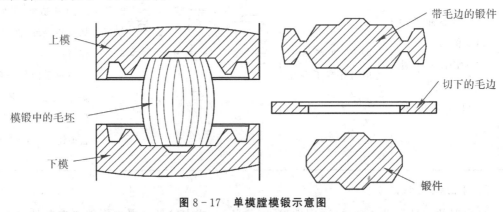

图 8-17　单模膛模锻示意图

锤上模锻是我国当前使用最广泛的模锻技术之一,但由于其操作过程中存在较大的振动和噪声,以及蒸汽效率低,因此难以实现高度机械化。同时,完成一个变形步骤通常需要多次锤击,导致生产效率也不高。因此大批量生产时其逐渐被压力机上模锻所取代。

2. **曲柄压力机上模锻**

曲柄压力机的模锻设备:由电动机通过带轮和齿轮副来驱动曲柄连杆机构,使滑块进行上下往复运动,如图 8-18 所示。

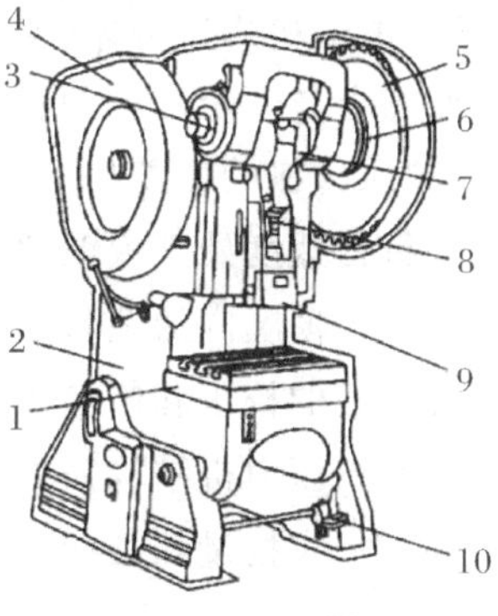

与锤上模锻相比,曲柄压力机上模锻具有以下特点:

(1)变形力是静压力,使坯料具有较小的变形速度,因而适合成形低塑性材料,如耐热合金和镁合金等材料。

(2)锻造过程中滑块行程固定,整个变形在一次行程内完成,因此生产效率高。

(3)设备具有高精度的滑块运动和上下顶出装置,便于实现锻件的自动脱模,从而更易实现机械化和自动化。

1—工作台;2—床身;3—制动器;4—安全罩;
5—齿轮;6—离合器;7—曲轴;8—连杆;
9—滑块;10—脚踏操纵器

图 8-18 曲柄压力机示意图

然而,曲柄压力机上模锻也有其局限性,如滑块行程和压力不能随意调节,不适用于拔长、滚压等操作,且设备复杂,成本高,主要适用于大批量生产。

3. 平锻机上模锻

在平锻机(见图 8-19)中,工作滑块做水平方向的往复运动,与卧式曲柄压力机相当。该设备无工作台,其锻模由固定(凹)模、活动(凹)模和凸模三个部件构成,有两个互相垂直的分模面。当活动(凹)模与固定(凹)模合模后,使坯料夹紧,然后主滑块驱动凸模进行模锻加工。平锻机上模锻的主要特点如下。

(1)主要使用棒料和管材作为坯料,能够锻造长杆类锻件(这些是在曲柄压力机上难以制作的),且可锻出通孔。

(2)由于有两个分模面,平锻机上模锻能够制造其他设备难以锻造的侧面带有凸台和凹槽的锻件;锻件精度高,没有飞边。

(3)平锻机上模锻具有高效、高质量的优点,容易实现机械化和自动化操作。然而,其设备成本高,一般适宜大规模生产。

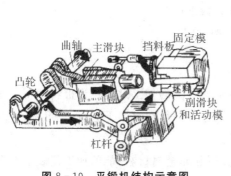

图 8-19 平锻机结构示意图

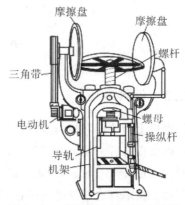

图 8-20 摩擦压力机结构示意图

4. 摩擦压力机上模锻

摩擦压力机(见图 8-20)通过飞轮的旋转积累能量,再将其转化为金属的变形能量实现锻造。电动机通过带轮、摩擦盘、飞轮和螺杆驱动滑块进行上下往复运动,操纵机构控制左、右摩擦盘与飞轮接触,利用摩擦力来改变飞轮转向。

摩擦压力机的特点如下：
(1)行程速度处于模锻锤与曲柄压力机之间,滑块的行程和冲击能量都可调节。
(2)一个模膛内的坯料可被多次锤击,能够完成多种成形工序,如镦粗、成形、弯曲、预锻,以及后续的校正和修整等。
(3)摩擦压力机结构简单,投资成本低,工艺适应性强,但传动效率不高,多用于中、小型模锻件的中、小批量和某些低塑性合金的锻件生产。

5. 胎模锻造

胎模锻造是利用在自由锻设备上加入胎模来获得模锻件的方法。坯料的初步成形通常是通过自由锻方式完成的,随后在胎模内进行最终的成形锻造。

胎模有多种结构形式,常见的如图 8-21 所示。扣模常用于非回转体锻件的局部或整体成形;筒模通常用于锻造法兰盘和齿轮坯等回转体盘类零件;合模则由上、下模两部分组成,主要用于锻造形状复杂的非回转体锻件。

相较于自由锻,胎模锻造生产效率高,锻件质量优良,锻模简单,准备周期短;广泛应用于中、小批量小型锻件生产。其综合性能特点介于自由锻与锤上模锻之间。

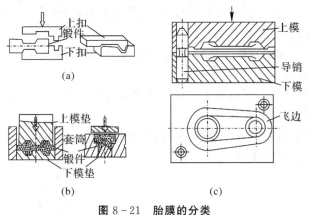

图 8-21 胎膜的分类
(a)扣模；(b)筒模；(c)合模

8.2.3 板料冲压

在压力机上用冲模对板材施加压力使其变形或分离的加工过程称为板料冲压。通过板料冲压可以获得具有一定形状和尺寸的零件。该过程一般在室温下进行,也可称为冷冲压。当板材厚度超过 8~10 mm 时,通常采用热冲压。

冲压加工技术具有广泛的适用性,可用于金属和非金属材料;能够加工仪表上的小型零件,也可加工如汽车覆盖件等大型部件。该技术在汽车、拖拉机、电子设备、航空业、仪表制造及家居用品等多个行业中都有重要应用。

板料冲压具有以下几个显著特性：

(1) 操作简单,生产效率高,易于实现机械和自动化操作;
(2) 制品质量好,尺寸精度高,表面质量佳,互换性很好,通常无需后续加工;
(3) 材料的利用率很高,可以冲制复杂形状的部件,产生的废料少。

但是,由于冲模制作复杂,成本较高,所以这一技术的优势主要在大规模生产中表现得更为突出。

8.2.4 挤压成形

挤压成形是将模腔中的金属坯料从模孔或凸缝中挤出,从而得到具有一定形状和尺寸的零件的加工方法。挤压方式根据金属流动方向与凸模运动方向的关系可分为三种,如图 8-22 所示。

(1) 正挤压:金属挤出方向与凸模的运动方向一致。
(2) 反挤压:金属挤出方向与凸模的运动方向相反。
(3) 复合挤压:金属挤出方向的一部分与凸模的运动方向一致,而另一部分则与之相反。

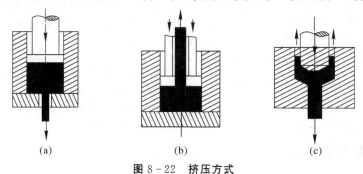

图 8-22 挤压方式
(a) 正挤压;(b) 反挤压;(c) 复合挤压

按照坯料是在冷态还是热态情况下进行挤压,还可将挤压分为冷挤压和温挤压。

金属在室温条件下进行的挤压为冷挤压。冷挤压工艺具有挤压零件力学性能好、尺寸公差等级高、表面质量优、劳动生产率高等特点。将金属坯料在室温以上再结晶温度以下的某一温度区域进行的挤压为温挤压。该工艺能减少材料变形抗力,从而减少挤压工序。因此,对高强度金属材料利用温挤压成形,既可解决压力机吨位不足的问题,又能延长模具的寿命。

8.2.5 常见锻压加工方法比较

各种锻压加工方法有着各自的工作原理和特点,表 8-3 给出了常见锻压加工方法的对比。在实际生产中,锻压工艺的选择应考虑锻件的质量要求、生产效率和经济性等因素。

表 8-3 常见锻压加工方法的工作原理、应用及发展趋势

名 称	原 理	应用及发展趋势
轧制	使金属毛坯通过一对回转轧辊之间的空隙后获得连续变形	应用:用于制造各类钢板、无缝钢管和型材,包括圆钢、角钢、方钢、槽钢、扁钢、工字钢、钢轨等; 趋势:向高速轧制、精确轧制和轧锻组合技术发展

续表

名称	原理	应用及趋势
挤压	通过挤压模孔中的挤压操作,实现金属毛坯变形	应用:用于低碳钢、有色金属及其合金的型材、管件和部件的生产; 趋势:高速精密挤压和挤压与锻造相结合
拉拔	金属毛坯通过拉拔模孔拉出后实现变形	应用:可用于制造直径仅为 0.02 mm 的金属丝和薄壁管,以及提升轧制型材和管材的表面品质; 趋势:提高尺寸精度和降低表面粗糙度值
自由锻	在上、下砧铁之间通过冲击力或压力使金属毛坯变形	应用:主要用于小批量生产具有力学性能高、形状简单的部件毛坯,是生产大型锻件的唯一方法; 趋势:向锻件大型化和操作机械化发展,用液压机取代大锻锤
模锻	在模膛中,通过冲击力或压力,使金属毛坯发生变形	应用:适用于大批量生产形状较复杂的中、小型锻件; 趋势:朝少量或无切削的精密化方向发展,例如精密模锻
冲压	通过冲模的作用,使金属板材分离或变形	应用:用于大规模生产复杂形状的薄板件,如仪器件、仪表零件和汽车覆盖件等; 趋势:向精密化、自动化、非传统成形工艺发展

8.2.6 超塑性成形

8.2.6.1 金属的超塑性

超塑性的定义为,金属或合金在特定的条件(一定的变形速率、变形温度和组织)下,延伸率超过 100% 的性质。例如,钢的延伸率超过 500%,纯钛超过 300%,而锌铝合金则超过 1 000%。

在超塑性条件下,金属在拉伸过程中不会出现缩颈,且其变形应力能够降低至常态变形应力的几分之一到几十分之一。因此这类金属具有极好的成形性,能够通过多种成形工艺制造出结构复杂的零件。超塑性成形主要可分为以下两大类型:

(1)动态超塑性成形(相变超塑性成形)。这类超塑性成形不要求材料有超细的晶粒尺寸,主要条件是在材料的相变或同素异构转变温度附近进行多次温度循环(升温或降温),这样即可获得大的延伸率。

(2)静态超塑性成形(细晶粒超塑性成形)。实现这类超塑性成形的首要条件是要有超细的等轴晶粒,晶粒尺寸应为几微米。获得细晶的方法主要是变形和热处理。其次是进行特定的等温变形,温度一般为 $0.5\sim0.7\ T_m(K)$,而且要极低的变形速度,$\varepsilon=10^{-1}\sim10^{-5}\ s^{-1}$。

目前,在实际生产中有使用价值的是细晶粒超塑性成形。常用材料主要有锌铝合金、铝基合金、铜合金、钛合金及高温合金。

8.2.6.2 超塑性成形工艺的特点

(1) 扩展了金属材料的应用领域。例如,一些原先仅能通过铸造方式成形的镍基合金,经过超塑性处理之后,能够进行超塑性模锻。

(2) 金属在模腔内的充填性能好,适合生产形状复杂、精度要求高的薄壁制品。

(3) 可实现细小均匀的晶粒组织,使零件具有一致均匀的力学性能。

(4) 由于金属的变形阻力小,中、小型设备能够更充分地发挥其作用。

合理运用金属及合金的超塑性特性,可以为精密成形和少量或无切削加工提供新途径。

8.2.7 锻压加工技术在航空工业的应用

航空结构经常在高负荷下、恶劣环境中运行,锻造技术的不断进步对航空结构件的发展起着十分重要的作用。如图 8-23 所示,航空发动机锻件主要涉及盘类构件(例如涡轮盘、压缩机盘等)、轴状构件(例如涡轮轴等)和环形构件(例如机匣、连接环等)。锻造工艺在航空组件的生产中是不可或缺的环节。

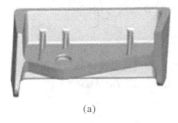

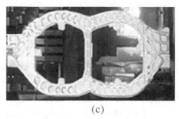

图 8-23 航空锻件实例

(a) 铝合金航空接头锻件;(b) 典型环件;(c) F-22 机身结构钛框

当前,航空塑性变形部件更加注重于产品的高强度、轻量化和一体化。在钣金成形中,如超塑性变形和旋压成形等技术已经成为航空制造业的核心技术之一,塑性成形技术更多地倾向于向这些成形技术发展。目前,航空领域重要结构(如翼面、发动机叶片等)常用的材料多为高温合金、铝合金和钛合金。为了实现近净成形,保持低成本和高收益,这些部件广泛采用了超塑性成形技术。美国伊利诺斯研究所开发的超塑性成形军用钛合金锻件重量极轻,仅 10 kg,同时材料利用率高达 61%,从而凸显了超塑性成形在航空锻件开发中的重要作用。

8.3 焊接(连接成形)

焊接是通过局部加热或加压作用使两独立的金属部分通过原子扩散和结合达到永久连接的方法。由于焊接后的金属连接是不可拆解的,所以该技术也被视为永久性连接手段,也可称之为连接成形。在航空航天等大型工业生产中,焊接技术在材料加工和连接方面的应用非常普遍。

8.3.1 焊接基础

8.3.1.1 焊接接头的组织与性能

利用焊接将分离的两个零件连到一起,连接部分称为焊接接头。由于焊接接头在垂直于热源移动方向的剖面各点被加热的最高温度不同,因此各点区域会出现不同的组织和性能,这将直接影响焊接的质量。图 8-24 为低碳钢焊接接头的组织与温度的变化示意图。整个焊接接头由焊缝区、熔合区和热影响区三部分构成。

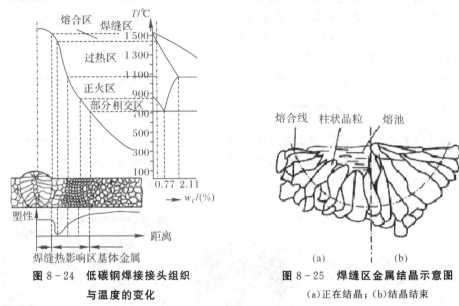

图 8-24　低碳钢焊接接头组织
与温度的变化

图 8-25　焊缝区金属结晶示意图
(a)正在结晶;(b)结晶结束

1. 焊缝区

焊接加热时,焊缝处温度超过液相线温度,母材与填充金属共同形成熔池,凝固后形成铸态组织。图 8-25 给出了焊缝区金属的结晶示意图。冷却时液态金属从熔池底壁开始结晶,垂直于熔池底壁呈柱状生长。由于焊接熔池小,冷却速度快,能够细化焊缝组织的晶粒,同时又起到合金化作用,使焊缝区金属的化学成分常优于母材。因此只要合理地选择焊条和焊接规范,焊缝区金属的强度通常不会比母材强度低。

2. 熔合区

熔合区是焊缝与基体金属的交界区,最高温度在合金的固、液相线温度之间。熔合区内成分和组织分布不均,特征为存在少量铸态组织与粗大的过热组织。尽管该区域很窄,但其强度低、塑性差,为裂纹产生或局部脆性破裂的源头,是焊接接头中性能最差的部位。

3. 热影响区

在电弧的热效应下,焊缝两侧区域的固态母材发生了组织与性能的变化,该区域被称为焊接热影响区。对于低碳钢,根据组织的变化特征,热影响区可再分为过热区、正火区和部分相变区(中、高碳钢还有淬火区)。

(1)过热区。当母材金属的加热温度超过 A_{c3} 100～200 ℃时,由于温度远高于 A_{c3},所以出现了奥氏体晶粒快速生长的晶粒显著粗大区或过热组织区,即过热区。其塑性和抗冲击性能很差,被认为是焊接接头的一个薄弱区域。

(2)正火区。当母材金属的加热温度为 A_{c3} 及其以上 100～200 ℃ 的范围内时,为正火加热温度区间。经冷却,获得的组织是细小、均匀的铁素体和珠光体,力学性能明显优于母材。

(3) 部分相变区。母材金属的加热温度在 $A_{c1} \sim A_{c3}$ 之间,仅有部分组织发生改变。经过冷却,其组织分布不均,力学性能相对较差。

在焊接接头组织中,熔合区和过热区的性能最差,产生裂纹和局部破坏的倾向也最大。热影响区宽度增加会使焊缝金属的冷却速度减慢,晶粒变粗,并使焊接变形增大。因此,热影响区愈窄愈好。合理选用不同的焊接方法和焊接规范(如在保证焊透的条件下,提高焊速、减小焊接电流),可以缩小热影响区。但在焊接过程中无法消除热影响区。对于重要的焊接件,可以采用焊后热处理,来改善焊接接头的性能。对焊后不能进行热处理的金属材料或构件,采取集中加热或提高焊接速度的方法可减小熔合区和热影响区,还可以采用对焊缝渗透合金,加强脱氧、脱硫、脱磷成分,加强对焊缝的保护等方式提高其质量。

8.3.1.2 焊接应力与变形

焊接结构的质量、安全性和制造加工性会受到焊接应力和变形两个因素的影响。当焊件承受外载后,焊接应力与外载荷叠加,将造成局部区域应力过高,甚至导致整个焊件断裂。当内应力超过材料的屈服强度时,工件会发生变形。当焊接中碳钢、合金钢、高合金钢、铸铁时,内应力易使焊缝及热影响区产生裂纹。因此,在设计和制造焊接结构时,应尽量减小焊接应力与变形。

1. 焊接应力与变形产生的原因

焊接时,焊缝及其周围区域的金属在受热状态下发生膨胀。受焊件周围冷金属的影响,其伸长被阻碍,从而形成较大压应力。这种压应力进一步使处于塑性状态的金属发生压缩变形。接下来,当金属冷却至室温时,其也因周围冷金属的制约而无法达到自由收缩的理想状态,进而产生较大的残余拉应力,即所称的焊接应力。在焊件完全冷却后,焊接应力与变形共同存在。

总之,在焊接过程的加热与冷却阶段,焊接残余应力和变形的产生主要源于自由变形受到阻碍。当材料塑性较好、结构刚度较小时,焊件能够自由收缩,焊接变形较大,焊接应力较小,这时应采取一些预防或矫正变形的措施,以获得所需的形状和尺寸;当材料塑性较差,结构刚度较大时,焊接变形较小,焊接应力较大,此时应主要采取减小或消除应力的措施,以避免裂纹的产生。

2. 减少焊接应力与变形的措施

减少焊接应力和变形所采取的工艺措施包括以下几方面。

(1) 预留收缩变形量。在焊接零件准备和加工时提前规划好收缩余量,以确保焊后零件达到设计的形状和尺寸。

(2) 反变形法。此法原理与防止铸件变形的反变形法原理相同。通过理论计算和经验分析,预先计算出结构焊接件变形的大小和方向,然后在焊接装配时施加一个方向相反、大小相当的人为变形,用以抵消焊后产生的变形,从而获得精确的结构形状(见图 8-26)。

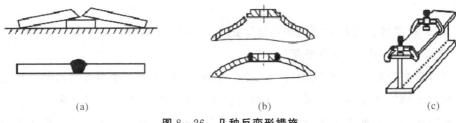

图 8-26 几种反变形措施

(3)刚性固定法。在焊接时对焊件进行固定,待焊接件冷却至常温后再解除固定,可有效避免角度变形和波浪状变形。但这会增加焊接应力,仅适用于具有良好塑性的低碳钢结构,不适用于容易淬硬的钢材或铸铁材料(以防止焊后破裂)。图 8-27 和图 8-28 是刚性固定法在拼焊薄板和焊接法兰时的应用实例。

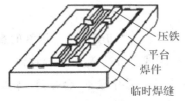

图 8-27 拼焊薄板的刚性固定法

图 8-28 法兰的刚性固定法

(4)合理选择焊接顺序,使焊缝能够自由收缩。当焊接图 8-29 所示的拼接钢板时,应首先焊接错开的短焊缝,然后焊接直通长焊缝,以防止焊缝交汇处产生裂纹。对于长焊缝,可采用图 8-30 所示的逐步退焊法和跳焊法,以实现较均匀的温度分布,进而降低焊接应力和变形。图 8-31 所示的对称截面梁焊接顺序可有效减少变形。

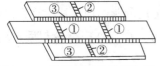

图 8-29 拼焊钢板的焊接顺序

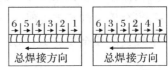

图 8-30 长焊缝的分段焊法

(5)锤击焊缝法。在焊缝冷却阶段,使用圆头小锤均匀且迅速地击打焊缝,使金属发生塑性延伸变形,从而抵消部分焊接收缩变形,进一步减小焊接应力和变形(见图 8-32)。

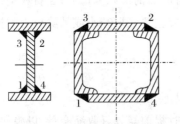

图 8-31 对称截面梁的焊接顺序

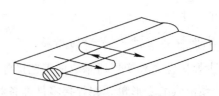

图 8-32 锤击焊缝的路线

(6)加热"减应区"法。焊接前,在工件的合适区域(称为"减应区")进行加热,使其伸长。当焊后冷却时,加热区与焊缝一同收缩,能够显著降低焊接应力和变形(见图 8-33)。

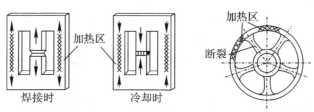

图 8-33 加热"减应区"法

(7) 焊前预热和焊后缓冷。焊前预热能够减小焊缝区与焊件其他部位的温度差异,减缓焊缝区的冷却速度,使焊件能够比较均匀地冷却,从而降低焊接应力和变形。焊后的缓慢冷却也能起到同样的效果,但这增加了工艺的复杂程度,只适用于塑性差、容易开裂的材质,如高碳钢、中碳钢、铸铁和合金钢等。

(8) 焊接变形的矫正。即便实施了上述策略,焊接过程中仍有可能产生超出允许范围的变形。因此,可以通过火焰加热促使焊接结构产生新的变形,其可与原有的焊接变形相互抵消,实现对焊接件的矫正。

8.3.2 焊接的分类及特点

焊接的分类可根据所用能源、工艺特点以及焊件和填充材料发生结合时的物理状态来进行。一般而言,焊接可分为熔化焊、压力焊和钎焊三大类型,每一类中还包含多种具体的焊接技术(见图 8-34)。

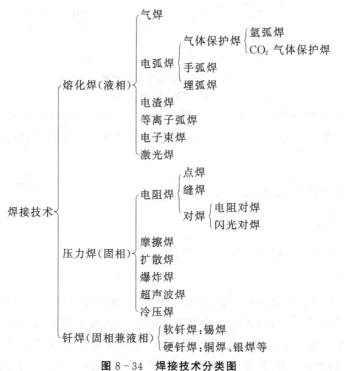

图 8-34 焊接技术分类图

熔化焊是通过外部热源将焊件的局部区域加热至熔化(通常还会熔入填充金属),然后冷却使之结晶为一体的一种焊接方法。这种方法的加热温度较高,容易导致焊件变形,但其对接头表面清洁度要求较低,操作便捷。其广泛应用于各类常用金属材料的焊接。

压力焊(也称压焊)是在加热(或无加热)的条件下通过对焊件施加压力,使焊件在接头区域发生塑性变形并实现原子间结合的连接方法。这种焊接方法仅适用于具有良好塑性的金属材料。

钎焊是使低熔点钎料熔化后填充至接头间隙,并与焊件(固态母材)产生扩散作用以实现连接的方法。这一方法不仅适用于相同或不同种类金属材料的焊接,还可用于金属与非金属材料如玻璃、陶瓷等的焊接。

焊接技术的优势包括以下方面:

(1)成形过程简单、灵活。焊接技术种类繁多,工艺流程简单,能在短时间内制造出结构复杂的焊接组件。

(2)适用范围广。针对不同需求,可以选择相应的焊接方法,用以制造从微型至大型,从简单至复杂的金属构件,也能制造具有良好气密性的高温、高压设备以及化工设备。此外,该技术既适合单件小批量生产,也适合大规模生产,还能实现异类金属和非金属材料的连接。

(3)经济效益好。与铆接(见图 8-35)相比,焊接结构能节约 10%～20% 的材料,并减少如划线、钻孔和装配等其他工序。焊接还允许根据使用需求来选择材料,能在结构的不同部位根据强度、耐磨、耐腐蚀和耐高温等要求选用不同的材料,从而具有较好的经济性。

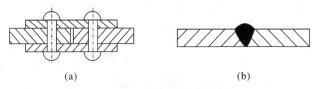

图 8-35 焊接与铆接比较
(a)铆接结构;(b)焊接结构

但是,焊接技术的应用也存在一些问题,如焊接是一个不均匀的加热过程,焊后会产生焊接应力与变形,因此在某些方面的应用受到一定到限制;焊接生产自动化程度较低,焊接质量的可靠性有待提高。

8.3.3 常用及先进的焊接工艺

8.3.3.1 电弧焊

电弧焊是以电弧作为热源进行的熔焊过程。

1. 手动电弧焊

手动电弧焊是手工操纵焊条,通过电弧局部熔解焊件进行焊接的电弧焊方法。在焊接时,焊条和焊件为两个电极,被焊金属为焊件或母材。电弧在焊条与焊件之间形成,电弧的高温作用使焊件局部熔化,在被焊金属上形成一个椭圆形充满液体金属的凹坑,称为熔池(见图 8-36)。随着焊条移动,熔池冷却凝固后形成一条焊缝,从而使分离的焊件连接成为一体。

第8章 成形工艺

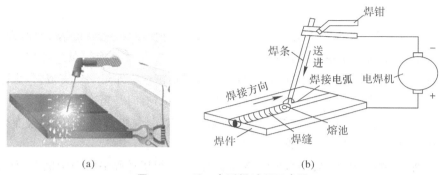

图 8-36 手工电弧焊过程示意图

手动电弧焊的主要优势在于设备简单,使用方便灵活,可焊接各种位置(见图 8-37)以及直缝、环缝和多样的曲线焊缝等。该方法尤为适合操作空间受限的场合和焊缝短小的焊接件。但该方法对操作者的技术水平要求较高,生产效率低,工作环境差,劳动强度大,不适宜焊接活泼金属、低熔点金属和难熔金属。

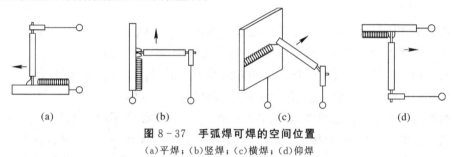

图 8-37 手弧焊可焊的空间位置
(a)平焊;(b)竖焊;(c)横焊;(d)仰焊

2. 埋弧自动焊

利用连续送入的焊丝在焊剂层下产成电弧并自动进行焊接的方法(见图 8-38)称为埋弧自动焊,是目前应用较为普遍的自动焊接方法之一。在该方法中,连续送进的焊丝取代了手动电弧焊中的焊条,颗粒态的焊剂代替了焊条的药皮(埋弧焊焊剂中没有造气剂成分)。焊接期间,电弧在焊丝与焊件间形成,并在 40~60 mm 厚的焊剂下燃烧。通过电弧的高温作用,焊件、焊丝和焊剂熔化形成熔池和熔渣,熔池和熔滴在熔渣和焊剂蒸气的保护下与外界空气隔离。随着电弧的移动,熔池在熔渣覆盖层下凝固形成焊缝(见图 8-39)。

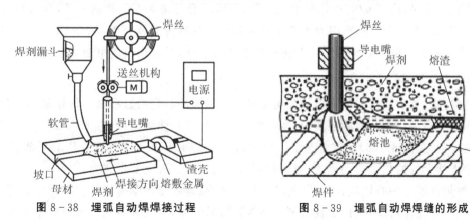

图 8-38 埋弧自动焊焊接过程　　　　　图 8-39 埋弧自动焊焊缝的形成

— 257 —

埋弧自动焊的特点如下：

(1)生产效率高。由于没有焊条发热问题，所以允许使用大电流(可达1 000 A以上)焊接，熔敷效率高，焊接速度快。操作时使用盘装焊丝，无需频繁更换焊条。焊接在焊剂层下进行，热效率高。对于厚度小于25 mm的焊件，无需切割坡口即可一次完成，大大减少了焊接辅助时间。其生产效率比手动电弧焊接高了5~10倍，有时甚至高达20倍。

(2)焊缝质量高。由于电弧和熔池都被液态熔渣封闭，保护效果良好；焊接参数自动控制，因此焊接质量稳定，焊缝形态整齐美观。

(3)劳动条件好。由于埋弧自动焊，没有弧光产生，焊接过程中的烟尘也少，而且机械化操作降低了劳动强度。

该方法特别适用于大规模生产，能够焊接中、厚钢板(6~60 mm)的直焊缝或大直径环缝，以及平焊位置的对接、搭接和T字接头。该方法还可以用于在金属表面堆焊耐磨、耐蚀合金。

3.气体保护焊

利用外加气体作为电弧介质并保护电弧及焊接区的电弧焊，称为气体保护焊。常用的保护气体分为两类：惰性气体，如氩气和氦气；活性气体，如二氧化碳。

(1)氩弧焊：以氩气为保护气体的焊接方法称为氩弧焊。氩气属于惰性气体，不与焊缝金属发生化学反应，也不在液态金属中溶解，是理想的保护气体。

氩弧焊具有好的保护效果和电弧稳定性，在氩气流的压缩作用下，电弧热量集中。因此氩弧焊的热影响区域较小，焊接后变形少，焊缝平整、光洁、无焊渣，方便机械化和自动化操作。然而，氩气成本较高，设备也相对复杂，因此其主要应用于铝、镁、钛及其合金以及不锈钢的焊接，有时也用于合金钢的焊接。

(2)CO_2气体保护焊：以CO_2气体作为保护介质，从喷嘴中连续喷出CO_2气体，围绕电弧形成局部气体保护层，通常以自动或半自动的方式进行焊接。

CO_2气体保护焊的成本约为手动电弧焊和埋弧焊的40%~50%，且CO_2电弧具有较强的穿透力和较高的熔敷速度，生产效率比手动电弧焊高出1~4倍。CO_2抗腐蚀能力强，抗裂性能高，适用于低碳钢、低合金钢、耐热钢和不锈钢的焊接。

需要注意的是，由于CO_2气体具有氧化性，高温下会分解为CO和氧原子，容易导致合金元素烧损和焊缝氧化。这会引发电弧不稳定和金属飞溅等问题。因此，在CO_2气体保护焊中，通常使用含有锰和硅元素的焊丝进行脱氧和合金化，并采用直流电源以稳定电弧。

8.3.3.2 摩擦焊

摩擦焊是一种利用固相热压而使金属连接的焊接方法。它通过在被焊件接触面上施加压力和高速相对运动来产生摩擦热；当接触面及其相邻区受热熔融后，再加压顶锻使焊接零件连接在一起(见图8-40)。这是一个综合了热、力、冶金、传质及其相互作用的复杂系统。

根据焊接零件的相对运动形式，摩擦焊可以分为以下三种主要形式：

(1)被焊件围绕中心轴进行旋转，包括惯性摩擦焊、连续驱动摩擦焊和相位摩擦焊等。

(2)被焊件保持不动，搅拌装置或第三体执行旋转运动，如搅拌摩擦焊和径向摩擦焊等。

(3) 被焊件执行往复直线运动,包括线性摩擦焊以及堆敷材料同时进行旋转与移动的摩擦堆焊等。

相较于熔化焊接技术,摩擦焊的显著优点在于它实现了被焊件的固相连接。即无需将待焊零件熔化至熔融状态,而是通过施加各种力使热塑性金属局部产生变形,所得焊缝为锻造组织,显著增强了焊接接头的力学性能。

摩擦焊技术具有以下优势:

图 8-40 摩擦焊

(1) 接头性能优越,能够有效减少裂纹、气孔和偏析等缺陷的形成;高温以及热塑性金属的局部变形促使焊缝发生再结晶,从而获得与母材性能接近的接头。

(2) 能耗低(仅为熔焊的 10%~20%)、效率高,容易实现自动化和大规模生产,接头具有高的可靠性和可重复性。

(3) 对原材料需求少、环境友好,无需使用焊条、焊丝、焊药和保护气体,并且不会产生弧光、火花、烟尘和焊渣等。

(4) 有广泛的可焊性,可以焊接碳钢、合金钢以及有色金属等同类材料,也可以连接性能差异较大的两种金属,甚至可进行焊接性质完全不同的金属与非金属材料的焊接,如合金与塑料、陶瓷等。

摩擦焊技术也有其局限性:焊接过程会形成飞边,不能应用于空间受限且无法进行飞边去除的场合;焊接时至少有一个待焊件要能够产生塑性变形;摩擦焊所需设备成本较高,由于需要执行旋转、线性和轨道等多种动作,驱动电机需要提供大的驱动力。

8.3.3.3 激光焊

激光焊是利用高能量的激光束作为热源的一种高效精密的焊接方法。激光焊是激光材料加工技术应用的重要方面之一。

激光焊(见图 8-41)的能量密度集中并可调控。激光聚焦后其能量密度达 $10^6 \sim 10^{12}$ W/cm^2,并在极短时间内(以毫秒计)光能转变为热能,温度高达一万摄氏度,使得激光焊接焊点小,热影响区窄,焊接变形小,精度高,可以焊接一般方法难以焊接的材料。此外,激光焊不与焊接的工件产生接触,焊接效率高,焊后焊缝窄且强度高,被应用于汽车、船舶、航空航天等装备制造业领域,并不断向更多材料加工终端领域扩展。

(a)

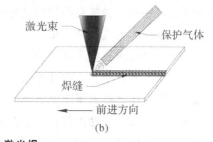
(b)

图 8-41 激光焊
(a)激光焊操作;(b)激光焊过程示意图

8.3.3.4 爆炸焊

爆炸焊是一种在空气中瞬时加热的熔化焊。在焊件上放置炸药及雷管,利用炸药爆炸产生巨大冲击力使焊件表面发生迅速碰撞并瞬间结合在一起。焊接时在被焊表面的某些部位，金属被加热至熔化状态，但在其余部位温度较低，接近于冷焊。爆炸焊的持续时间仅为几微秒，热影响区小，爆炸焊接头强度高于被焊材料。爆炸焊用于双金属轧制焊件和表面包覆有特殊物理化学性能的金属或非金属的结构钢焊接，异种材料焊接，以及冲-焊、锻-焊结构件的焊接。

8.3.3.5 电子束焊

电子束焊接技术是在真空条件下，利用加速和聚焦的电子束轰击焊接件的接触缝处，从而使被焊件熔化进行焊接的方法。

电子束焊的显著优势表现为：能量密度大，焊接效率高；深宽比大，工件变形小；焊缝的物理性能稳定；焊接参数容易调整，工艺灵活性强。目前这一技术在国内的应用非常广泛，焊接制品已从国防领域如原子能、火箭和航空扩展到民用部门。例如，在汽车的齿轮组合、变速器壳、后桥、汽轮机、发动机和化工容器等方面，电子束焊技术已经显示出很好的经济效益。

8.3.3.6 扩散焊

扩散焊是一种通过将两个或两个以上固相材料充分紧压，然后在真空或保护性气氛下将其加热至低于母材熔点的温度来实现焊接的方法。在施加压力后，接触界面产生微观的塑性变形，实现紧密接触，在保温阶段通过原子互相扩散达到牢固结合，从而完成两个工件间的焊接，也可称之为扩散连接。

扩散焊的优势包括：接头质量高，无需焊后加工处理；焊接过程中变形小，能够一次性完成多个接头的连接。随着科技的不断进步，扩散焊技术的应用范围也逐步扩大，并发挥着越来越重要的作用。

8.3.4 现代焊接技术在航空工业中的应用

在航天航空制造领域中，焊接技术起着十分重要的作用，其可以显著提高产品制造的生产效率，推动航空航天事业的进步。目前，各种先进的焊接技术得到普及推广，特别是激光焊接技术，在航空航天设备制造，在武器系统和飞行器的生产、飞机蒙皮拼接、蒙皮与长梁的连接，以及薄壁构件制造和机身附件的装配中都得到了广泛应用。该技术不仅优化了飞机的结构性能，还减轻了飞机整体重量。在20世纪70年代，美国航空制造业开始用激光焊接取代传统的铆钉连接，从而使飞机的净重下降了15%，制造成本也减少了25%，同时还提升了运载能力，减少了燃油消耗。搅拌摩擦焊被视为"当代最具革命性的焊接技术"，已广泛应用于飞机蒙皮、翼肋和飞机地板等结构件的装配中，大幅度提高了连接质量，降低了成本，提高了生产效率。此外，线性摩擦焊由于其焊接质量高也被应用于钛合金整体叶盘的制造中。扩散焊技术在直升机的钛合金旋翼、飞机大梁以及发动机机匣与整体涡轮等制造中的应用取得了突出进展。而电子束焊接技术在提高飞机发动机制造质量方面效果显著，特别是在发动机的减重设计和异种材料的有效连接方面表现出色。

伴随着航空航天事业的发展和进步，焊接技术的重要作用愈发凸显。在未来，首先，焊接技术仍有探索空间,需在更广泛的领域实现智能化和自动化生产。其次,积极寻求新型热源,推进焊接技术进展。最后,针对日益多样和新颖的材料发展趋势,相应的新型焊接技术研究也需跟进,以期优化焊接技术,并进一步推动我国在航空航天、汽车制造、海运工业以及新兴轻工业等多个制造领域的不断壮大。

习 题

1. 合金的铸造性能包括哪些方面?衡量铸件质量的主要指标是什么?
2. 铸件缺陷包括哪些方面?生产中可采取什么措施加以避免?
3. 铸造工艺包括哪些具体方法?各有什么特点?
4. 铸造合金的结晶温度范围对铸件质量有何影响?为什么?
5. 锻造的作用是什么?
6. 什么是热加工纤维?它对材料性能有何影响?制造零件时应使纤维组织如何分布?
7. 什么是金属的可锻性?金属可锻性的好坏取决于什么条件?
8. 与其他成形方法相比,锻压加工具有哪些优点?比较各种锻压加工方法的特点及应用。
9. 什么是超塑性成形?其特点和应用有哪些?
10. 常用的焊接方法有哪几大类?各有什么特点?
11. 焊接接头组织分为哪几个区段?各区段的组织和性能特点如何?
12. 产生焊接应力和变形的原因是什么?焊接变形的基本形式有哪几种?防止和减小焊接变形的主要措施有哪些?

▶拓展阅读◀

"中国超级钢之父"王国栋院士:为大国重器研发"超级钢"

77岁的中国工程院院士王国栋,现在仍然很忙。

翻开日历,2016—2018年,他每年约有1/3的时间奔波于企业,解决技术问题、参加项目论证、参加行业会议、开展技术交流……这位被誉为"中国超级钢之父"的科学家,还在不断攀登,征服一个又一个科研高峰。

向上的路难走,他却初心不改,忙中自乐。接受采访时,王院士的手机不时响起,每次交谈的尾声,他总是习惯性地询问外地企业负责人对企业的技术需求。他说:"我国的钢铁工业要真正实现领跑,必须做好原创性、前沿性、颠覆性研究,在从'0'到'1'的研究上下真功夫,做到人无我有。"

在小型厂锻造技改之心 敢创新

1968年到1978年,王国栋在鞍钢小型厂度过了难忘的10年。当时的小型厂主要轧制螺纹钢,劳动强度大、危险性高。王国栋回忆起那段岁月,仍是记忆犹新。他笑着说:"小型厂以前被称为'阎王殿',可以想见当时工作的辛苦和危险。也由此,鞍钢的领导和工人们都懂得技术的重要性,都很尊重知识分子。大家都感觉到,现有工艺水平严重制约了产量的提升,工厂和工人都有着强烈的技术改进需求。"

初到生产一线的王国栋并没有技术革新的任务,但他把问题看在眼里,记在心上,用自己的知识做有益于人民的事的想法更加强烈了。很快,他从小型厂前辈那里找到了努力的方向。

王国栋告诉记者,在20世纪50年代,小型厂出了两个享誉全国的劳动模范——王崇伦和张明山,他们都是善于创新、用科技推动生产力提升的典型代表。其中,张明山从1950年初开始,与两名老工人连续苦战近三年,终于研制出"反围盘"自动喂钢装置,并在1952年9月试轧出直径分别为19 mm和25 mm的圆钢。而轧机"反围盘"自动喂钢装置的诞生,也结束了小型厂27年手工喂钢的历史,初步实现了自动化喂钢。

榜样的力量,不断激发着王国栋的创新意识。一年后,这位勤奋好学的年轻人被调入技术革新小组,厂里为他配备了钳工、电工助手。哪里有问题,他就到哪里,一点点推动着小型厂的技术进步。

当时,小型厂二车间正在生产一种用于国产汽车前桥的周期断面钢材,由于不能在周期开始点将钢材送进轧机,原本可以轧制出4个周期解放汽车前桥的坯料,结果只能轧制出3个整周期和2个半周期,成材率只有75%;用于黄河汽车时,本可以轧制出3个整周期的坯料,结果只能轧制出2个整周期和2个半周期,成材率不到67%,浪费现象比较严重。

王国栋主动请缨,根据所学知识和小型厂工人师傅的实践经验,设计制造出了一套用在轧机上的联锁和夹持装置,实现了轧件装置与轧机传动系统的联动,将在周期中间喂入钢材改为在周期开启时喂入,得到了4个或者3个整周期钢材,保证了成材率。这一工艺上的革新,使周期断面钢材的轧制取得突破性的进步,也被誉为鞍钢"企业领导干部、技术人员、工人三结合"的重大成果。

从技术图书馆吸取养分 爱读书

鞍钢技术图书馆,是鞍山的标志性建筑。初到小型厂工作,王国栋便被技术图书馆深深吸引,因为那里有着当时最为前沿的钢铁科技图书。"我的工作业余时间,还有几乎所有的周日休息时间,都是在图书馆里看书、查资料度过的。在那里,我了解到当时国际上钢铁行业最新的技术变革情况,也认识到我们和发达国家之间的差距。"

王国栋如饥似渴地在技术图书馆吸取着养分,他不但自己学习,还经常把这些文献翻译过来,在《国外钢铁》等杂志上刊出,让这些先进的知识为更多的人所知所用。

就是在那个时期,王国栋对中国的钢铁工业有了更直观、深刻的认识,也被中国钢铁工人的匠心所感动。

"中国的钢铁工人勤劳智慧,跟他们在一起我受益很多。与工人们在一起,我能体会到他们的辛劳,更知道他们的需要。而工人的知识、品质、经验,对于技术人员的发展提升同样重要。"

王国栋意识到,知识分子和工人结合在一起,必然会产生巨大的能量。"你研发出来的产品,必须要用到一线去,这是个朴素的认识。而正确的科研,都是从实践中来,到实践中去,不可能凭空想象。"

联合攻关研发"超级钢"　下企业

每年花大量的时间下企业,很多人对王国栋的做法感到不解。可他却深信,进行科学研究必须始终坚持问题导向。走过这么多年的教学和科研道路,王国栋对做科研有着深刻的理解。"科研中有这样不好的倾向,那就是不从实践中寻找问题,而是从国外文献中寻找。这不是不可以,但这都是二手的问题。这些已经被研究的问题,是否符合我们的需求?是不是我们具体能碰到的问题呢?无论做哪个方面的研究,都离不开实践,离不开与企业的合作。"

王国栋认为,我们的科学研究要面向世界科技前沿、面向经济主战场、面向国家重大需求,就一定要深入企业和实践中,否则就是无源之水、无本之木。从企业一线发现问题,再筛选出关键共性问题,上升到理论研究,然后和企业结合转化到生产实践中,科研成果必然会为企业欢迎,转化自然不是问题。

在国家"973"项目的支持下,与全国钢铁人一起研发超级钢时,王国栋带领着团队在东北大学轧制技术及连轧自动化国家重点实验室和宝钢之间往来奔波,不但先于国外竞争者完成了200 MPa级别普碳钢到400 MPa的科学研究,实现了强度的翻番,还提前近3年时间生产出原型钢,并进行了实际应用。2004年,"400 MPa级铁素体/珠光体钢的超细晶强韧化与控制技术"获得国家科学技术进步一等奖。

王国栋在攻关过程中发现,在晶粒细化实现强化之外,还可以通过轧制与冷却过程来控制析出、相变,进一步改善钢材的性能。在他的眼中,钢材是一种大有潜力的材料,直到今天,他还沉浸在对钢材的研究中。正是因为我国钢铁材料人的努力,我国在桥梁钢、管线钢、高层建筑用钢以及航母等大国重器用的高端钢材上,才真正摆脱了被"卡脖子"的状态。

为中国钢铁工业领跑而努力　建平台

王国栋无比重视创新。他认为,现在我国的钢铁工业已经挺起了腰杆,但要真正实现领跑,必须做好原创性、前沿性、颠覆性研究,在从"0"到"1"的研究上下大功夫,做到人无我有。

在材料突破上,2018年,王国栋所在的东北大学轧制技术及连轧自动化国家重点实验室,在国际上率先研发出2 000 MPa级汽车用热冲压用高强钢;在液化天然气低温容器用钢上,世界上普遍采用的材料是9Ni钢,在保证钢材性能的前提下,实验室与企业合作,用5Ni钢做出了9Ni钢的性能,大幅节约了成本。在生产工艺上,研发出薄带连铸、无头轧制等新流程、新工艺,正在向企业转化,可应用于多个重要钢种的生产。

科研创新必然要依托于先进的平台,东北大学轧制技术及连轧自动化国家重点实验室与国内众多钢铁企业合建研发平台和近工业化的试验平台。同时,通过学科交叉进行钢铁行业的智能制造探索,目前东北大学牵头承担着国家原材料领域三个智能制造重大科研项目的工作。

"围绕钢铁材料工业的绿色化、智能化,我们提出了'工艺绿色化、装备智能化、产品高质化、供给服务化'的理念。只要做好了这些方面的工作,我们的钢铁工业就会实现领跑。我们正在为之努力。"对于未来,王国栋充满信心。

来源:http://www.yysteel.com/nd.jsp? id=430,有改动。

第 9 章　增 材 制 造

增材制造（Additive Manufacturing，AM）技术是一种基于三维立体快速成型各种复杂结构的新技术，也称 3D 打印技术、数字化增材制造技术或增量化制造技术。该技术是在可控的情况下对物质原材料进行动态累积，以接近目标形体的一种生产过程。其通常以"堆积"为典型技术，融合了计算机辅助设计及材料加工与成型技术，以数字化立体模型文件为基础，通过软件与数控系统将专用的金属材料、非金属材料、光敏材料以及医用生物材料等，按照挤压、烧结、熔融、光固化等方式层层积累，制造出实体三维物品。

增材制造技术是基于离散-堆积原理，根据目标成型件的三维立体数据进行直接制造的先进科学技术体系，主要通过计算机程序控制形成连续材料层，并进行逐层堆积，以创建物理对象而生成三维立体成型件。3D 文件数据源通常被分成若干层，每一层都会对应生成由计算机控制的指令。在整个三维立体产品的制造过程中，增材制造技术的要素是按顺序逐层进行材料添加或连接，其过程省略了对成型材料的减材，因此在很大程度上简化了复杂结构零件的制造工艺流程。同时，增材制造技术颠覆了传统制造方式的理念，对传统制造业的转变及发展产生了深远的影响。

增材制造技术可以分为两大类：直接增材制造和间接增材制造。其主要区别在于目标产品是否直接由增材制造技术制成，还是只是在其生产过程中使用了增材制造技术。该工艺几乎可以制造任何复杂形态或形状的物体，通常采用来自 3D 模型或其他电子数据数字模型生成的指令，例如立体光刻技术的立体光刻文件，这是 3D 打印机可读取的最常见的文件类型之一。

增材制造技术自诞生以来在各国迅速发展，并且逐步应用于商业，其价值受到了广泛认可。增材制造技术不同于传统的制造模式，具有颠覆性意义，甚至可能改变工业革命以来传统的制造工艺，彻底改变复杂结构零件的制造或组装方式。因此增材制造产业越来越受到世界各国的青睐。

第9章 增材制造

9.1 增材制造技术的发展历程及技术特点

9.1.1 国外研究历程

增材制造技术起始于20世纪70年代末期的美国,并在20世纪80年代中期逐步发展,一开始是为了满足目标模型快速制作成型的需求。20世纪70年代是分层实体制造(Laminated Object Manufacturing,LOM)技术的起步时期,J. E. Blanther在美国申请的专利是分层制造方法的开端。1986年,Michael Feygin成功研制出LOM技术,其工艺原理是根据加工产物的结构形态进行分层切割,然后将所得到的层面逐层结合形成立体实体。20世纪中下叶到20世纪末是快速成型技术大力发展的时期。1988年,美国3D Systems公司率先开发了可用于商业的快速成型立体光刻机,为增材制造技术的发展打下了坚实基础。随后,伊曼纽尔·萨发明了三维打印工艺,即先在成型件表面"喷涂"材料粉末,再通过逐层堆积得到产品。此外,美国Stratasys公司首次提出熔融沉积成型(Fused Deposition Modeling,FDM)技术,并专门为设计和工作规模较大的制造业和重工业打造了Stratasys F900,其具备FDM系统中较完善的尺寸构建功能,可以满足苛刻的制造需求,其外形如图9-1所示。该工艺具有可行性强、成本低、效率高等优点,并且环保性能高。1989年,美国得克萨斯大学奥斯汀分校发明了选择性激光选区烧结(Selective Laser Sintering,SLS)技术,该技术常用的加工原材料主要包括塑料、陶瓷、金属等粉末材料。

图9-1 Stratasys F900打印机

20世纪末至今为直接增材制造的时期,着重突破了金属材料的成型,主要有激光立体成型(Laser Solid Forming,LSF)和激光选区熔化成型(Selective Laser Melting,SLM)技术,即同步材料送进成型和粉末床选区熔化成型两种方式。

增材制造技术的发展大致可分为快速原型制造和金属直接增材制造两个阶段。增材制造技术各发展阶段的代表工艺和原材料见表9-1。快速原型制造工艺包括光固化成型(Stereo Lithography Appearance,SLA)、LOM、FDM及SLS等。由于工艺和材料的限制,加工的成品无法达到产品级别的性能要求,只能作为原型或用于模具制造的样件,所以被称为快速原型制造。SLM、激光工程化近净成型(Laser Engineered Net Shaping,LENS)、电子束选区熔化(Electron Beam Selective Melting,EBSM)、电子束自由成型(Electron Beam Freeform Fabrication,EBF)、等离子增材制造(Ion Fusion Formation,IFF)、电弧熔丝增材制造(Wire Arc Additive Manufacturing,WAAM)以激光束、电子束、等离子束或电弧为热源,能够对制备好的金属粉材或丝材进行逐层熔化或堆积,可直接制造出金属零件成品或半成品,因此被称为金属直接增材制造。

表 9-1 增材制造技术发展阶段

阶 段	年 份	发明者	增材制造成型工艺	原材料
快速原型制造	1983	Hull C.	光固化成型(SLA)	光敏树脂
	1986	Feygin M.	分层实体制造(LOM)	纸基片材
	1988	Stratasys 公司	熔融沉积成型(FDM)	多种丝材
	1989	Deckard	激光选区烧结(SLS)	多种粉材
	1993	麻省理工学院	立体喷墨打印(3DP)	粉末胶合
金属直接增材制造	1990	NASA 兰利研究中心	电子束自由成型(EBF)	合金粉材
	1995	Meiners W.	激光选区熔化成型(SLM)	金属粉材
	1998	Sandia 国家实验室	激光工程化净成型(LENS)	钴基粉材
	1999	Cranfield 大学	电弧熔丝增材制造(WAAM)	金属丝材
	2001	Arcam 公司	电子束选区熔化(EBSM)	金属丝材
	2004	Fronius 公司	电弧冷金属过渡焊接(CMT)	合金铝丝
	2013	麻省理工学院	四维打印(4DP)	记忆合金

本章主要介绍四种快速原型制造成型工艺——SLA、SLS、FDM 和 LOM，以及两种金属直接增材制造技术——WAAM 和 EBSM，并对这六种增材制造技术的原理、技术优势或者现阶段的研究现状进行阐述。

根据国际标准，将增材制造的原材料分为金属材料、有机高分子材料、无机非金属材料和生物材料。本章梳理了材料形态、材料种类与增材制造成型工艺的对应关系，见表 9-2。

表 9-2 增材制造原材料

材料类型	材料形态、材料种类	增材制造成型工艺
金属材料	涉及种类：粉材、丝材、液态；有色金属（钛合金、铝合金、金属间化合物等）、黑色金属（高温合金、不锈钢等）	金属丝：(激光/等离子/电子束/电子弧)定向能量沉积(Directed Energy Deposition, DED)；金属粉末：黏结剂喷射(Binder Jetting, BJ)、粉末床熔融(Powder Bed Fusion, PBF)、DED；液态金属：材料喷射(Material Jetting, MJ)、按需滴落(Drop On Demand, DOD)
有机高分子材料	涉及种类：粉末、丝材；工程塑料、热固性塑料、可降解塑料、高分子凝胶、光敏树脂等	光敏树脂：SLA、数字光处理投影打印(Digital Light Processing, DLP)、MJ；粉材：PBF、SLS、BJ；丝材：FDM、LOM；高分子凝胶：DLP
无机非金属材料	涉及种类：粉材、片材；Al_2O_3、ZrO_2、SiC、AlN、Si_3N_4 等陶瓷材料	粉材：SLS、SLM；片材：SLS、SLM
生物材料	仿生组织修复支架、细胞活性材料、器官微结构、可植入材料等	SLA、FDM

增材制造技术是当下最热门的高科技之一,在工业生产中的运用十分广泛。在世界范围内,部分发达国家已经利用该项技术制作出和人体不发生免疫排斥的器官,极大地推动了医疗事业的发展。20世纪90年代初,基于粉末黏合的固体自由成型技术的发明,改变了传统的药物制造模式,实现了由概念设计向个性化药物打印的转变,将个别患者的治疗需求有效转化为符合预设质量要求的小批量药物产品。可见,增材制造技术可以突破很多传统加工技术的局限,赋予产品个性化定制的特点,从而更好地针对用户需求进行服务。

2013年2月,麻省理工学院成功研制了四维打印(Four Dimensional Printing,4DP)技术,即4D打印技术,这是可以不通过打印设备而直接将材料成型的新技术,其在3D打印技术的基础上增加了时间这一维度,可以按照需要构建产品模型,并根据设计参数自动产生相应的形状。4D打印技术的关键是记忆合金的研制。

9.1.2 国内研究历程

20世纪90年代初期,在多个部门的大力支持与推动下,国内许多知名的高校和企业在增材制造技术领域取得了重大进展。今天,增材制造技术已经在我国广泛使用,涵盖成型件的设计、研发以及制造等全部工艺流程,已不再仅是简单的成型工艺。

西北工业大学、清华大学、北京航空航天大学、上海交通大学、南京航空航天大学、西安交通大学、大连理工大学、华南理工大学、华中科技大学、中国工程物理研究院等高校和研究机构均对增材制造技术开展了广泛研究。在成型机和成型材料方面,华中科技大学研究了分层实体制造的原理,并且取得了一系列成果。西安交通大学研发了金属材料的喷涂技术,并制造出厚度可低至0.8 mm的极薄叶片模型和紫外光固化成型机。西北工业大学黄卫东教授自1995年开始,在国内创造性地提出了激光立体成型技术,成功研制出了国内第一台可以用于商业的设备。北京航空制造工程研究所的关桥院士提出了航空特种焊接及连接技术与广义增材制造的理念,强调其使用的能源和材料更加广泛。北京航空航天大学的王华明教授则成功研制了飞机钛合金大型复杂整体构件激光束成型技术。这些技术与成果对我国增材制造技术的发展与进步有着深远的影响。

9.1.3 增材制造的技术特点

增材制造技术具有成型效率高、通过三维数据控制、加工成本相对较低等特点,是一种新型高科技工艺。在传统制造工艺模式中,加工需要依赖现有模具,难以制造复杂的结构,针对个体的产品定制需要投入更多的人力。但是得益于增材制造技术,复杂结构的成型成为可能,并颠覆了传统的制造工艺思维,拉近了创新性想法与实际新产品的距离。增材制造技术主要具有以下优势:

(1)制造工艺成本相对较小。计算机辅助设计模型可适应产品的不同尺寸和原材料,而无需额外的成本。此外,在产品模型和个性化设计中,通过存档和重用功能可以减少制造工艺的成本和时间。

(2)成品速度快。增材制造技术简化了生产过程,能够更加快速且方便地生产出某个产品。对于设计师而言,能够及时获得对产品质量的反馈,并能进一步提升优化产品效果。

(3)个性化强。传统生产技术无法制造出的产品可以通过增材制造技术来制造,即设计不再受到产品的生产及组装等条件制约,设计师或者用户可以更加安心、大胆地创新。

(4)便于反馈用户信息。在传统工艺中,设计与生产既相互分离又互相牵制,最终用户只能接收既有的且大规模生产的产品。利用增材制造技术,可以使得一些具有创新性思维的用户参与到设计中来,获得自主创新体验。

随着科学技术的发展和物质资源的极大丰富,人们对工业产品提出了更高的要求,这也推动了工业产业向自动化及智能化方向发展。在此发展趋势下,增材制造技术应运而生,为产品设计提供了更加高效和自由的设计手段,并能够更好地满足用户需求,提升用户感知。因此,增材制造技术已经成为未来企业将设计转化为现实的重要手段。

9.1.4 增材制造技术的问题与缺陷

增材制造技术在满足个性化生产方面发挥着重要的作用,克服了传统工艺长期以来的局限性,但该项技术仍然存在一定缺陷,具体如下:

(1)成型原材料的使用限制。目前可供增材制造技术使用的原材料种类比较少,使用热塑性工程塑料(Acrylonitrile Butadiene Styrene,ABS)或聚对苯二甲酸乙二醇酯(Polyethylene Terephthalate,PET)打印出的模型表面比较粗糙,在细节方面有所欠缺,精细度较差,需要多种材质替换、组合才能呈现相对精细的制造效果。使用聚乳酸(Polylactic Acid,PLA)材料打印的模型在硬度、表面粗糙度等方面表现欠佳,用户体验受到影响。使用 SLS 工艺需要额外固化打印对象,否则易造成多孔表面的液体吸收和染色。此外,使用 SLS 工艺打印的模型表面粗糙度难以达到标准要求,表面粉末容易脱落。由于受到材料性能的限制,增材制造仍然无法精确替代真实产品,而是更多地停留在模拟产品阶段。

(2)产品的打印精度有待提升。考虑到不同材料的性能,由增材制造技术获得的模型表面粗糙度和材料厚度会对原产品的尺寸产生影响。不同打印材料对打印设备的精度要求也不同,例如分层熔丝制造(Fused Filament Fabrication,FFF)只能与打印精度高的 3D 打印机一起使用,而连续流 FFF 则可以与低成本 3D 打印机一起使用。使用 SLS 打印时,由于 SLS 粉末的各向异性效应,难以确保模型质量和配合精度,且由于是一体化打印,用于支撑的结构也可能在打印过程中嵌入模型内部而无法移除,影响模型的精度。同时,人为操作还会导致翘曲变形等情况。即使该项技术在理论上可以做到高精度,但在实际应用中仍有很多困难。

(3)制造损耗。相较于传统加工工艺,增材制造技术无需模具,根据计算机的三维数据成型,且自动化高的特点有效减小了能源损耗。但由于该项技术采用逐层打印积累的方式(如,对于市场上普遍使用的 3D 打印机而言,一个皮球大的立体塑料模型需要机器连续工作 28 h 才能完成),同时在打印工作前后都会有一定材料的损耗,且无法进行回收。因此,增材制造技术在原材料以及能源的节约方面依旧有着不小的提升空间。

9.2 增材制造技术的分类与原理

9.2.1 光敏材料选择性固化增材制造

9.2.1.1 光固化成型技术工作原理

光固化成型技术也被称为立体光刻技术,属于快速成型技术中的一种,主要以光敏树脂为原材料,通过将特定波长与强度的激光(紫外光)聚焦到光固化材料表面,使材料按由点到线、由线到面的顺序凝固,循环完成固化及移动,从而层层叠加,完成三维实体的打印成型工作。现阶段的 SLA 3D 打印机实物外形如图 9-2 所示。

SLA 工艺的原理是,在计算机的控制下,紫外激光部件按设计模型分层截面得到的数据,对液态光敏树脂表面逐点扫描、照射,使被照射区域的光敏树脂薄层发生聚合反应而固化,从而形成一个薄层的固化打印操作。在完成一个层截面的固化操作后,工作台沿纵向下降一个层厚的高度。由于液体的流动特性,打印材料会在原先固化好的树脂表面自动形成一层新的液态树脂,因此照射部件便可以直接进行下一层的固化操作。新固化层将牢固地结合在上一层已固化好的部件上。循环进行照射及下沉的操作,直到整个部件打印完成。但在打印完成后,还必须将原型从树脂中取出,再次进行固化后处理,通过强光照射、电镀、喷漆或着色等处理得到需要的最终产品。SLA 工艺成型原理如图 9-3 所示。

图 9-2 SLA 3D 打印机

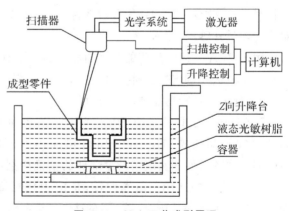

图 9-3 SLA 工艺成型原理

SLA 技术是一种十分常见的利用光敏材料进行增材制造的工艺技术,该工艺也存在着优点与不足。SLA 技术的优点主要包括:制造的精度较高,大致在 0.1 mm;成型的材料表面质量好;材料利用率高,接近 100%。其不足主要包括:制造需要支撑结构,材料必须是光敏树脂,因此使用的材料和应用较单一;会产生刺激性有毒气体;制造价格高,成本较高;制件容易翘曲变形,材料的后处理比较复杂。

9.2.1.2 光固化成型技术光敏材料

光敏树脂是指通过照射一定波长的紫外光而发生聚合反应,从而实现固化的一类高分子材料。近年来,随着增材制造技术的风起云涌,光敏树脂也逐渐走向大众市场。光敏树脂在光固化成型、数字光处理及三维打印等成型技术上都有广泛应用。与一般的固化材料相比,光敏树脂有很好的表干性能,成型后表面平滑、光洁,产品分辨率高,在细节制造方面出色,质量甚至超过注塑产品。基于这些突出优势,光敏材料的使用变得更加广泛,并且成为高端艺术类3D打印制品的首选材料。然而,目前光敏树脂成本依旧偏高,且机械强度、耐热性和耐候性大多低于熔融沉积成型所使用的工程塑料耗材,这在一定程度影响了其应用范围。

目前可用于该工艺的材料主要为感光性的液态树脂。这类光敏树脂材料主要包括齐聚物、反应性稀释剂和引发剂。根据引发剂引发机理,又可以将这类光敏树脂材料分为三类:自由基光固化树脂、阳离子光固化树脂和混杂型光固化树脂。自由基体系由光引发剂受照射激发产生自由基,引发单体和预聚物聚合交联。阳离子体系由阳离子光引发剂受辐射产生强质子酸,催化加速聚合使树脂固化。混杂型体系则混合了上述两种固化原理。

光敏树脂最早采用激光照射而产生固化。为了降低成本,西安交通大学于1996年推出了以价廉的紫外灯为光源的SLA工艺系统,同时研发了相应的受紫外照射而产生固化的光敏树脂。最近几年,美国某公司研发并推出了采用蓝色卤素冷光照射而固化的光敏树脂,由于没有温度升高而给口腔带来的不适,因此,这类树脂首先被用于人类牙齿的修补。另外,将冷光固化的光敏树脂用于3D打印中,可以避免由温度变化而造成的变形问题,因此可以将其用在打印高精度和高精密的产品模型中。当前,发展SLA复合材料也是该工艺的一个重要研究方向。将光敏树脂作为载体,通过加入纳米陶瓷粉末、短纤维或者生物活性物质等功能性材料,可以改变材料的强度和耐热性能,从而改变其用途。在高温下,还可利用SLA烧蚀制造功能零件等。

目前用于SLA工艺商品化的光敏树脂材料主要有以下四大系列:

(1) Vantico公司的SL系列。SL系列中的材料呈现乳白色,质感好,强度佳,但韧性小,对于小而薄的零件特别需要注意脆性断裂。

(2) 3D Systems公司的ACCURA系列。该系列的光敏树脂主要用于SLA Viper si2系统和SLA7000系统的SI10、SI20、SI30和SI40 Nd等。SI10具有强度高、耐潮等特点,并能在不影响速率的条件下实现高质量部件的精确成型,适用于熔模铸造。SI20的抗磨损性较好,具有令人满意的产能及耐潮湿性,是按扣装配塑料复合模应用中比较理想的原料。SI30具有高延展性,硬度适中,具备卓越的精细特征制作能力,且黏度低,容易清洗。SI40 Nd有着与ABS工程塑料及尼龙66相似的强度,耐高温,又有韧性,可以通过螺栓进行连接。

(3) Ciba公司生产的CibatoolSL系列。CilatoolSL系列有以下新型号:用于SLA-350系统的CilatoolSL-5510,这种树脂具有较高的成型速率和较好的防潮性能,还有较好的成型精度。CilatoolSL-5210则主要用于要求防热、防湿的特殊环境,如水下作业条件。

(4) 杜邦公司的SOMOS系列。Somos 14120光敏树脂是SOMOS系列的较新产品,用于SLA成型系统的高速成型,能制作具有高强度、耐高温、防水的功能零件,用此材料制作的零部件外观呈现为乳白色。与其他耐高温SLA材料不同的是:此材料经过后期加热后,拉伸强度明显增大,同时伸长率变化较小。这些性能使得此材料能够应用在汽车及航空等有耐高温要求的重要部件上。

我国对光敏树脂材料的研究起步比较晚，主要集中于光固化成型和数字光处理成型方面，且存在一些问题，如成型产品颜色单一，需要在后期进行上色、组装等工序，制品制作周期较长。

目前国内很少有厂家能够生产可用于增材制造的光敏树脂，光敏树脂大量依靠进口。国内光敏树脂市场长期被外国公司垄断，产品价格极高，如 Somos141200 售价高达 2 000 元/kg。而一直处于陶瓷 3D 打印技术最前沿的美国 Tethon3D 公司所推出的 Porcelite 材料，是一种结合了陶瓷材料的光敏树脂，它既可以像其他光敏树脂一样，在 SLA 3D 打印机中通过紫外线光固化工艺成型，又可以像陶坯那样放进窑炉里通过高温煅烧变成 100% 的瓷器。最重要的是，经高温煅烧处理的成品不仅具有瓷器所特有的表面光泽度，而且还保持着光固化 3D 打印所赋予的高分辨率细节。

9.2.1.3 光固化成型技术的发展

蒋三生以国产光敏树脂为打印材料，基于立体光固化技术成功制备了实验样品，并研究了激光功率、光斑直径、切片厚度和填充扫描速度等几个 SLA 工艺参数对样品打印时间、制品密度、尺寸偏差、表面粗糙度和弯曲强度的影响。结果表明，基于 SLA 技术打印的实验样品，其密度和弯曲强度主要由材质本身决定，打印时间与切片厚度几乎成反比，样品尺寸偏差的绝对值随着切片厚度的增加呈现先下降后上升的趋势，表面粗糙度值随着切片厚度的增加而增大。为了获得性能优异的立体光固化成型制件，李晶晶以 SZUV-W8001P 型光敏树脂为打印材料，基于 SLA 光固化 3D 打印机制备了不同工艺参数下的标准拉伸、弯曲及冲击试样，探究了打印层厚度、填充扫描速度、填充线距及后固化时间等工艺参数对 SLA 成型试样力学性能的影响。

增材制造技术已经为传统的材料加工带来了变革，SLA 作为其主流技术之一已经获得了广泛应用。光敏树脂材料作为 SLA 加工的关键环节，其不断研发和应用必定会为增材制造技术的推广提供助力。

9.2.2 选择性激光选区烧结增材制造

9.2.2.1 选择性激光选区烧结成型原理

选择性激光选区烧结成型的原理是，根据成型件的三维模型分层切片信息，使用聚焦激光束逐层熔化粉末床上的粉末，使得粉末凝固，并进行叠加以实现零件成型。利用计算机将三维模型的数据分层进行切割，然后使激光束按照分层切片数据扫描完当前粉层，在成型区下降一个粉层厚度，铺粉系统铺展一层新的粉末，重复以上操作，即不断铺粉、熔化、逐层累加，直至三维立体数据的所有层面扫描、成型完成。至此选择性激光选区烧结工艺完成。

选择性激光选区烧结是一种通过离散点一层层堆积形成三维实体的工艺方法。其成型设备主要由四部分构成，分别是粉末缸、成型缸、激光器以及控制系统。粉末缸用于盛放待成型的原材料粉末，并在成型时控制输出待成型粉末。成型缸为盛放成型制品的场所。激光器发射激光，并根据控制系统的指令在粉末的表面按照每层截面形状进行扫描。控制系统则控制整个成型过程中各流程的运作。其工作原理如图9-4所示。

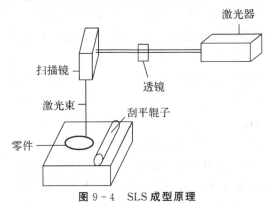

图9-4 SLS成型原理

SLS后处理工艺各阶段的基本原理差异较大,且达到的预期效果均不同。其中,清粉处理作为第一个环节,主要是采用外力(如粉刷、吹风机等)去除烧结件表面及工作平台上的残余原料粉末,避免表面粉末结块,提高烧结件表面的光滑度。脱脂降解的目的主要是去除环氧树脂黏结剂。一般采用热脱脂技术进行处理,以便后续的高温烧结处理。烧结成型是在助烧剂的协助下提高烧结件的强度和硬度,该环节对材料性能的影响最大,其中烧结参数(如烧结温度、激光功率和扫描速率等)能够显著影响材料的力学性能和机械性能。浸渗处理过程通过对烧结件浸渗树脂固化,从而提高烧结件的各项性能。借助单一环氧树脂或纤维网络环氧树脂进行表面处理,采用毛细管法提高烧结件内部孔道的树脂填充率。该过程有利于强化材料的物理化学性质并进一步固化成型。其中,热等静压过程和压力渗透原理如图9-5所示。

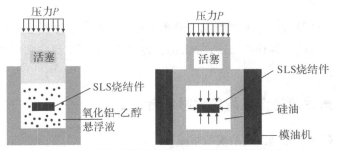

图9-5 压力渗透原理(左)和热等静压过程(右)

9.2.2.2 高分子粉末原材料

SLS材料包括高分子粉末以及含有高分子黏结剂的砂、瓷或金属复合粉末,分别用于成型高分子粉末、砂型(芯)、陶瓷以及金属零件。SLS设备配备激光器,能直接软化或熔融高分子粉末,因此SLS可直接制造高分子零件。虽然SLS配备的激光器无法直接烧结铸造砂、陶瓷以及金属粉末,但是这些材料可通过间接法SLS成型。其基本过程如下:首先制备含有少量高分子黏结剂的复合粉末,然后使用SLS工艺成型零件,最后通过脱脂以及高温烧结等后处理工艺获得致密零件。

选择性激光选区烧结以高分子粉末为原材料。高分子粉末所需烧结能量小,烧结工艺简单,原型质量好,在SLS成型中应用广泛。SLS成型要求高分子粉末具有粉末结块温度低、收缩小、内应力小、强度高、流动性好等特点。目前,常见的高分子粉末材料有聚苯乙烯、尼龙、尼龙与玻璃微球的混合物、聚碳酸酯、聚丙烯及蜡粉等。而环氧树脂、不饱和聚酯、酚醛树脂等热固性树脂由于具有强度高及耐火性好等优点,也适合SLS成型工艺。

国内对高分子粉末的研究报道不多。徐林等通过研究不同铝粉含量的尼龙12覆膜复合粉末SLS成型发现:激光烧结成型后的尼龙12与铝粉表面黏结良好,铝粉均匀分布在尼龙基体中,随着铝粉含量增加,制品的弯曲强度和模量明显增加,但抗冲击强度稍有下降,后续可通过提高铝粉含量来抑制尼龙基体的收缩,从而提高烧结件的精度。广东银禧科技公司公开了一项发明专利,即通过深冷粉碎+气流筛选机分级工艺制备了800~200目的聚丙烯粉末,这种粉末具有良好的烧结性能,成型件具有较高的力学性能和尺寸精度。DTM公司的新产品DuraformGF材料,成型件精度更高,表面更光滑,可以制备一些用于防渗漏的零件。EOS公司目前开发出PA3200GF型尼龙粉末材料,用其制作各种零件,能够获得较好的精度和表面粗糙度。

钛合金Ti6Al4V是目前已知的与人类生物相容性最接近的金属材料,通过SLS工艺打印粉末态的钛合金而获得的均匀多孔生物结构可以与人体组织获得较好的成长结合。因此,在SLS工艺中钛合金一般用于打印各类骨骼及关节等。国内外像这样的手术案例已有很多,我国在该领域走在世界前列。英国的Metalysis公司采用钛金属粉末成功制成了叶轮和涡轮增压器等汽车零件。此外,钛合金在汽车增材制造、航空航天和国防工业上都有很广阔的应用前景。

9.2.2.3 选择性激光选区烧结的技术特点

(1)可以选用多种材料作为原材料。从成型工艺理论上说,任何受热后能够黏结的粉末材料都可以作为SLS的成型材料,且材料的使用无浪费(未烧结粉末也可进行回收并重复使用),材料的利用率得到保证。

(2)工艺过程比较简单。无需设计支撑结构,未烧结的松散粉末起到了自然支架的作用,极大地简化了烧结过程以及增材制造设备的设计。

(3)成型过程与零件的复杂程度无关。由于该工艺通过粉末烧结固化成型,只需按照控制系统的三维数据进行烧结固化即可,因其粉末特性,结构的复杂程度几乎没有什么限制,对于复杂结构零件的成型十分便利。

(4)可直接按照设计图纸制备产品,而不需设计和制造模具,还能在无任何机械加工的情况下制造零件。

(5)产品的生产周期短,能迅速投放市场试用并及时征求使用意见,进行改进和提高。

(6)产品的单价几乎与批量无关,特别适合于新产品的开发或单件、小批量零件的生产。

(7)应用面广。不同于光固化技术原材料的限制,由于成型材料的多样化,SLS适合多种应用领域,如原型设计验证、模具母模、精铸熔模、铸造型壳和型芯等。

SLS技术发展至今,虽然在各种功能性聚合物制件方面取得了令人瞩目的成果,但其还存在以下不足:

(1)从加工材料来看,SLS技术过度依赖打印原材料,目前适用于SLS加工的聚合物材料种类少,结构功能单一,难以制备高性能多功能制件。SLS 用聚合物球形复合粉体的制备是制约目前 SLS 技术发展的主要原因之一。建立和发展一种高效节能、环境友好且能规模化生产的 SLS 用聚合物粉体的方法,对于压电复合材料制件的发展和应用具有重要的理论和实际意义。

(2) 从制件的功能性来看,提升压电复合材料器件综合性能:可通过优化材料组成、提升极化效率等改善压电复合材料固有的压电性能;在复合材料体系内引入导电第三相能够提高压电复合材料的极化效率,进而提升压电材料的性能。此外,建立 SLS 加工调控压电制件微孔结构,以提高力电转化效率并探究相关机理是未来一大研究方向。

(3) 从产业化来看,SLS 技术在加工过程中存在能耗过高和会放出有害气体等缺点,故相关研究仍处于实验阶段,加上缺乏相应的行业标准和完整的产品技术链,这些都制约了 SLS 技术的进一步发展。因此,制定相关行业标准和规范,可极大推动 SLS 技术的发展。

9.2.3　丝状材料选择性熔覆增材制造

9.2.3.1　熔融沉积成型的技术原理

FDM 技术是目前最常见、最典型、使用最广泛的增材制造技术之一,具有设备投入成本低及操作简单等优点。其整个成型系统主要包含两个方面,即软件系统和硬件系统。软件系统主要是计算机控制系统,硬件系统指熔融沉积成型设备。一般来说,FDM 成型设备主要包括送丝装置、加热喷嘴、运动机构及打印平台四部分,其中喷嘴在计算机控制下做 x 轴和 y 轴复合平面运动,完成制件切片层的建造,而打印平台做 z 轴方向的运动,在 z 轴方向上移动以完成逐层叠加。

FDM 技术的基本原理是利用机械压辊将热塑性高分子丝条挤入液化器并加热至熔融态,液化器上端未熔融的丝条充当活塞,在计算机的控制下将熔融态材料按规划路径推挤,沉积至打印平台。与此同时,挤出的细丝迅速冷却凝固且相互黏结,形成制件的 2D 截面轮廓。沉积完一层后打印平台向下(或喷头向上)移动一个层厚的距离……不断重复叠加,直至完成整个制件的成型,其原理如图 9-6 所示。

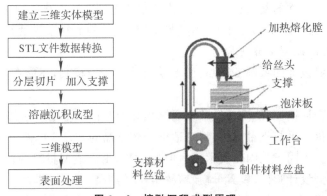

图 9-6　熔融沉积成型原理

FDM 工艺包括送料、熔融挤出及沉积三个过程。在送料阶段,热塑丝条在一对驱动齿轮的机械挤压作用下进入液化器流道。在熔融挤出阶段,热塑丝条在高温液化器流道中被加热至熔融,然后经喷嘴挤出。在沉积阶段,丝条经高温喷嘴挤出并沿着计算机设定的扫描路径沉积在打印平台上,随后迅速冷却凝固并与周围材料黏结,形成打印制件的截面轮廓层。在一层打印结束后,打印平台下降一个层厚的高度,后挤出的丝条沉积在前一层上,如此往复,层层叠加,直至完成整个制件的成型。另外,当打印一些结构复杂的制件(如制件中存在空腔或悬突结构)时,还会用到支撑材料,其同成型材料一起挤出沉积,在后处理过程中经化学溶解或机械将其去除。德国 Arburg 公司设计的螺旋式的 3D 打印机如图 9-7 所示。

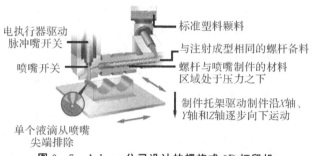

图 9-7　Arburg 公司设计的螺旋式 3D 打印机

9.2.3.2　高分子丝状材料

高分子丝状材料主要适用于 FDM 技术,目前主要有聚乳酸(PLA)、丙烯腈-丁二烯-苯乙烯共聚物(Acrylonitrile Butadiene Styren,ABS)、聚碳酸酯(Polycarbonate,PC)、聚苯砜(Polyphenylsulfone,PPSF)、聚对苯二甲酸乙二醇酯-1,4-环乙烷二甲醇酯(Polyethylene Terephthalate-1,4-cyclohexanedimeth Yleneterephthalate,PETG)等。

PLA 是一种新型可生物降解的热塑性树脂,其材料实体如图 9-8 所示,利用从可再生的植物材料(如玉米)中提取的淀粉原料经发酵过程制成乳酸,再通过化学方法将其转化成 PLA。PLA 最终能降解生成二氧化碳和水,不会对人体及环境带来危害,是一种环境友好型材料。此外,PLA 还具有优良的力学性能、热塑性、成纤性、透明性和生物相容性,是最早使用的原材料。但它也有缺点,主要表现为当温度超过 50 ℃时会发生变形,甚至发生软化,这会给使用者带来很大的麻烦。台湾工业技术研究院开发了一种 PLA

图 9-8　PLA 材料

混合料,其使用温度能达到 100 ℃,使得 PLA 打印部件的精度得以提高。

ABS 丝材具有良好的绝缘性能、抗腐蚀性能及耐低温性能,是 FDM 中最常用的热塑性工程塑料。闵玉勤等研究发现,ABS 丝材除了具有表面易着色、耐冲击性能高、强度高及韧性好等优点外,还具有成型性能好、制品强度高和韧性好等特点,但其也存在一些不足,如制品易收缩变形、表面易发生层间剥离及翘曲等。仲伟虹研究发现,通过往 ABS 中加入短玻璃纤维,可以显著提高 ABS 树脂的硬度和强度,并降低收缩率,减少制品的变形量,将 ABS 溶解到丙酮中使用,或者采用发胶喷射能够避免制品表面发生卷曲现象。

PC是分子链中含有碳酸酯基的一类聚合物的总称,是一种性能优良的热塑性工程树脂,具有无味、无毒、强度高、抗冲击性能好、收缩率低等优点,此外其还具有良好的阻燃特性和抗污染特性。PC丝材的强度比ABS丝材高出60%左右,具备超强的工程材料属性,但也存在以下不足,如颜色较单一,只有白色,且一般都含有双酚A(而双酚A是一种致癌物质,在加热时会析出并被人体吸收,影响人体代谢过程,尤其对婴幼儿的发育及免疫力的危害更大)。目前,国内已有厂家选用德国拜耳公司的食品级不含双酚A的PC原料用于增材制造。

作为所有热塑性材料中强度最高、耐热性最好及抗腐蚀性最强的PPSF丝材,也适合FDM技术成型。Stratasys公司于2002年推出了适合FDM技术的工程塑料PPSF,其耐热温度为207~230 ℃,适合高温工作环境。在各种快速成型热塑性材料中,PPSF的耐热性、强韧性以及耐化学品性最好。

PETG是最近才被应用于增材制造领域的一种新型聚酯,具有优异的光学性能、高光泽表面以及良好的注塑加工性能,此外其还有无毒、环保等优良特性,不

图9-9　PETG材料

仅能解决PLA丝材韧性不足的问题,还能克服ABS丝材易收缩、打印产品尺寸稳定性不佳等问题。目前国内外关于这个材料的研究报道还较少。其材料实体如图9-9所示。

9.2.3.3　熔融沉积成型的技术优势

与其他增材制造技术相比,FDM技术具有以下优势:

(1)设备简单,投入成本低。FDM技术成型系统简单,仅需简单的液化器加热及运动机构即可实现增材制造,而其他打印技术则需要昂贵复杂的设备,如激光烧结、光固化和电子束熔覆等。据2016年的数据,对于增材制造设备价格:SLS>SLA>FDM。FDM技术在成本、效率及便捷性方面是所有增材制造技术中最好的,其拥有全球增材制造业最大的市场份额。

(2)成型过程绿色、环保。FDM加工材料选用热塑性高分子丝材,打印过程清洁无污染,不涉及高温、高压,无粉尘排放,适合办公居家使用。

(3)工艺的后处理简单。对于需要支撑结构的制件,只需机械剥离或化学溶解,无需其他后处理。

(4)应用范围广。FDM技术能满足从消费级到工业级不同层次的需求,不仅可用于产品原型功能性测试,还可制造工具和零件,在汽车、航空等领域具有广泛应用。

9.2.4　薄型材料分层切割增材制造

9.2.4.1　薄型材料分层切割增材制造原理

片材层压增材制造技术也称为分层实体制造(Laminated Object Manufacturing,LOM),即通过叠加几层由薄片组成的材料以制造物体,每个薄片都用刀或激光切割成型,以适合物体的横截面。

LOM与人们熟悉的覆膜机基本相同,即若要层压一张纸,则将纸张放入由两种塑料组成的层压机袋中:外层为聚对苯二甲酸乙二醇酯(Polyethylene Terephthalate,PET),内层为乙烯-醋酸乙烯酯(Ethylene-vinyl Acetate,EVA)。然后,用一个加热的滚筒将袋子的两侧黏结在一起,使纸张完全包裹在塑料中。LOM构建对象的基本过程与此相同,其工作流程图如图9-10所示。

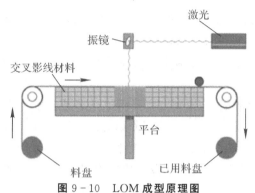

图9-10 LOM成型原理图

按照工艺规划的路径,通过激光器发射激光束,在单面涂有热熔胶的薄材上切割出一个模型截面,在计算机控制下,送料机构自动送出薄材的同时回收废料。设备控制辊轴进行热碾压,使得上下层薄材粘贴在一起。此步骤结束后工作台下降一个薄材厚度(一般为0.05mm左右),重复上述切割、黏合操作,直至打印结束去除废料即得到所需制品。该项工艺巧妙地结合了增材制造损耗少和减材制造速率快的双重优势,最小成型单位为减材制造的截面,而层片间的堆积则是典型的增材制造方式。

在纸基层压物体制造中,纸张材料取自标准复印纸。首先,纸张通过标准喷墨2D打印机进行着色,然后将构建最终部件所需的所有彩色页面堆叠在3D打印机中,并一张一张使用。因此,每一页都被从堆栈中取出,黏在前一页上;然后用刀精确切割。工件逐层完成,剩余的纸张可以用手取出。纸模型可以完全着色,具有类似木头的特性,并且可以进行相应加工。结果的精度主要取决于所使用分层材料的厚度。例如纸张,一张标准纸的厚度在50~100μm。

9.2.4.2 薄型材料分层切割增材制造的发展历程与特点

LOM技术最初由Helisys公司开发,然后被以色列公司Solido公司推广。Solido公司的3D打印机基于LOM技术,并生产由聚氯乙烯(Polyvinyl Chloride,PVC)和专有黏结剂组合而成的部件,从而生产出坚固但价格低的模型。后来,总部位于爱尔兰的Mcor Technologies公司发明了一种基于纸张的层压技术。LOM的最新发展是通过碳纤维板和各种复合材料进行打印的,Envision TEC公司和Impossible Objects初创公司已经掌握了这些技术,但这些技术仍处在制造商的继续开发过程中,尚未广泛应用。美国初创公司Impossible Objects获得了基于复合材料的增材制造(Composite Based Additive Manufacturing,CBAM)技术的专利,纤维增强复合材料与热塑性塑料熔合可形成非常坚固的部件。Envision TEC公司开发了选择性层压复合物体制造技术(Selective Lamination Composite Object Manufacturing,SLCOM),选择性层压复合物体制造技术使用热塑性塑料作为基材而编织纤维复合材料。

片材层压3D打印技术的应用包括人体工程学研究、地形可视化以及纸制物体的结构模型。由于使用热塑性塑料和纤维，层压3D打印技术具有极具竞争力的成本，可直接用于制造航空航天和汽车行业的功能性轻质部件。目前研究LOM工艺的有Helisys公司、华中科技大学、清华大学、Kira公司、Sparx公司和Kinergy公司。对于制作大型零件而言，特别是汽车工业，LOM一般比SLA更适用，现在国内3D打印在工业领域用得比较多的就是这种工艺。LOM工艺中的打印材料涉及三个方面的问题，即薄层材料、黏结剂和涂布工艺。薄层材料可分为纸材、塑料薄膜及金属箔等，目前多为价廉的纸材，而黏结剂一般为热熔胶。纸材选取、热溶胶配置及涂布工艺确定均要从保证最终原型零件的质量出发，同时考虑成本。

对于LOM打印材料的纸材，原则上只要满足以下要求都可以选用：抗湿性、浸润性、足够抗拉强度和较小收缩率等。Helisys公司除原有的LPH、LPS和LPF三个系列的纸材品种以外，还开发了塑料和复合材料品种。华中科技大学推出的HRP系列成型机和成型材料，具有较高的性价比。然而，此工艺需要从废料中将3D打印件进行剥离，剥离难度大，打印件表面粗糙不光滑，带有明显的阶梯纹且容易出现层裂。

综上所述，LOM工艺的优点包括：只需激光沿着物体轮廓线进行扫描切割，最小成型单位为面，成型周期短，同时成型速率快。根据离散-堆积工艺制造原理，最小成型单位越大，则成型速率越快。另外，LOM成型无需支撑，可进行切削加工，无相态变化，成型内部精细，打印终结后废料易剥离，无须后期层面固化处理，可用于制造大型制品。

LOM工艺的缺点主要为：制件弹性差，抗拉强度低，成型表面质量较差，表面粗糙，易吸湿变形，且材料的利用率低，余料去除困难，不能制造中空结构件。

分层实体制造工艺与SLA、SLS以及FDM工艺的对比见表9-3，表9-3分别对四种快速原型制造工艺原理及其工艺的优缺点进行了对比。

表9-3 增材制造技术典型工艺对比

工艺	SLA	SLS	FDM	LOM
热源	激光	激光	电热	激光
制造过程	通过激光束扫描固体材料层面，最后叠加形成实体	用激光烧结粉末材料，粘连成型	将热塑性丝状材料熔化、挤压、固化，一层层沉积完成	用热熔胶将薄层材料，黏合在一起，切割黏合，逐层堆积生成实体
优点	制件精度高，表面质量好，材料利用率高	原材料选择广泛，材料利用率高，工艺简单，速度快，无需支撑结构	材料利用率高，种类多、成本低，采用水溶支撑材料，支架易去除	价格低，制造速度快，成本低。精度高，无需支撑结构
缺点	需支撑结构，材料单一，有气味和毒性。价格高，易变形，后处理复杂	精度低，表面粗糙，易变形，需要后处理，成型过程产生有毒气体和粉末	精度低，强度较低，需要支撑结构，成型时间长	弹性差，抗拉强度低，表面粗糙，易吸湿变形，材料利用率低
常用材料	光敏树脂等	金属、陶瓷、热塑性塑料等粉末	热塑性材料、石蜡等	纸、金属箔、塑料薄膜、碳纤维

9.2.5 电弧熔丝增材制造工艺

9.2.5.1 电弧熔丝增材制造技术原理及技术特点

本节前面主要介绍了增材制造技术在快速原型制造阶段的四种工艺技术,包括光固化成型、激光选区烧结、熔融沉积成型和分层实体制造。接下来主要介绍在金属直接增材制造阶段进行增材制造的两种典型工艺的技术原理。

过去 20 年,以激光、电子束为热源的粉基金属增材制造发展迅速,但是这两种技术装备成本高,不适合大规模工业生产,目前主要应用于成本较高的航空航天、军工等高精尖领域,尤其是对于铝、铜、镁等一些高反射率金属合金,激光热源能量利用率低,而电子束热源需要在真空环境操作,限制了加工件的体积。因此,基于离子束的电弧熔丝增材制造(Wire Arc Additive Manufacturing,WAAM)越来越受到研究者的关注。

该技术由熔化极惰性气体保护焊(Metal Inert Gas,MIG)、钨极惰性气体保护焊(Tungsten Inert Gas,TIG)、等离子弧焊(Plasma Arc Welding,PAW)及冷金属过渡焊(Cold Metal Transfer,CMT)等焊接技术发展而来,可在现有的焊接行业进行改造,投资成本低,并且具有沉积效率高、材料利用率高、对零件尺寸限制少、零件易于修复等优点。

WAAM 是一项跨学科的前沿科学技术,涵盖了材料科学、工程热物理、焊接加工和机械自动化与控制等多学科问题,其工艺系统原理较为复杂,一般包含了计算机控制单元、电弧焊机、焊接机器人、焊枪及基板等多个单元。

WAAM 是采用熔化极气体保护焊、钨极氩弧焊或等离子弧焊热源,利用逐层熔敷原理,通过丝材的添加,采用逐层堆焊的方式成型出金属零件的技术,其工艺过程如图 9-11 所示。WAAM 构件整体全是焊缝,组织和化学成分均匀,主要用于大尺寸、较复杂形状构件的低成本、高效快速成型。但电弧熔丝增材制造成型精度差,一般需要二次表面机加工。其物理过程如图 9-12 所示。

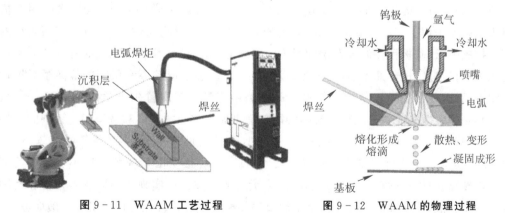

图 9-11 WAAM 工艺过程　　　图 9-12 WAAM 的物理过程

与激光、电子束增材制造技术相比,WAAM 技术具有如下特点:

(1)WAAM 采用电弧熔化丝材,单根丝材熔化效率及成型效率高、成本低。

(2)WAAM 自由度较大。激光、电子束增材制造的行进驱动装备主要为多轴机床,多是通过笛卡儿坐标三轴平移实现自下而上的材料累积的,而 WAAM 的驱动装备是多轴机器人搭配外部轴变位机、龙门架,可以实现高自由度、高灵活度、任意复杂空间路径的制造。

(3) WAAM适合大型复杂构件的激光成型,电子束增材制造多在封闭的腔室内进行,成型环境受限,难以满足大型金属构件的制造,而WAAM的成型环境开放,对构件尺寸无限制。

(4) WAAM广泛应用于铝合金构件的制造。由于铝合金对激光反射率较高,因此通过激光增材制造成型铝合金构件时效率低,且构件内易产生气孔等缺陷。通过电子束增材制造成型铝合金构件时往往需要在封闭腔室内进行,这极大地限制了构件成型尺寸。而WAAM的热源是电弧,可充分熔化铝丝材,同时成型环境开放,可实现大尺寸铝合金构件的高效、高质量制造。

(5) WAAM易于进行构件修复。激光、电子束增材制造成型环境有限,且制造的空间自由度较低,因此难以对大型构件的局部损坏位置进行修复。而WAAM技术成型环境开放,制造自由度较高,易于对大型构件的任意局部位置进行堆积修复。

9.2.5.2 电弧熔丝增材制造工艺国外研究现状

WAAM技术原型的出现可追溯到20世纪初,西屋电器Baker申请了一项采用以电弧为热源的方法逐层堆焊制造3D金属物体的专利,但早期该成型方法并未引起过多的关注。直至20世纪90年代,得益于计算机技术及数字化控制技术的快速发展,WAAM技术结合数字化控制手段在成型大型复杂结构件上表现出更大的优势,国际上越来越多的科研机构相继开始并专注于WAAM技术的开发工作。

国外有关WAAM成型工艺及表面质量的研究,在工艺优化、过程监控和实时反馈等方面较多。工艺优化方面,目前主要通过试验方法,针对不同的材料体系、不同的焊接方法,选出关键影响因素(焊速、焊丝直径、送丝速度、层间温度、电流、电压等)。Escobar-Palafox采用统计方法探讨了钨极气体保护焊增材制造构件尺寸、弧长、焊速和热输入密度对成型件表面质量、体积收缩、组织等的影响规律。研究表明,在一定范围内增大焊丝直径、送丝速度、焊速,可获得较好的表面形貌。美国Southern Methodist大学的Ouyang等人采用变极性钨极气体保护焊工艺堆焊制造了5356铝合金构件,指出影响构件尺寸精度、表面质量的关键是控制弧长、基板预热温度及层间温度。英国Cranfield大学的Martina等人建立了一套输入为焊接速度、送丝速度、焊接电流,输出变量为多层单道壁厚和层高的等离子弧填丝增材制造系统,得出了输入与输出变量之间的关系模型。韩国首尔大学的Zhu Hu和Kun-woo Lee等人提出了基于沉积和铣削特征来确定加工方向的算法和基于凹边识别的分层算法。英国Cranfield大学的Almeida等人成型出了表面质量较好的多层单道薄壁构件。Mehnen等人指出增材制造技术成型大尺寸构件时,可按有限元模拟获得小变形的温度场和应力场路径进行施焊。2012年Cranfield大学的研究人员实现了不同倾斜角度和封闭薄壁件的增材成型,在WAAM工艺稳定性及构件形貌重复再现性方面取得了突破性进展。

在WAAM过程中,随着堆焊层数的增加,成型件热积累增大,同时散热条件差,熔池凝固时间变长,熔池形状难以控制。美国Tufts大学的Kwak等人通过控制焊速和送丝速度来控制熔敷堆高和有效宽度,利用熔化极气体保护焊枪进行堆焊成型,实现了对构件成型尺寸特征的实时闭环控制。

9.2.5.3 电弧熔丝增材制造工艺国内研究现状

西北工业大学、天津大学、华中科技大学、南昌大学、哈尔滨工业大学等高校相继开展了 WAAM 成型工艺与控制研究工作,但均处于试验规律性描述、成型形貌、表面质量控制方法的探索阶段。西北工业大学利用氩弧焊接(Gas Tungsten Arc Weld,GTAW)搭建了 WAAM 成型系统,着眼于 WAAM 成型物理过程、熔池系统稳定性、组织演变和性能优化的研究工作。天津大学尹玉环等指出,在以 TIG 电弧为热源的 5356 铝合金增材制造过程中,通过控制道次间和不同层之间的冷却时间,能获得良好的增材成型效果。赵孝祥等人的研究表明,熔敷层宽度随焊接电流的增加呈线性增加,直线与圆弧过渡、直线与直线过渡和圆弧与圆弧过渡三种路径中,直线圆弧过渡熔敷层宽度最小,直线与直线过渡熔敷层宽度最大。

华中科技大学王湘平等为实现多轴 WAAM 的大悬臂结构无支撑直接制造,提出了一种厚度和方向均可变的自适应切片算法,并采用 8 轴 Robotic WAAM 系统制造了渐缩式螺线管(见图 9-13),验证了算法的有效性。

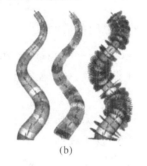

图 9-13　8 轴成型渐缩式螺旋管　　　　图 9-14　电弧枪装备
(a)成形件;(b)模拟件

华中科技大学电弧增材制造团队设计出了 5 电弧枪装备。如图 9-14 所示,中间枪体可同时产生 3 电弧,并实现摆动平移增材制造,两侧的 2 个电弧枪体为激光与电弧复合热源,可保证两侧堆积金属的成型精度,并与中间的 3 电弧进行协同。该装备可实现成型效率极高的电弧增材制造。从保强等的研究结果表明,控制热输入、工作环境和送丝速度三个因素可有效控制铝合金电弧填丝增材制造成型件内部的气孔缺陷,控制送丝速度和焊接速度比可实现对铝合金增材成型高度和宽度的有效控制,他们还指出铝合金电弧填丝增材制造技术特别适用于航空航天工业领域铝合金大型框架、整体筋板加强筋和加强肋等构件的低成本、高效快速制造。周祥曼等建立了纯氩保护电弧增材制造的电弧磁流体动力学三维数值模型,通过模拟计算获得了增材制造特有的单道和多道搭接熔积条件下,不同表面形貌对应的电弧形态以及相应的温度场、流场、电流密度、电磁力和电弧压力的分布。柏久阳等发现,单层多道结构的上表面形貌由单条焊道形貌、焊道间距和焊道数量共同决定,同时他们建立了焊道间距计算模型。胡珞华指出分层处理和路径规划是基于 TIG 堆焊技术熔焊成型技术的关键和基础,当道间距 $d=0.67W$(W 为焊缝熔宽)时,熔焊件表面平整度较好,对非薄壁件选择沿长边先轮廓后填充的轨迹,薄件则选择沿轮廓或沿外轮廓向里偏置的堆积轨迹成型更好。张广军等的研究结果表明,送丝速度与焊接速度之比(送焊比)对熔滴的形状影响较大。当送焊比大于12.5时,选用圆弧模型的精确度较高,当送焊比小于12.5时,抛物线模型的精确度较高。曹勇等通过机器人GMAW及数控铣削复合快速控制系统实现了某履带车辆凸轮零件的制造,从而证明了该系统的可行性和高效性。

在金属零件的组织研究过程中,需要研究金属件的宏观组织与微观组织,因电弧的热输入较高,已成型构件受到热源的反复加热,成型过程中的热积累较高。关于WAAM成型组织演变特征的研究尚无相关报道,多是描述与分析。目前WAAM技术的研究水平还不能控制成型件的显微组织、残余应力和变形等,仍需要加大研究力度。

9.2.6 电子束选区熔化增材制造工艺

电弧增材制造主要针对尺寸较大、形状较复杂的目标成型件,而激光和电子束增材制造主要针对精密、尺寸小且形状复杂的目标成型件。对于小尺寸构件的制造过程,激光功率的要求越来越严苛,其运行成本也较高,而电子束具有高功率、高能量利用率、无反射以及在真空环境下操作无污染等优势,得到了许多研究者的青睐。他们开展了许多相应的研究。

9.2.6.1 电子束选区熔化增材制造技术原理及技术特点

电子束选区熔化(Electron Beam Selective Melting,EBSM)通过电子束扫描、熔化粉末材料,逐层沉积制造三维金属零件,适用于钛合金、钛铝基合金等难熔高性能金属材料的成型制造。

国内外开展了大量关于EBSM装备研发、工艺研究、材料组织与性能以及应用的研究,EBSM技术在航空航天高性能复杂零部件的制造、多孔结构医疗植入体制造等方面具有广泛的应用前景。

EBSM工艺原理如图9-15所示。EBSM工艺是通过真空环境束在粉末层上扫描三维模型的一个截面,有选择性地熔化粉末材料;在上一层成型完成后,成型平台下降一个粉末层厚度的高度,再铺设一层新的粉末,电子束继续选择性熔化三维模型的下一个截面,并使之与上一个截面结合;如此反复,直至三维模型的所有截面被熔化并相互结合在一起,形成三维实体零件。实体零件周围的未熔化粉末可以被回收再利用。

对于高熔点的材料,增材制造需要依赖高能量密度的热源。目前用于增材制造的热源主要为激光和电子束。

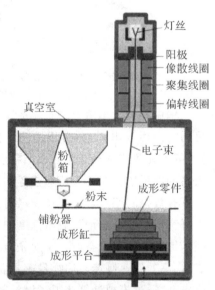

图9-15 EBSM工艺原理

相对于目前使用较多的激光而言,电能转换为电子束的效率更高,材料对电子束能的吸收率更高、反射更小。因此,电子束可以形成更高的熔池温度,能够成型一些高熔点材料(如陶瓷材料)。同时,电子束的穿透能力更强,可以完全熔化更厚的粉末层。在EBSM工艺中,铺粉层厚可以超过75 μm,甚至达到200 μm,在提高沉积效率的同时,电子束依然能够保证良好的层间结合质量。同时,EBSM技术对粉末的粒径要求更低,可成型的金属粉末粒径范围为 45~105 μm 甚至更粗,降低了粉末耗材的成本。

EBSM 工艺利用磁偏转线圈产生变化的磁场驱使电子束在粉末层上快速移动、扫描。在熔化粉末层之前,电子束可以快速扫描、预热粉床,使温度均匀上升至较高温度(大于 700 ℃),从而减小热应力集中,降低制造过程中成型件翘曲变形的风险,因而成型件的残余应力更低,可以省去后续的热处理工序。

综上所述,以更高能量密度的电子束为热源的 EBSM 工艺可以提高金属零件增材制造的质量和效率,降低成型成本。另外,EBSM 工艺是在高真空环境下制造零件,可以保护材料不受氮、氢、氧等元素的污染,甚至有去除杂质的提纯作用。

激光和电子束属于高能量密度热源,其能量密度在同一数量级,远高于其他热源。相比于激光热源,电子束还具有以下优点:

(1)功率高。大部分激光器的输出功率在 200~400 W 之间,而电子束可以很容易地输出几千瓦级别的功率。可见电子束加工的最大功率可以达到激光的数倍,在满足大功率的需求下电子束更加适合。

(2)能量利用率高。激光的能量利用率约为 15%,而电子束的能量利用率可以达到 90% 以上,这样超高的能量利用率可以做到将能量损耗降至最低,极大程度地节约成本。

(3)无反射。针对金属材料,大多金属材料对光的反射率较高,且具有很高的熔化潜热,因而不易熔化。一旦形成熔池,由于反射率大幅度降低,则熔池温度急剧升高,以至材料汽化,影响材料的最终成型。电子束不受材料反射的影响,可以用于激光难加工材料的制造。

(4)对焦方便。激光对焦时,由于其透镜的焦距是定值,因此只能通过移动工作台实现聚焦,而电子束通过聚束透镜的电流来对焦,因此可以实现任意位置的对焦,在自由度上比激光更具优势。

(5)成型速度快。电子束可以进行二维扫描,扫描频率可达 20 kHz,相比于激光,电子束移动无机械惯性,电子束流容易控制,可以实现快速扫描,成型快。

(6)真空无污染。电子束设备的真空环境可以避免金属粉末在液相烧结过程中发生氧化,提高材料的成型性。

9.2.6.2 电子束选区熔化增材制造技术研究现状

电子束选区熔化技术是 20 世纪 90 年代中期发展起来的一种金属零件 3D 打印技术。成立于 1997 年的瑞典 Arcam 公司是全球最早开展 EBSM 成型研究和商业应用开发的企业,Arcam 公司成立的基础是 Larson 等在 1994 年申请的采用粉床选区熔化技术直接制备金属零件的国际专利,然而与之不同的是,粉末的熔化是通过电极和导电粉末之间电弧放电产生的热量实现的。

1995 年,美国麻省理工学院的 Dave 等提出了利用电子束做能量源将金属熔化进行三维制造的设想。2001 年 Arcam 公司在粉末床上将电子束作为能量源,申请了国际专利,并在 2002 年制备出 EBSM 技术的原型机——Beta 机器,2003 年推出了全球第一台真正意义上的商业化 EBSM 装备——EBM-S12,随后又陆续推出了 A1、A2、A2X、A2XX、Q10、Q20等不同型号的 EBSM 成型装备。

除瑞典 Arcam 公司外,德国奥格斯堡 IWB 应用中心和我国清华大学、西北有色金属研究院、上海交通大学也开展了 EBSM 成型装备的研制，特别是在 Arcam 公司推出 EBM-S12 的同时，2004 年清华大学林峰教授申请了我国最早的 EBSM 成型装备专利，并在传统电子束焊机的基础上开发出了国内第一台实验室用 EBSM 成型装备。

德国纽伦堡大学的 Juechter 等对 Ti-6Al-4V 电子束增材制造过程中成型工艺区间和元素的蒸发现象进行了研究。研究结果表明，以形成结构致密而且光滑表面作为电子束增材制造钛合金构件的评判标准，适合的工艺区间主要取决于扫描速度和热输入。

德国纽伦堡大学的 A.BauereiB 等研究了电子束增材制造过程中缺陷的产生机制。通过采取试验和建模相结合的方式，提出了一种基于晶格玻尔兹曼方法的介观数值模型。当电子束能量较低时，熔化层间产生的未熔合缺陷会发展为多层之间的桥接缺陷。日本东北大学的 K.Yamanaka 等针对工业纯钛的电子束增材制造技术，主要研究了构件的微观组织和力学性能。和传统的制造方法相比，利用电子束增材制造所得的材料中晶粒没有择优生长取向，表现出各向同性的拉伸性能。由于电子束增材制造过程中材料固化后的冷却速度非常快，所以会发生 β 马氏体向 α 马氏体的转变。日本东北大学的 T.Fujieda 等利用电子束选区熔化实现了 AlCoCrFeNi 高熵合金的增材制造，相比于传统的铸造方法，该方法制得的高熵合金的延展性得到显著提高，断裂强度可达 1400 MPa，是传统发动机所使用 304 不锈钢强度的 6 倍。北京航空制造工程研究所的锁红波等对电子束增材制造 Ti-6Al-4V 的力学性能进行了深入研究。结果表明，利用电子束选区熔化技术制备的钛合金构件的抗拉强度、断面收缩率和伸长率均超过锻件标准。成型过程中，形成均匀细化的组织是获得高强度和高塑性的重要原因。

9.2.6.3 EBSM 技术的存在问题及发展趋势

(1)粉末溃散。粉末溃散是指金属粉末受到某种外力的作用，以束斑为中心向四周飞出，偏离原始堆积位置而导致后续无法成型的现象。

(2)金属粉末球化。球化现象是指金属熔化未能均匀铺展而是形成大量彼此隔离的金属球的现象。

(3)成型件表面存在裂纹。

(4)成型件表面粗糙。尽管电子束选区熔化成型技术有诸多优势，但其成型件表面粗糙，这一缺点限制了其在航空航天等领域的应用。如何降低成型件的表面粗糙度值成为业内研究的重点方向。

(5)成型件内部出现气孔与熔化不良等缺陷，其材料内部的缺陷如图 9-16 所示。

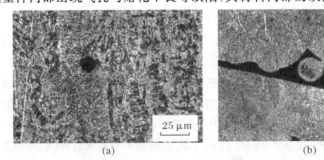

图 9-16 电子束选区熔化成型的材料内部缺陷
(a)气孔；(b)熔化不良

随着信息技术、材料技术、无损检测技术、控制技术等的不断发展和完善,EBSM 技术也在逐步发展和完善,成型精度不断提高,成型件力学性能愈发出色,已经开始带来源源不断的效益。未来其可能的发展方向包括:

(1)实现小批量、低成本、个性化植入物的定制化制造。传统医疗植入物大批生产最大的问题在于植入物很难和患者病变部位周围骨组织相适应,并由此产生各种不适,引起并发症。结合医学电子计算机断层扫描(Computed Tomography,CT)图像处理技术以及计算机三维建模软件,EBSM 技术可实现个性化医疗植入物的定制化制造。

(2)实现大尺寸、高精度、复杂异形金属部件的快速制造。本节开头已经陈述,EBSM 主要应用于小尺寸的增材制造工艺,目前世界上 EBSM 设备的最大成型尺寸仍然有限。在电子束选区熔化工艺过程中,需要的目标尺寸越大,那么熔化每层金属粉末所需的功率就越大,因此聚焦程度下降,可能导致成型精度降低,部件边缘部位因能量输入不足而熔化程度不足,使得电子束选区熔化很难应用于航空航天等领域的大尺寸零件制造。因而,对成型大尺寸零部件 EBSM 设备的控制精度提出了更高要求,未来可考虑使用双电子枪甚至多电子枪系统代替单电子枪系统,从而进一步扩大成型尺寸。

(3)实现复合材料、梯度功能材料、难熔难焊金属材料的高精度快速成型制造。近年来,电子束选区熔化成型技术所用粉末原材料种类逐渐增多,然而复合材料、梯度功能材料EBSM成型存在困难,镍基高温合金等难熔难焊金属材料 EBSM 成型容易产生裂纹,成型工艺不成熟,需进一步研究。

(4)与传统机加工技术结合,实现金属部件增减材复合制造。EBSM 技术的缺点是成型的零部件表面质量和几何精度远未达到理想状态,而数控机床具有精准度高等优点,因此将EBSM 与数控加工结合可以降低生产成本,提高生产效率,具有广阔的应用前景。

电子束增材制造具有大功率、高能量利用率、无反射、对焦方便、成型速度快和加工成本低等优势,使其得到了广泛关注和研究。综合国内外研究现状,目前电子束增材制造使用的原材料大多为不锈钢金属粉末和钛合金粉末,制造的零件力学性能可以达到甚至超过使用传统成型工艺制备的金属零件,而且可以制造一些传统工艺很难加工的复杂形状构件。但是随着科技发展,使用单一材料制备的零件很难满足一些极端特殊环境条件下的应用,所以今后电子束增材制造应该向复合材料和功能梯度材料等方向发展,促进电子束增材制造技术在航空航天、生物医学等领域的应用。

9.3 增材制造技术的应用

9.3.1 增材制造技术在航空航天领域的应用

国外在 WAAM 技术领域的研究起步早,特别是英国在电弧增材制造领域处于国际前沿水平,以克兰菲尔德大学为代表的一批研究机构在政府和企业支持下,对电弧增材系统装备、成型件力学性能、残余应力与变形控制以及复杂形状构件成型路径规划开展了大量研究,推动了 WAAM 的工业化应用。该机构利用 WAAM 技术成功制造出了飞机机翼翼梁和起落架支撑外翼肋等大型框架构件,如图 9-17 所示。

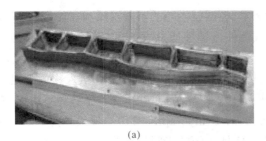 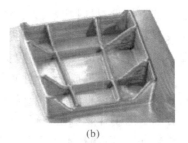

图 9-17　英国克兰菲尔德大学 WAAM 制造的钛合金部件
(a)机翼翼梁；(b)起落架支撑外翼肋

激光增材制造(Laser Additive Manufacturing，LAM)技术可帮助航空航天公司在无需成型和锻造的情况下制造出极其复杂的零件，缩短生产周期，减少部件重量和设备所需的零件数量，从而节约成本并提高可靠性。例如，钛合金的 LAM 已在航空领域得到应用。美国某舰载战斗机率先采用激光定向能量沉积(Laser Directed Energy Deposition，LDED)钛合金部件作为承重部件。LDED 技术原理如图 9-18 所示。

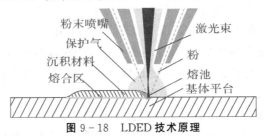

图 9-18　LDED 技术原理

Carpenter Technology 公司通过增材制造采用定制的高强度不锈钢生产出先进的航空齿轮。用 LDED 制造的耐腐蚀支架用于 F-22 飞机，大大减少了维护时间。另外，LDED 整体框架已在英国被成功应用于无人机。

激光粉末床熔化(Laser Powder Bed Fusion，LPBF)技术也已广泛应用于航空发动机复杂零件的制造，其工艺流程如图 9-19 所示。GE 公司率先将 LPBF 温度传感器外壳应用于高压压气机，获得了美国联邦航空管理局的批准，并已用于 400 多台 GE90-40B 航空发动机。GE 为 LEAP 航空发动机设计的燃料喷嘴也是使用 LPBF 技术制造的，并且在 2020 年以后，其以每年 44 万个的速度生产。

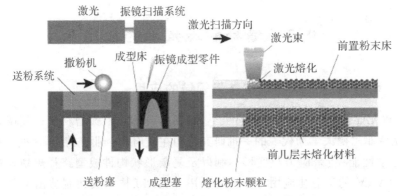

图 9-19　激光粉末床熔合增材制造工艺流程

普惠集团使用 LPBF 工艺生产了用于 PW1100G-JM 航空发动机的管镜套筒,该集团包含 48 个翼型导叶的 LPBF 钛合金前轴承组件已用于劳斯莱斯公司设计的遄达 XWB-97 航空发动机。西北工业大学和北京航空航天大学是我国在航空制造领域研究增材制造技术最具代表性的单位。西北工业大学完成了飞机用超大型钛合金法兰的 LDED 制造,在成型精度和变形控制方面达到了新的高度。2016 年,西北工业大学和中国航天科工集团 31 院的 SLM 技术在涡轮发动机应用领域取得重大突破,实现了转子零件的 LPBF 制造,这是国内首次实现由 LPBF 成型转子零件。北京航空航天大学研究了大型钛合金结构件的 LDED 内部缺陷和质量控制等关键技术。沈阳航空航天大学提出了区域扫描成型方法,利用 LDED 工艺可以有效控制零件的变形和开裂。格瑞玛特工程技术研究院突破了 TC11、TA15/Ti_2AlNb 异质材料界面质量控制和叶盘与入口复杂形状综合控制等难题,产品通过了测试评估。

2012 年,LAM 技术开始应用于航天器制造。NASA 使用 LPBF 生产的弯曲接头应用于 RS-25 火箭发动机,从而减少了约 60% 的零件数量、焊缝和机加工工作。与传统制造工艺相比,设计制造一体化的氢氧火箭发动机零部件数量减少了 80%。法国 Thales 公司采用 LPBF 技术为 Koreasat5A 和 Koreasat7 通信卫星制造 TT&C 天线支撑元件,与传统工艺相比,重量减轻了 22%,成本降低了 30%。

2021 年 4 月 29 日,中国空间站核心舱"天和号"成功发射,并最终进入预定轨道。梦天舱的重要结构件导轨支架采用了 3D 打印的薄壁蒙皮点阵结构,西北工业大学铂力特公司参与了该部件初样的试制工作。所设计的点阵单元为体心立方晶体(Body Centered Cubic,BCC)形式,整个导轨支架共 11 块,每个结构块均由 BLT-S510 一体成型,即同时打印出内部的点阵结构和外侧的蒙皮结构,单件最大尺寸为 400 mm×500 mm×400 mm,单件打印时间约 150 h,打印完成后组装拼接最大部分尺寸可达 2 000 mm。3D 打印的蒙皮点阵结构如图 9-20 所示。

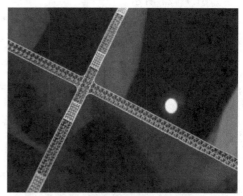

图 9-20 3D 打印的蒙皮点阵结构

美国利用定向激光制造技术和设备制造出了飞机部件。德国利用 SLM 技术制造出了航空发动机的燃烧室及喷气涡流器。英国应用激光熔覆技术修复了 Trent 500 航空发动机的密封圈,并成功制造出了样件。我国西北工业大学的激光快速成型及后续钨极惰性气体保护焊电弧与电子束增材制造,均属于金属增材制造的范畴,都是通过计算机辅助设计建模,切片分层,再通过激光或电子束对粉末状材料或丝状材料进行熔化沉积,层层铺叠,从而实现快速成型的。

高性能航空发动机对零件结构的复杂程度要求越来越高,给传统的制造工艺带来了很大的挑战。金属零件增材制造技术的日益成熟,获得了航空领域的广泛关注,航空发动机制造商和零部件供应商已经将增材制造技术用于开发商业化的零部件,并不断扩大其在航空发动机上的应用。然而,我国在航空发动机增材制造方面至今仍处于理论研究阶段,技术成熟度仍较低，离实际应用还有很长的距离。

9.3.2 增材制造技术在其他领域的应用

在医学领域，传统外科手术的判断、测量以及下刀深度在很大程度上基于操作经验确定，此外，传统手术具有一定的风险性。增材制造不仅可精准打印医疗模型，为临床诊断和手术治疗提供科学、精准的数据信息，同时可提升手术的质量，减轻患者的痛苦。J. R. Anderson 以 PLA 与其他弹性体材料共混为基材，通过 3D 打印制得动脉瘤模型，该动脉瘤模型的建立对于患者病变分析、手术前诊断和交流以及手术教学研讨有着巨大贡献。陈宣煌等应用 3D 打印材料制备了导航模块实体，辅助 60 例腰椎患者的腰椎椎弓根螺钉准确置入脊柱椎，取得了准确率 96.84%、优良率 95% 的成效。

全髋关节置换手术在股骨头坏死、股骨颈骨折等疾病的治疗中有着广泛应用，是开展最为广泛的人工关节置换手术之一。髋臼杯是常用的髋关节植入体，目前国外获得注册批准的增材制造多孔钛合金髋臼杯产品相对较多。国内北京爱康医疗公司和天津嘉思特医疗公司的产品分别在 2015 年、2019 年获得了中国食品药品监督管理局（China Food and Drug Administration,CFDA）的注册批准。意大利采用 EBSM 技术制造的多孔钛合金髋臼杯产品如图 9-21 所示。

3D 打印腰椎螺钉数字化置入技术突破了传统徒手置钉和漏斗法置钉的低准确率以及临床经验影响手术成效的限制，避免了 C 形臂透视辅助置钉传统方法中需反复使用 X 射线透视来确定置钉位置，会对医生和患者产生较大辐射伤害的缺点，同时，手术耗时少，剥离范围减少，出血量和麻醉时间减少，在很大程度上减轻了患者的痛苦。同传统术后相比，该项技术提升了患者身体恢复健康的基础。

图 9-21　多孔钛合金髋臼杯　　　　图 9-22　多孔钛合金融合器

椎间融合器是治疗脊柱疾病常用的植入体，可恢复椎间盘高度并实现骨融合。刘忠军教授团队成功完成了世界首例增材制造多孔融合器的置换手术，患者手术后恢复良好。但目前关于多孔融合器临床应用效果的报道还相对较少，大多数研究还处于设计与制造阶段。图 9-22 所示为伊明扬设计并采用 SLM 技术制备的多孔钛合金融合器。

在机械制造方面，生产构件是机械制造的关键部分。传统零件的加工制造，除加工中心可以生产出精度很高的部件外，其余大规模批量生产一般是在车床上进行的。传统构件的制造方法是车刀与毛坯材料进行相对切削运动而减材成型的方法。由于刀具与材料直接接触，加工过程中会出现尺寸磨损，随着加工构件数量增多，刀具精度逐渐降低，成型制品的精度也不断降低。而增材制造技术可以直接精确地批量生产出可使用的零部件,增材成型方式不仅缩短了生产周期,减少了损耗,而且加快了生产速率,更能满足个性化的成型参数要求。荷兰宇宙建筑公司加内普诺斯教授利用3D打印技术建造了一栋充满神秘色彩的莫比乌斯屋。室内外设计融为一体,无始无终,空间扭曲,天花板与地板相互交错,挑战了人们对于传统房屋的定义。

在船舶及配套设备领域,如产品开发、结构优化、工艺开发、在线维护等,增材制造的应用研究可实现船舶复杂零部件的快速设计和优化,使动力系统、甲板、舱室机器等关键零部件和备件得以直接制造。例如2014年,海南思海创新机电工程设计有限公司研制的FDM型3D打印机采用了尼龙高分子材料,成功制造出了一艘可搭乘两名成年人的小船。

在汽车行业,增材制造已在汽车制造等高端制造领域取得了长足的进步。在汽车设计和原型阶段,采用增材制造技术可以实现无模具设计和制造,大大缩短了开发周期。增材制造可用于制造形状复杂的零件,增材制造一体化成型技术允许将多个零件整合为一个零件,大大减轻了复杂关键部件的重量。例如安徽恒力增材制造科技有限公司,采用选择性激光烧结技术结合石膏型真空压力铸造技术,一体化制造出了双金属复合材料发动机缸体,革新了传统开模具结合组砂型铸造的工艺模式,目前已被成功应用于国内品牌汽车中。

9.3.3 增材制造技术的发展趋势

9.3.3.1 我国增材制造技术面临的挑战

近年来,我国增材制造技术发展极快,其应用领域也在不断拓展。原材料作为增材制造技术的物质基础,将是制约增材制造发展的关键技术瓶颈之一。目前,我国在增材制造原材料方面的研究还不够成熟,制定的相关标准也不完善,市场上应用的增材制造用原材料大部分仍需从国外进口,价格相对较高。如进口光敏树脂的价格在1 500 元/kg左右,国产光敏树脂的价格在800 元/kg左右。但是无论在成型精度还是成型件力学性能方面,国产树脂的性能都还与国外同类产品有一定的差距。在制备高品质球形钛及钛合金粉末方面,以美国、德国、俄罗斯为代表的发达工业强国拥有多种成熟的钛及钛合金球形粉末制备技术,开发的球形钛及钛合金粉末不仅可以满足传统工艺近净成型的要求,也能满足增材制造等新型工艺近净成型的要求,粉末粒径可达$d_{50} \leqslant 74~\mu m$,目前已经形成了具有高附加值的稀有金属粉末产业。我国对于球形钛及钛合金粉末的研究从20世纪80年代起步,虽然经过了几十年的发展,国内也有不少相关科研单位在进行自主研发,但国内生产的球形钛及钛合金地粉末粒径$d_{50} \approx 150~\mu m$,只能初步满足增材制造技术的要求。对于铺粉工艺增材制造技术所需的细粒径球形钛合金粉末,国内还是主要依赖进口。因此,原材料的缺陷和不足,极大地限制了我国增材制造技术的推广及产业化发展。因此,当下最急需的是加大对原材料的研发力度,尤其是在新材料的研发及应用方面,根据增材制造的特点,再结合市场应用的各种要求,大力开发新的原材料,比如纳米材料、直接打印制作高致密金属零件的合金材料、功能梯度材料、生物材料等,将是增材制造材料不断提高质量的发展方向。此外,推进增材制造材料的系列化、标准化、绿色环保化,并借助"增材制造+"的理念,不断拓展增材制造技术与传统制造业的深入融合,将是增材制造技术发展的重要方向。

卢秉恒院士在2018年中国增材制造产业发展高峰论坛上讲到,目前增材制造面临的挑战包括怎么样从控形到控性,从制造到创造,以及如何利用多学科交叉推动技术创新。

(1)从控形到控性,即增材制造技术研究的重点应该放在减少加工零件的残余应力、加强材料的力学性能等方面。例如在金属增材制造技术中,研究如何使热交换效率得到较大的提升,如何可以使用很少的材料达到非常强的刚度和硬度。

(2)从制造到创造,即将增材制造技术应用并融合到各行业领域,尤其是国内的制造业,发挥增材制造的技术优势,同时提升企业的设计研发能力,发挥增材制造技术加工复杂结构的优势,对产品结构进行改良,设计出一个零件能够替代之前多个零件的方案。

(3)国内的增材制造创新能力与发达国家相比有较大差距,还存在着原创核心技术相对落后、原创高端装备零部件性能不佳等情况。同时,增材制造标准技术体系的制定和推广与发达国家相比,也相对落后。

(4)国内增材制造技术的应用广度和深度还略有不足。增材制造技术可通过与材料学科、信息学科、生物医疗等领域的学科交叉,共同推动技术的创新以及多种学科的融合。

目前,在打印工艺研究中,尚未建立应力变形、开裂控制等有效方法,零件内部的显微组织和缺陷问题没有得到很好的解决,零件力学性能的均匀性和批次稳定性均欠佳,尤其是先进航空发动机和高速飞行器超高温结构材料的LAM工艺研究更欠缺。同时,在数据设计、数据处理、工艺库、工艺分析与智能规划等软件技术方面,在线检测与监控系统、成型工艺自适应智能控制、具有自主知识产权的LAM等核心配套软件系统等方面均存在不足。

此外,国内LAM技术对典型结构材料的性质和形状控制还不成熟,涉及原材料控制、工艺设备、成型工艺、热处理、机加工、表面处理、非破坏性测试和验证测试等各个方面。LDED打印的飞机结构件一般都有加工余量,因此尺寸精度和表面粗糙度不一定是关键约束。但是,涡轮发动机的大部分部件结构复杂,具有内部流动通道和空腔,LPBF打印技术的尺寸精度约为0.1 mm,表面粗糙度约为$Ra\ 6.3\mu m$,说明LPBF与精密铸造之间仍有差距。

产业的健康发展,需要对材料、工艺、设备、测试、标准及人员培训等全产业链进行整合。但是,目前高等院校和职业学院设立的相关专业和课程较少,为国内众多行业的设计师、技术人员、设备操作人员提供专项培训的培训中心也屈指可数,造成技术人员匮乏,极大地影响了增材制造技术的推广和应用。

9.3.3.2 增材制造技术的发展前景

随着增材制造技术与材料科学、信息科学、冶金学、工程学的深度融合,将呈现以下发展趋势:

(1)增材制造技术的进步和普及。增材制造的成本会降低,制造速度会提高,成品的结构性能也将显著提升,增材制造会逐渐走进各行各业,成为产品开发的利器,而产品的生产方式也将由批量生产转变为顾客的个性化定制。

(2)增材制造与材料科学的融合发展。增材制造的原材料将呈现多元化趋势,复合材料、功能梯度材料、记忆合金等材料将不再陌生。同时,更多性能优异的新材料也将涌现。

(3)随着政府主导的政策深入,以及我国增材制造标准技术体系的完善和实施,增材制造行业将会被规范引导,实现有序发展,推动我国向现代化工业强国迈进。

在航空航天领域,飞行器的零件外形相对复杂,且对于材料的强度、硬度等性能的要求较高,同时因为其材料性质,难以加工且成本较高。新生代飞行器的发展目标是长寿命、高可靠性、高性能与低成本,在其发展过程中必定趋向于复杂化、大型化。正是基于此发展趋势,增材制造技术中的电子束选区熔化、激光熔融沉积及选择性激光选区烧结成型等加工技术越来越受到航空航天加工制造商的青睐。未来,增材制造技术会有越来越多的应用,包括嵌入电子电路直接打印、复杂发动机部件打印、复杂结构承力件打印、停产机型备品备件打印,以及运载火箭限制尺寸的制备,太空中大结构的直接打印等。

3D打印或增材制造是一种新型高科技工艺,它的诞生和成熟说明了制造领域正在取得新的革命性的技术进步。这种技术发展的主要动力来自它的设计具有复杂结构零部件的显著优点,而目前传统制造技术不便于实现这一特点。增材制造也的确给我们提供了新的机会和挑战,要实现印制所需的全部商品,人们需要继续对印制物料和工业生产流程本身进行更加深入和全面的研究、探索。

作为一种全新的科技,尽管过去四十多年通过发展更多快速的操作系统、更多的材质、更多的方法和标准而取得了巨大的飞跃,激光3D印刷机或增材制造仍然面临着许多问题与挑战。新一代增材制造相关专业人才不断发展起来,他们将打造全方位的增材制造业解决对策,不断寻求合作,以实现产业内的融合。这是一项年轻充满朝气和持续发展潜力的高科技产业,在今后将不断快速发展壮大与演变。

习　　题

1. 增材制造的最大特点是什么?
2. 请简单概括增材制造技术的国内外发展历程。
3. 增材制造技术需要用到哪些原材料?它们各有什么优缺点?
4. 请简述选择性固化增材制造的技术原理。与其他技术相比其有什么优势?
5. 目前应用较为广泛的光敏材料是什么?简述其原理。
6. 选择性激光选区烧结增材制造技术对材料本身有什么要求?
7. 选择性激光选区烧结增材制造技术的难点在于哪些方面?
8. 丝状材料选择性熔覆增材制造技术适用于哪类材料的制备?
9. 熔融沉积成型技术的优势主要体现在哪些方面?
10. 请简述薄型材料分层切割增材制造技术的发展历程与特点。
11. 请简述电弧熔丝增材制造工艺的技术原理和特点。
12. 电弧熔丝增材制造工艺对设备有什么具体要求?
13. 电子束选区熔化增材制造工艺对材料体系有什么要求?
14. 请简述电子束选区熔化增材制造工艺的技术原理和特点。
15. 增材制造技术在航空航天领域有哪些具体应用?
16. 增材制造技术面临哪些具体挑战?有什么解决措施?

▶拓展阅读◀

"3D打印"助力发动机跑出生产"加速度"

近日,中国航天科技集团有限公司一院211厂成功实现某型发动机推力室身部内壁试验件的增材制造。该产品直径达600 mm量级,高度达850 mm量级,是目前公开报道过的最大的整体增材制造铜合金身部产品,其成功研制也标志着211厂成为国内首家全面掌握大尺寸铬锆铜合金激光选区熔化增材制造技术的单位。该技术的突破填补了国内增材制造技术领域的空白,助力发动机生产跑出了创新"加速度"。

推力室作为火箭发动机提供强劲推动力的核心组件,是典型的复杂精密构件。以往,推力室身部结构生产涉及的工序繁杂,制造周期至少为6个月,可靠性不足,且生产成本较高。为适应高强高密度发射的新形势,逐步实现"提质降本增效",增强竞争优势,推力室身部的增材制造技术攻关被提上日程。激光选区熔化技术成型精度高,是复杂结构推力室身部增材制造的"不二之选"。

2020年起,在前期近七年的技术经验积累下,增材团队针对某型发动机,开展铬锆铜合金推力室身部零件的技术调研与方案制定等工作,并深入开展工艺攻关,逐步形成了整体结构优化设计的新思路,为日后的技术突破奠定了基础。经过三年的不懈努力,研制团队先后完成了铜合金粉末质量控制、铜合金激光选区成型工艺优化等一整套技术研究,在国内率先实现了铬锆铜合金激光选区熔化增材制造的技术突破。采用该技术制造的产品性能较设计指标高50%以上,成型零件尺寸精度大幅提升,且生产周期缩短至惊人的15~20天,成本较传统生产模式明显降低。

为了加速推进工程化应用进程,211厂成立了集"增材制造、后处理、连接、检测、试验和保障"为一体的型号产品增材制造专项工作组,预计近期内将完成多型发动机推力室头部及身部、涡轮泵等产品的增材制造。

来源:https://baijiahao.baidu.com/s?id=1775194784925960445&wfr=spider&for=pc,有改动。

3D打印为何发生粉尘爆炸?

2023年9月14日,上海汉邦联航激光科技有限公司研发中心车间发生粉尘爆燃事故,造成2人死亡、2人重伤,涉事粉尘为铝合金粉(Al含量为87%,Mg含量为9%,Si含量为1.5%)。经现场勘查、问询人员、查看监控录像,初步判断事故原因为:上午11时30分许,在更换滤筒除尘器滤芯前,作业人员对滤芯进行"湿化"处理,将自来水喷入滤芯和收尘桶内,水与铝合金粉尘接触发生放热反应产生氢气,由于收尘桶体积小,桶内累积氢气浓度较高,当作业人员进行收尘桶拆卸操作时,静电或机械撞击等原因引起收尘桶内局部爆燃。收尘桶与除尘器腔体之间用蝶阀隔离,本次局部爆燃未传播至腔体内。下午14时02分许,作业人员将滤筒除尘器转移至车间外,在打开箱门后,疑似作业人员发现滤芯区域存在高温冒烟现象,随后作业人员直接向滤芯泼水,在高温条件下迅速造成反应失控,引发粉尘自燃和迸射,导致箱体内发生爆燃,致使周边员工烧伤。

虽然金属3D打印产品加工、设备生产企业有别于我们既往印象的"典型"粉尘涉爆企业，但发生粉尘爆炸事故的风险不亚于任何一家传统的铝镁金属制品加工企业。2013年11月5日，美国马萨诸塞州某增材制造设备公司的操作人员在收集增材制造设备内未烧结完的钛合金粉末时，粉末扬起形成粉尘云后被静电引燃发生爆炸，造成一员工重度烧伤。2018年10月12日，美国西雅图某钢铁制造厂内的增材制造设备实验室因未完全冷却的金属粉末接触到点火源而发生火灾。但这种新的工艺技术在既往的粉尘爆炸领域研究及风险防控中尚未引起足够的重视。应该高度关注3D打印设备研发过程及应用3D打印技术制造加工过程中的粉尘爆炸风险，有效采取防控措施。针对这些燃爆风险，建议采取以下防护措施：

一是强化过程风险管控。建议金属3D打印及其过滤工序采用惰性气体保护方式，并实时监测氧浓度数据，确保相关工序在低氧浓度下运行，避免制造过程中发生燃烧爆炸事故。

二是及时清理和处置废弃粉料。生产完毕后，在清理和处置过程中，应避免往过滤器、收尘桶等密闭空间使用水进行局部"湿化"处理；若使用大量水对废弃粉料进行浸泡处置，应在开放空间进行，防止氢气累积。

三是加强应急处置。当生产或处置过程中出现铝粉着火情况：火情较轻时可使用沙子覆盖灭火，灭火过程应避免扬尘；无灭火条件、涉火设备可搬离至安全区域时，可让其自行燃烧；严禁使用水或泡沫灭火剂灭火，避免加重事故后果。

来源：https://baijiahao.baidu.com/s?id=1777533479899084637&wfr=spider&for=pc，有改动。

参考文献

[1] 胡赓祥,蔡珣.材料科学基础[M].上海:上海交通大学出版社,2000.
[2] 钱耀鹏.略论磨制石器的起源及其基本类型[J].考古,2004(12):66-75.
[3] 李锋.叩石有声 石器时代的打制石器[J].大众考古,2021(12):34-42.
[4] 蒋晓春.中国青铜时代起始时间考[J].考古,2010(6):76-82.
[5] 梁丹.青铜文明的灿烂光焰:中国古代青铜器撷英[J].华人世界,2010(4):116-119.
[6] 潘永辉.论材料科学的发展史及发展趋势[EB/OL].[2023-04-24].https://www.docin.com/p-748585497.html.
[7] 汪官锋,彭林辉.浅论材料发展史与国防科技发展史的联系[J].科技信息(学术研究),2008(4):59-60.
[8] 刘欣.一代材料 一代飞机:飞机材料的百年发展变迁[J].航空世界,2021(8):9-15.
[9] 江东.趣谈百年飞机材料之变迁[J].大飞机,2013(6):97-99.
[10] 陈亚莉.国外航空材料发展现状与趋势[J].军民两用技术与产品,2011,6:15-17.
[11] 钱万祥.金属材料与热处理[M].合肥:安徽科学技术出版社,2009.
[12] 刘劲松,蒲玉兴.航空工程材料[M].长沙:湖南大学出版社,2015.
[13] 高曙光.管材冲切变形过程的研究[D].重庆:重庆大学,2008.
[14] 李清.工程材料及机械制造基础[M].武汉:华中科技大学出版社,2016.
[15] 潘金生,仝健民,田民波.材料科学基础[M].北京:清华大学出版社,2011.
[16] 卢艳丽,陈铮,王永欣,等.凝固过程晶粒生长动力学及拓扑转变机制的相场研究[J].稀有金属材料与工程,2014,43(10):2377-2382.
[17] 朱张校,姚可夫,王坤林,等.工程材料[M].北京:清华大学出版社,2011.
[18] 刘智恩.材料科学基础[M].5版.西安:西北工业大学出版社,2019.
[19] 刘宗书,尹大刚,周勇.2A12-T4高强度变形铝合金薄壁腔体零件的加工[J].航天制造技术,2005(4):32-35.
[20] 张能武.热处理工入门[M].合肥:安徽科学技术出版社,2006.
[21] 李学富.我国钢铁牌号表示方法[J].冶金标准化与质量,1994(12):7-13.
[22] 薄鑫涛.高温合金表示方法[J].热处理,2018,33(5):57.
[23] 王志远,陈刚,王启芬,等.长贮存期低温固化环氧树脂基预浸料研究进展[J].工程塑

料应用,2018,46(6):148-152.
- [24] 杜永,马玉娥.湿热环境下纤维增强树脂基复合材料疲劳性能研究进展[J].复合材料学报,2022,39(2):431-445.
- [25] 蔡菊生.先进复合材料在航空航天领域的应用[J].合成材料老化与应用,2018,47(6):94-97.
- [26] 黄文亮,李鹏南,邱新义,等.基于声发射CFRP加工刀具磨损及孔出口损伤研究[J].兵器材料科学与工程,2018,41(1):51-56.
- [27] 吴琨.热塑性树脂基复合材料在航空领域的研究进展[J].价值工程,2020,39(9):210-211.
- [28] 张雪.硼酸镁及硼酸铝晶须的制备及其机理研究[D].沈阳:东北大学,2018.
- [29] 江南,薛彩虹,张超,等.改性硫酸钙晶须增强聚丙烯复合材料的制备与表征[J].塑料,2019,48(1):1-6.
- [30] 孙杰,王欢,彭华新.金属基复合材料动态力学性能研究进展[J].材料科学与工程学报,2019,37(4):664-671.
- [31] 徐建民,周豪,陈厚锟,等.某热固性旋塞构件模压成型工艺及承压性能研究[J].化学工程与装备,2019(11):5-7.
- [32] 王子健,周晓东.连续纤维增强热塑性复合材料成型工艺研究进展[J].复合材料科学与工程,2021(10):120-128.
- [33] 张璇,沈真.航空航天领域先进复合材料制造技术进展[J].纺织导报,2018(产业用纺织品专刊):72-79.
- [34] 谢中敏,胡超.飞机复合材料的加工工艺及应用[J].装备制造技术,2019(12):196-199.
- [35] 李喜志,柳辉.浅谈复合材料在航空航天领域中的应用[J].设备管理与维修,2020(2):131-132.
- [36] 周毅.复合材料在航空工程中的应用研究现状及前景[J].决策探索(中),2018(8):63.
- [37] 郭春洁,韩淑洁.金属工艺学简明教程[M].西安:西北工业大学出版社,2017.
- [38] 赵慧杰,刘勇,董尚利.《金属学与热处理原理》学习与解题指导[M].哈尔滨:哈尔滨工业大学出版社,2017.
- [39] 宿纯文,王安国,冯航旗,等.基于航空金属部件成型工艺的发展现状[J].宇航材料工艺,2022,52(5):21-34.
- [40] 刘颖,李树奎.工程材料及成形技术基础[M].北京:北京理工大学出版社,2008.
- [41] 刘春廷,汪传生,马继.工程材料及成型工艺[M].西安:西安电子科技大学出版社,2008.
- [42] 夏巨谌,赵启勋.材料成形工艺[M].北京:机械工业出版社,2010.
- [43] 施江澜,赵占西.材料成形技术基础[M].北京:机械工业出版社,2013.
- [44] 史雪婷,周富涛,孟倩.工程材料及成形技术基础[M].成都:西南交通大学出版社,2014.
- [45] 齐乐华.工程材料及机械制造基础[M].北京:高等教育出版社,2006.
- [46] 彭江英,周世权,田文峰.机械制造工艺基础[M].武汉:华中科技大学出版社,2022.
- [47] 练勇,姜自莲,雷芳,等.机械工程材料与成形工艺[M].重庆:重庆大学出版社,2015.

[48] 齐乐华.工程材料及成形工艺基础[M].西安:西北工业大学出版社,2002.
[49] 贾仕奎,李云云,张向阳,等.3D打印成型工艺及PLA材料在打印中的应用最新进展[J].应用化工,2020,49(12):3185-3190.
[50] 陈向明,姚辽军,果立成,等.3D打印连续纤维增强复合材料研究现状综述[J].航空学报,2021,42(10):174-198.
[51] 李岩,苏辰,张冀翔.电弧熔丝增材制造综述:物理过程、研究现状、应用情况及发展趋势[J].焊接,2020(9):31-37.
[52] 余圣甫,禹润缜,何天英,等.电弧增材制造技术及其应用的研究进展[J].中国材料进展,2021,40(3):198-209.
[53] 冉江涛,赵鸿,高华兵,等.电子束选区熔化成形技术及应用[J].航空制造技术,2019,62(1/2):46-57.
[54] 冯东,王博,刘琦,等.高分子基功能复合材料的熔融沉积成型研究进展[J].复合材料学报,2021,38(5):1371-1386.
[55] 李明祥,张涛,于飞,等.金属电弧熔丝增材制造及其复合制造技术研究进展[J].航空制造技术,2019,62(17):14-21.
[56] 杨钦杰,李佳汶,李明,等.熔融沉积3D打印设备研究进展[J].中国塑料,2022,36(2):157-171.
[57] 王庭庭,张元彬,谢岳良.丝材电弧增材制造技术研究现状及展望[J].电焊机,2017,47(8):60-64.
[58] 张衡,杨可.增材制造的现状与应用综述[J].包装工程,2021,42(16):9-15.
[59] 何灿群,叶丹澜,张雯,等.增材制造及其在设计中的应用研究综述[J].包装工程,2021,42(16):1-8.
[60] 张轩铭,王雅婷.增材制造技术及其研究进展综述[J].西部皮革,2020,42(22):12-13.
[61] 张永弟,王琮瑜,王琮玮,等.增材制造医用多孔钛合金研究与应用现状[J].河北科技大学学报,2021,42(6):601-612.
[62] 冯淑莹.浅论立体光刻工艺的研究进展[J].科学与信息化,2020(10):96.